高等学校应用型特色规划教材

AutoCAD2013 室内设计教程

刘飞 赵少俐 于丽伟 编著

清华大学出版社

北 京

内容简介

全书共分为9个章节：其中第1章介绍AutoCAD 2013概述和基本操作；第2章介绍二维图形绘制；第3章介绍二维图形编辑；第4章介绍特性功能和图案填充；第5章介绍文本标注和尺寸标注；第6章介绍视图控制、精确绘图与块；第7章介绍室内设计中平面图纸的绘制；第8章介绍室内设计中立面图纸的绘制；第9章介绍AutoCAD 2013的输出和打印。

本书以AutoCAD 2013版作为演示平台，全面介绍AutoCAD软件从基础操作到整体图纸出图的全部知识，旨在帮助读者在短时间内快速熟练地掌握使用AutoCAD 2013绘制各种室内设计图纸的方法，进而帮助读者从入门走向精通。

本书既可作为高等院校、高职，以及各类职业培训班的教材，又可作为广大计算机初学者的参考教程。

图书在版编目(CIP)数据

AutoCAD 2013室内设计教程/刘飞，赵少俐，于丽伟编著.—北京：清华大学出版社，2014（2023.8重印）
(高等学校应用型特色规划教材)

ISBN 978-7-302-36489-4

Ⅰ.①A… Ⅱ.①刘… ②赵… ③于… Ⅲ.①室内装饰设计—计算机辅助设计—AutoCAD软件—高等学校—教材 Ⅳ.①TU238-39

中国版本图书馆CIP数据核字(2014)第099321号

责任编辑：曹　坤
封面设计：杨玉兰
版式设计：王晓武
责任校对：周剑云
责任印制：沈　露

出版发行：清华大学出版社
　　　　　网　　　址：http://www.tup.com.cn, http://www.wqbook.com
　　　　　地　　　址：北京清华大学学研大厦A座　　　　邮　　编：100084
　　　　　社 总 机：010-83470000　　　　　　　　　　邮　　购：010-62786544
　　　　　投稿与读者服务：010-62776969，c-service@tup.tsinghua.edu.cn
　　　　　质量反馈：010-62772015，zhiliang@tup.tsinghua.edu.cn
　　　　　课件下载：http://www.tup.com.cn,010-62791865

印 装 者：天津鑫丰华印务有限公司
经　　销：全国新华书店
开　　本：185mm×260mm　印张：24.25　　字数：386千字
　　　　　（附DVD 1 张）
版　　次：2014年7月第1版　　印次：2023年8月第5次印刷
定　　价：62.00元

产品编号：056585-03

前言　Preface

　　本书以AutoCAD 2013为基础，系统地介绍了AutoCAD的基础知识和绘图方法，并详细介绍了AutoCAD 2013在室内设计平面类型图纸和施工立面图纸的绘制。本书内容丰富、图文并茂、可操作性强、通俗易懂，有利于读者快速掌握并使用AutoCAD 2013。随书多媒体教学光盘包含所有实例的源文件和带配音的多媒体动画实例制作过程，以实现帮助读者形象直观地理解和学习。

　　本书是一本AutoCAD 2013的实例教程，通过将软件功能融入实际应用，使读者在学习软件操作的同时，还能够掌握室内设计的方法和积累行业工作经验，做到艺术与技术并重，为用而学，学以致用。

　　本书主要讲解了使用AutoCAD 2013绘制室内设计图的各种方法和技巧。全书共9章，其中，第1章介绍AutoCAD 2013概述和基本操作；第2章介绍二维图形绘制；第3章介绍二维图形编辑；第4章介绍特性功能和图案填充；第5章介绍文本标注和尺寸标注；第6章介绍视图控制、精确绘图与块；第7章介绍室内设计中平面图纸的绘制；第8章介绍室内设计中立面图纸的绘制；第9章介绍AutoCAD 2013的输出和打印。

　　本书编写的侧重点是对AutoCAD 2013操作流程的讲解和整体图纸的把握上，并且根据编者在设计公司多年实践经验总结编写。本书具有如下鲜明特点：①在重点讲解的第8章和第9章，详细讲述了室内设计公司中平面类型图纸和施工立面图纸的绘制，它们包括原始结构图、平面布置图、顶面布置图、顶面尺寸图、强弱电分布图、电位控制图和大衣柜、书柜等图纸的绘制。②通过本书的案例讲解，给读者以详尽的知识点表述，以说明制图流程在整个设计创作中的重要性。

　　本书既可以作为高等院校的教材，也可以作为高职、中专以及各类职业培训班的教材或教学参考书，更适合广大计算机初学者阅读使用。

　　本书的编写，感谢青岛农业大学海都学院的领导和全体老师的帮助和支持。在此，谨向有关参编者表示由衷的感谢！

　　由于水平有限，书中难免有错误或疏漏之处，敬请广大读者及时赐教指正。

目 录 Contents

第一章

AutoCAD 2013
概述与基本操作

1.1 AutoCAD 2013基本概述

AutoCAD(Auto Computer Aided Design)是Autodesk(欧特克)公司首次于1982年开发的自动计算机辅助设计软件,用于二维绘图、详细绘制、设计文档和基本三维设计。现已经成为国际上广为流行的绘图工具。

AutoCAD具有良好的用户界面,通过交互菜单或命令行方式便可以进行各种操作。它的多文档设计环境,让非计算机专业人员也能很快地学会使用,在不断实践的过程中更好地掌握它的各种应用和开发技巧,从而不断提高工作效率。AutoCAD具有广泛的适应性,它可以在各种操作系统支持的微型计算机和工作站上运行。

借助AutoCAD,可以安全、高效和准确地和客户共享设计数据。可以体验本地DWG格式所带来的强大优势。DWG是业界使用最广泛的设计数据格式之一,可以通过它让所有人员随时了解你的最新设计决策。借助支持演示的图形、渲染工具和强大的绘图和三维打印功能,让你的设计将会更加出色。

1.1.1 AutoCAD的发展历史

1.AutoCAD的发展

CAD(Computer Aided Drafing)诞生于20世纪60年代,是美国麻省理工学院提出的交互式图形学的研究计划。由于当时硬件设施的昂贵,只有美国通用汽车公司和美国波音航空公司使用自行开发的交互式绘图系统。

70年代,小型计算机费用下降,美国工业界才开始广泛使用交互式绘图系统。

80年代,由于PC的应用,CAD得以迅速发展,出现了专门从事CAD系统开发的公司。当时VersaCAD是专业的CAD制作公司,它所开发的CAD软件功能强大,但由于价格昂贵,因此不能普遍应用。而当时的Autodesk公司是一个仅有员工数人的小公司,其开发的CAD系统虽然功能有限,但因其可免费复制,故在社会得以广泛应用。同时,由于该系统的开放性,该CAD软件升级迅速。

2.AutoCAD的版本历史

(01)AutoCAD V1.0(1982.11)正式出版,容量为一张360KB的

软盘，无菜单，命令需要记忆，其执行方式类似DOS命令。

(02)AutoCAD V1.2(1983.04)具备尺寸标注功能。

(03)AutoCAD V1.3(1983.08)具备文字对齐及颜色定义功能，图形输出功能。

(04)AutoCAD V2.0(1984.10)图形绘制及编辑功能增加。

(05)AutoCAD V2.1(1985)，命令不需要记忆,Autolisp初具雏形。

(06)AutoCAD V2.5(1986.07)，Autolisp有了系统化语法,使用者可改进和推广,出现了第三方开发商的新兴行业,5张360K软盘。

(07)AutoCAD V2.6(1986.11)新增3D功能,AutoCAD已成为美国高校的inquiredcourse。

(08)AutoCAD R9.0(1988.02)出现了状态行下拉式菜单,AutoCAD开始在国外加密销售。

(09)AutoCAD R10.0(1988.10)进一步完善R9.0,Autodesk公司已成为千人企业。

(10)AutoCAD R11.0(1990.08)增加了AME,但与AutoCAD分开销售。

(11)AutoCAD R12.0(1992.08)采用DOS与Windows两种操作环境,出现了工具条。

(12)AutoCAD R13.0(1994.11)，AME纳入AutoCAD之中。

(13)AutoCAD R14.0(1997.04)适应Pentium机型及Windows 95/NT操作环境,实现与Internet网络连接,操作更方便,运行更快捷,无所不有的工具条,实现中文操作。

(14)AutoCAD 2000(1999)提供了更开放的二次开发环境,出现了Vlisp独立编程环境，3D绘图及编辑更方便。

(15)AutoCAD 2001(2000.05)增强了图形数据的网络发布和搜索功能，增加了网络会议功能。

(16)AutoCAD 2002(2001.11)增加了真关联标注、新文字注释等功能，提供了新颖的【AutoCAD今日】导航窗口。

(17)AutoCAD 2004 (2003.07)增强了文件打开、外部参照、DWF文件格式等功能，增加了工具选项板、真彩色等功能。

(18)AutoCAD 2005(2004.05)增强了工具选项板、图层管理、字段等功能；显著节省了时间、得到更为协调一致的文档并降低了风险。

(19)AutoCAD 2006 (2006.03.19)推出了创建图形、动态图块的操作、选择多种图形的可见性等。

(20)AutoCAD 2007 (2006.03.23)拥有强大直观的界面，可以轻松而快速地进行外观图形的创作和修改，07版致力于提高3D的设计效率。(AutoCAD 2007操作界面如图1.1-01所示。)

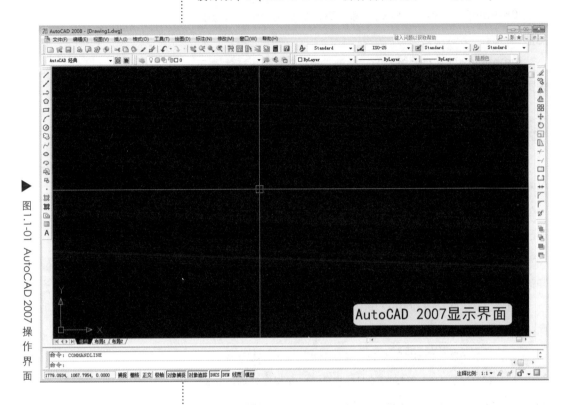

图1.1-01 AutoCAD 2007操作界面

(21)AutoCAD 2008(2007.12)将惯用的 AutoCAD 命令和熟悉的用户界面与更新的设计环境结合起来，使您能够以前所未有的方式实现并探索构想。

(22)AutoCAD 2009(2008.05) 软件整合了制图和可视化，加快了任务的执行，能够满足个人用户的需求和偏好，更快地执行常见的CAD任务，并更容易找到那些不常见的命令。

(23)AutoCAD 2010(2009)-AutoCAD 2011(2010)-AutoCAD 2012(2011)-AutoCAD 2013(2012)。(AutoCAD 2013操作界面如图1.1-02所示。)

(24)AutoCAD 2014(2013.03.26),Autodesk通过网络广播发布消息，称其2014系列的软件套件、建筑、产品、工厂、工厂设计、工程、建筑和基础设施，以及数字娱乐创作的预览版可以到公司网站下载。

小结：从AutoCAD的发展历史就可以看出，经典软件的成长是每时每刻都在发展和改进的。除了保留经典的命令功能以外，还要根据时代的发展和社会的进步而适应其时代潮流，而这一点恰恰又是国内一些软件开发商应该学习的地方。

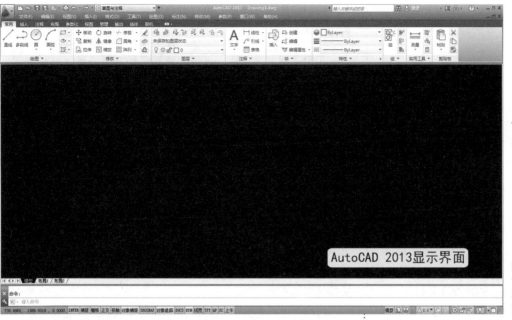

图1.1-02 AutoCAD 2013 操作界面

1.1.2 AutoCAD的基本特点和基本功能

AutoCAD软件为从事各种造型设计的客户提供了强大的功能和灵活性，可以帮助他们更好地完成设计和文档编制工作。借助世界领先的二维和三维设计软件，能够实现卓越的设计和造型制作。AutoCAD强大的三维环境，能够帮助你加速文档编制，共享设计方案，更有效地探索设计构想。

1.AutoCAD的基本特点

(01)具有完善的图形绘制功能。

(02)具有强大的图形编辑功能。

(03)可以采用多种方式进行二次开发或用户定制。

(04)可以进行多种图形格式的转换，具有较强的数据交换能力。

(05)支持多种硬件设备。

(06)支持多种操作平台。

(07)具有通用性、易用性，适用于各类用户。

2.AutoCAD的基本功能

(01)平面绘图功能，以多种方式创建直线、圆、椭圆、多边形、样条曲线等基本图形对象。

(02)绘图辅助功能，AutoCAD提供了正交、对象捕捉、极轴追踪、捕捉追踪等绘图辅助工具。

(03)编辑图形功能，可以移动、复制、旋转、阵列、拉伸、延长、修剪、缩放对象等。

(04)标注尺寸功能，可以创建多种类型尺寸，标注外观可以自行设定。

(05)书写文字功能，任何位置和任何方向都可以书写文字；可设定字体、倾斜角度等属性。

(06)图层管理功能，图形对象都位于某一图层上，可设定图层颜色、线型、线宽等特性。

(07)三维绘图功能，可创建3D实体及表面模型，能对实体本身进行编辑。

(08)网络交互功能，可将图形在网络上发布，或是通过网络访问AutoCAD资源。

(09)数据交换功能，AutoCAD提供了多种图形图像数据交换格式及相应命令。

(10)二次开发功能，AutoCAD允许用户定制菜单和工具栏，并能利用内嵌语言进行二次开发。

(11)工程制图功能，建筑工程、装饰设计、环境艺术设计、水电工程、土木施工等。

(12)工业制图功能，精密零件、模具、设备等。

(13)服装加工功能，服装制版。

(14)电子工业功能，印刷电路板设计。

小结： AutoCAD 2013在原有版本的基础上，添加了全新的功能，并对相应的操作功能进行了丰富完善。2013版本的AutoCAD可以帮助使用者更加方便快捷地完成复杂的设计绘图任务，同时更便于初级用户快速熟悉操作环境。

1.2 AutoCAD 2013基本操作

1.2.1 AutoCAD 2013的安装和启动

1.AutoCAD 2013的安装

在安装AutoCAD 2013之前，首先要查看电脑系统类型是32位操作系统还是64位操作系统，然后再根据电脑的操作系统类型安装与之对应的AutoCAD版本。

(01)运行安装文件。AutoCAD软件以光盘形式提供，光盘中有名称为SETUP.EXE的安装执行文件。双击SETUP.EXE执行文件后，就会弹出如图1.2-01所示的对话框，点击【安装】按钮，在弹出的【许可协议】对话框中点击【我接受】后继续点击【下一步】按钮。

◀ 图1.2-01 安装对话框

（02)输入序列号和产品密钥。点击【下一步】按钮后就会弹出【产品信息】对话框，在选中【我有我的产品信息】单选按钮下输入序列号：666-69696969和产品密钥：001E1，如图1.2-02所示。然后继续点击【下一步】按钮。

◀ 图1.2-02 产品信息对话框

（03)配置安装和安装进度。继续点击【下一步】按钮后，就会弹出【配置安装】对话框，注意AutoCAD的默认目录为C盘，也可以自行选择安装目标盘，如图1.2-03所示。点击【安装】按钮后就会弹出【安装进度】对话框， AutoCAD 2013就开始进入到正式安装状态，如图1.2-04所示。最终点击【完成】按钮，AutoCAD 2013的安装就全部完成了。

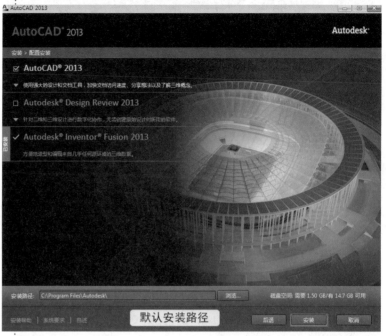

▶ 图1.2-03 配置安装对话框

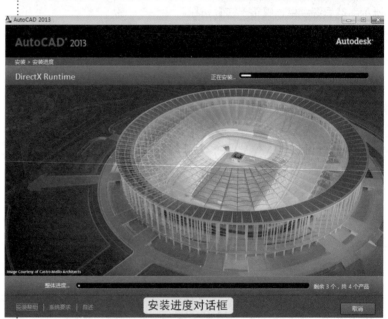

▶ 图1.2-04 安装进度对话框

2.AutoCAD 2013的启动

(01)启动安装软件。安装AutoCAD 2013后，系统会自动在Windows桌面上生成对应的快捷方式。双击该快捷方式即可启动AutoCAD 2013。与启动其他应用程序一样，也可以通过

Windows资源管理器、Windows任务栏按钮等方式启动AutoCAD 2013。双击桌面AutoCAD 2013快捷图标后，桌面上就会弹出AutoCAD 2013的启动画面，如图1.2-05所示。

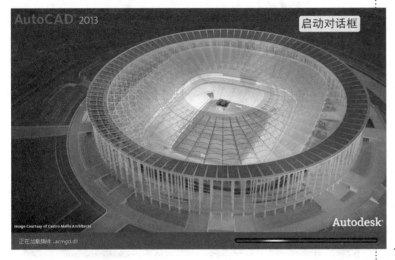

▲ 图1.2-05 启动软件对话框

(02)Autodesk许可对话框。如果电脑系统首次安装AutoCAD 2013软件，双击快捷图标后就会弹出【Autodesk许可】对话框，在对话框中依次点击【我同意】和【激活】按钮，如图1.2-06所示。如果AutoCAD 2013不激活使用，只能试用30天时间。

▲ 图1.2-06 许可对话框

(03)激活选项和注册机。在弹出的【Autodesk许可】对话框中点击【激活】按钮就会弹出【产品许可激活选项】对话框，如图1.2-07所示。打开和操作系统位数相对应的注册机类型，如图1.2-08所示。

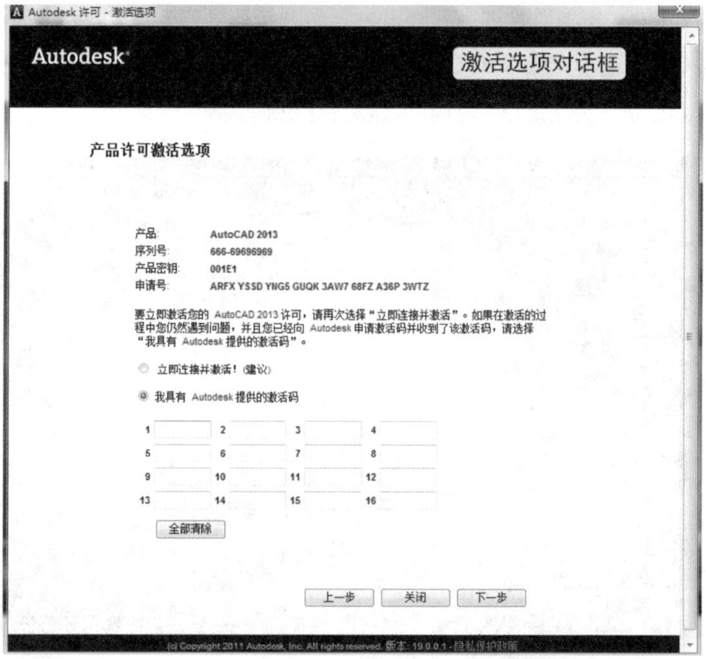

▶ 图1.2-07 激活选项对话框

▶ 图1.2-08 注册机对话框

(04)计算激活码。在【产品许可激活选项】对话框中复制八组【申请号】，并将其粘贴到注册机的Request输入框位置处，首先点击Patch按钮，再点击Generate按钮并生成激活码。如图1.2-09所示。

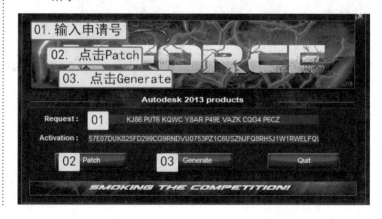

▶ 图1.2-09 计算激活码

(05)复制并粘贴激活码。复制注册机Activation输入框内的激活码，返回【产品许可激活选项】对话框。选中【我具有Autodesk提供的激活码】单选按钮，把从注册机复制的激活码粘贴到此位置处后并点击【下一步】按钮，如图1.2-10所示。

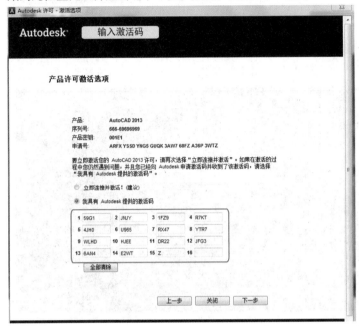

▲图1.2-10 输入激活码

(06)软件完成激活。点击【下一步】按钮后，就会弹出【感谢您激活】对话框。在对话框中就会显示【祝贺您！ AutoCAD 2013已成功激活】等字样，最后点击【完成】按钮，如图1.2-11所示。至此AutoCAD 2013的激活就操作完成了。

小结：在激活AutoCAD 2013的过程中，一定要选择和电脑操作系统位数相对应的软件版本型号和注册机，以避免产生不必要的麻烦。另外需要注意的是如果机器系统为Win7系统家庭版，在操作时要以右击【以管理员身份运行】的方式打开注册机，否则可能造成软件无法注册而不能使用的情况。

▲图1.2-11 激活完成显示

1.2.2 AutoCAD 2013的经典界面

AutoCAD 2013的经典工作界面由快速访问工具栏、标题栏、菜单栏、标准工具栏、绘图窗口、十字光标、命令输入区、状态栏、坐标系图标、滚动条、模型布局选项卡和菜单浏览器等组成，如图1.2-12所示。

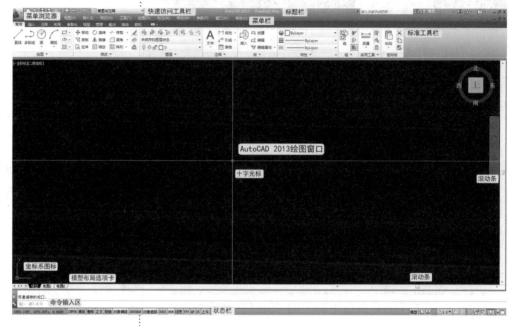

图1.2-12 AutoCAD 2013 的经典界面

1.快速访问工具栏

快速访问工具栏默认包括【新建】、【打开】、【保存】【另存为】、【打印】、【放弃】、【重做】几个常用的工具按钮。用户还可以根据自己的实际制图需要通过快速访问工具栏最右侧的下拉菜单来具体设置自己需要的工作空间样式。

2.标题栏

位于AutoCAD 2013操作界面的最上侧位置。标题栏与其他Windows应用程序类似，用于显示AutoCAD 2013的程序图标以及当前所操作图形文件的名称。

3.菜单栏

可利用菜单栏执行AutoCAD 2013的大部分命令。单击菜单栏中的某一项，会弹出相应的下拉菜单。如图1.2-13所示

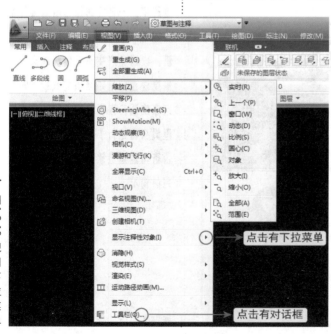

图1.2-13 视图下拉菜单

为【视图】下拉菜单的显示样式。

下拉菜单中，右侧有黑色实体三角样式的菜单项，表示此命令还有子下拉菜单。如图1.2-13所示为【缩放】命令的子下拉菜单样式；菜单命令右侧有三个黑色点的菜单项，表示单击该菜单项后要显示一个对话框；右侧没有内容的菜单项，单击后会执行对应的AutoCAD命令。

4.标准工具栏

AutoCAD 2013操作界面提供了几乎所有命令的工具栏，每一个工具栏上均有形象化的按钮及中文解释。单击某一按钮，可以启动AutoCAD的对应命令。

用户可以根据需要打开或关闭任意一个显示选项卡。在已有工具栏任意按钮上右击，在弹出的下拉菜单中选择【显示选项卡】菜单选项，选择后就会弹出一个子下拉菜单，在子下拉菜单中显示了AutoCAD 2013的所有的显示选项卡名称，如图1.2-14所示。

在任意工具栏的按钮上右击，在弹出的下拉菜单中选择【显示面板】菜单选项，在其子下拉菜单中就会显示本工具面板所包含的所有子工具栏选项，如图1.2-15所示。

图1.2-14 【显示选项卡】子下拉菜单

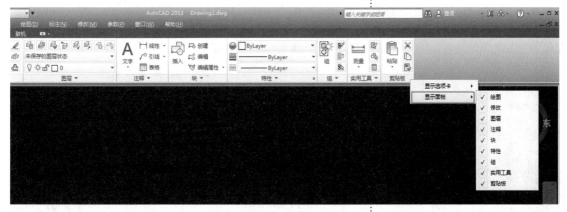

▲ 图1.2-15 【显示面板】子下拉菜单

5.绘图窗口

绘图窗口类似于手工绘图时的图纸,是AutoCAD 2013显示的所绘图形的区域。

6.十字光标

当光标位于AutoCAD的绘图窗口时为十字形状,所以又称其为十字光标。十字线的交点为光标的当前位置。AutoCAD的光标用于绘图、选择对象等操作。

7.坐标系图标

坐标系图标通常位于绘图窗口的左下角,表示当前绘图所使用的坐标系的形式以及坐标方向等。AutoCAD提供有世界坐标系和用户坐标系两种坐标系。世界坐标系为默认坐标系。

8.命令输入区

命令输入区是AutoCAD显示用户从键盘输入的命令和显示AutoCAD提示信息的地方。默认时,AutoCAD在命令输入区保留最后三行所执行的命令或提示信息。用户可以通过拖动窗口边框的方式改变命令输入区的大小,使其显示多于3行或少于3行的信息。

9.状态栏

状态栏用于显示或设置当前的绘图状态。状态栏的左侧位置反映当前光标的坐标,其余按钮从左到右分别表示当前是否启用了INFER、【捕捉模式】、【栅格显示】、【正交模式】、【极轴追踪】、【对象捕捉】、【三维对象捕捉】、【对象捕捉追踪】、【允许/禁止动态UCS】等当前的绘图空间等信息。

10.模型布局选项卡

模型布局选项卡用于实现模型空间与图纸空间的切换。

11.滚动条

利用水平和垂直滚动条,可以使图纸沿水平或垂直方向移动,即平移绘图窗口中显示的内容。

12.菜单浏览器

点击菜单浏览器,AutoCAD 2013的浏览器变为展开状态,如图1.2-16所示。

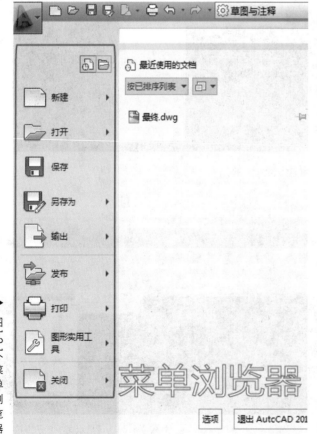

图1.2-16 菜单浏览器

用户可通过菜单浏览器执行相应的操作。

1.2.3 AutoCAD 2013命令及图形文件管理

1.AutoCAD 2013执行命令方式

(01)执行AutoCAD命令的方式一共有三种：通过键盘输入执行命令；通过菜单选项执行命令；通过工具栏选项执行命令。

(02)重复执行命令的方式有三种：按键盘上的Enter键或按Space键；使光标位于绘图窗口，右击，在弹出的菜单第一行显示上一次所执行的命令，选择此命令即可重复执行对应的命令。

2.AutoCAD 2013图形文件管理

(01)创建新图形。在AutoCAD 2013操作过程中，创建新的图形文件有三种方法：①点击快速访问工具栏中的【新建】按钮，就会弹出【选择样板】对话框，按照默认的样板类型单击【打开】按钮即可，如图1.2-17所示；②点击菜单栏中的【文件】按钮，在弹出的下拉菜单中选择【新建】菜单选项，如图1.2-18所示；③点击【菜单浏览器】按钮，在弹出的下拉菜单中选择【新建】菜单选项的【图形】按钮，如图1.2-19所示。

小结：AutoCAD的操作界面一直在不断地演化和发展，其演化和发展过程就是AutoCAD的发展历史。选择需要的AutoCAD版本后，根据自己的实际需要设置不同的操作界面风格。当然在设置界面风格的时候还要考虑电脑硬件配置的支持能力。

◀图1.2-17 标题栏【新建】按钮

◀图1.2-18 菜单栏【新建】按钮

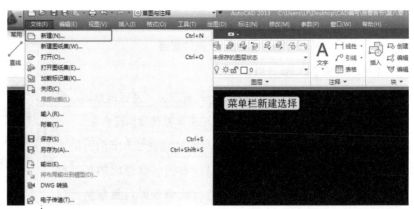

▶ 图1.2-19 浏览器【新建】按钮

通过以上三种方法点击相应的命令按钮后，就会弹出【选择样板】对话框，如图1.2-20所示。按照系统默认的图形名称acadiso点击【打开】按钮即可，AutoCAD 2013的创建新图层就操作完成了。

▶ 图1.2-20 【选择样板】对话框

(02)打开图形。在AutoCAD 2013中打开图形的方法也是分为三种情况：点击快速访问工具栏中的【打开】按钮；点击菜单栏【文件】按钮，在弹出的下拉菜单中选择【打开】菜单选项；点击【菜单浏览器】按钮，在弹出的下拉菜单中选择【打开】菜单选项的【图形】按钮。通过以上三种方法点击相应命令后，图形界面就会弹出【选择文件】对话框，在【查找范围】位置处选择目录位置，选择相应的文件点击【打开】按钮即可。

(03)保存图形。在保存AutoCAD 2013图形文件时，有三种方法可以应用：点击快速访问工具栏中的【保存】按钮；点击菜单栏【文件】按钮，在弹出的下拉菜单中选择【保存】菜单选项；点击【菜单浏览器】按钮，在弹出的下拉菜单中选择【保存】按钮；点击相应位置的按钮命令后，AutoCAD 2013就会完成相应图形的保存工作。这里需要注意的是，如图形文件没有命名保存过，点击【保存】按钮后就会弹出【图形另存为】对话框，通过该对话框指定文件的保存位置及名称后，单击【保存】按钮，即可实现保存。

1.3 AutoCAD 2013的基本操作环境设置

AutoCAD为用户提供了多种绘图的辅助工具，如栅格、捕捉、正交、极轴追踪和对象捕捉等，这些辅助工具类似于手工绘图时使用的方格纸、三角板，可以更容易、更准确地创建和修改图形对象。AutoCAD 2013的操作环境设置主要有草图设置、光标设置和自动保存设置。

1.3.1 AutoCAD 2013的草图设置

1.AutoCAD 2013的状态栏样式转换

AutoCAD 2013最下侧区域为状态栏显示位置，如图1.3-01所示。系统默认的状态栏样式为图标样式，把鼠标放在状态栏任意按钮位置处右击，在弹出的上拉菜单点击【使用图标】选项，状态栏样式就转化为文字样式了，如图1.3-02所示。

> **小结**：AutoCAD的高版本软件能够打开低版本软件保存的图形文件，低版本软件打不开高版本软件保存的图形文件。在运用AutoCAD制作图纸的时候，注意运用键盘输入快捷键的方式对图纸进行操作。

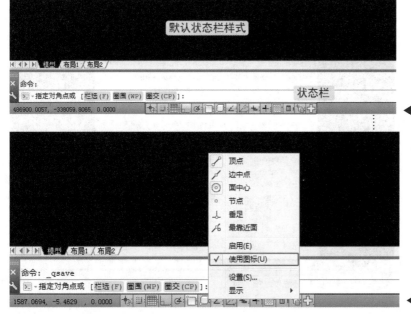

◀图1.3-01 状态栏显示状态

◀图1.3-02 状态栏样式转换

2.AutoCAD 2013的草图设置

(01)按钮命令的选择。状态栏显示样式转换后，状态栏位置就会以文字的样式显示按钮命令。点击选择【对象捕捉】、【对象追踪】和DYN按钮，如图1.3-03所示。

▶图1.3-03 选择命令按钮

(02)调用草图设置对话框。把鼠标放在【对象捕捉】按钮位置处右击，在弹出的上拉菜单中选择【设置】命令，如图1.3-04所示。选择【设置】命令后就会弹出【草图设置】对话框，如图1.3-05所示。

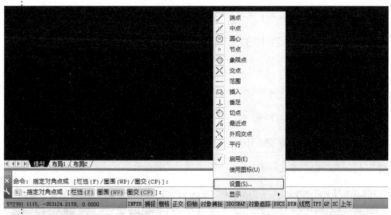

▶图1.3-04 选择【设置】按钮

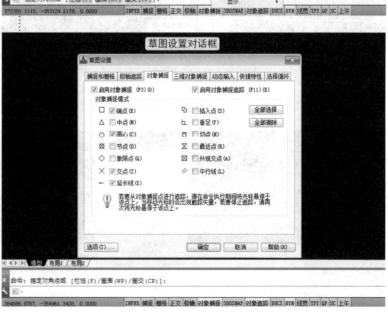

▶图1.3-05 【草图设置】对话框

(03)对象捕捉选项卡设置。在弹出的【草图设置】对话框中切换到【对象捕捉】选项卡，依次将【对象捕捉】选项卡里的捕捉类型全部选中。还可以通过对话框左侧位置的【全部选择】按钮来进行全部选择，如图1.3-06所示。

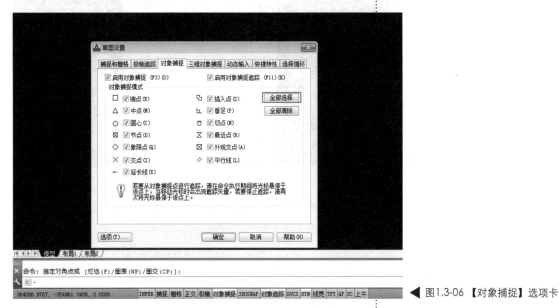

◀ 图1.3-06 【对象捕捉】选项卡

3.AutoCAD 2013的单位设置

点击菜单栏中的【格式】菜单选项，在弹出的下拉菜单中点击【单位】设置按钮，如图1.3-07所示。在弹出的【图形单位】对话框中，【长度】选项组用于确定长度单位与精度，【角度】选项组用于确定角度单位与精度。同时还可以确定角度正方向、零度方向以及插入单位等，如图1.3-08所示。

小结： 在用AutoCAD 2013绘制图纸之前，用户应根据需要进行绘图操作环境的设置，并在绘图过程中灵活运用这些命令和工具，以提高绘图的速度和准确度。

◀ 图1.3-07 【格式】下拉菜单

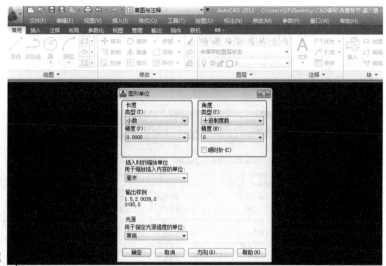

▶ 图1.3-08 【图形单位】对话框

1.3.2 AutoCAD 2013的光标设置

AutoCAD 2013的光标设置主要包含两个方面，主要有十字光标大小设置和光标中心的拾取框大小设置。软件系统默认的十字光标和拾取框样式非常小，所以要通过合理设置以达到在图纸的操作过程中减少不必要的失误和节省时间的目的。

1.十字光标大小设置

(01)调用项目对话框。点击菜单栏中的【工具】菜单选项，在弹出的下拉菜单中选择【选项】设置按钮，如图1.3-09所示。点击【选项】设置按钮后就会弹出【选项】对话框，如图1.3-10所示。

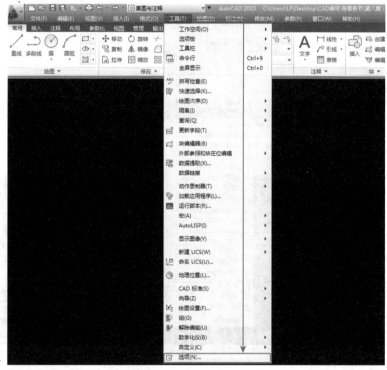

▶ 图1.3-09 【工具】下拉菜单

◀图1.3-10 【选项】对话框

(02)设置十字光标大小。在弹出的【选项】对话框中切换到
【显示】选项卡，将【十字光标大小】设置为100的大小样式，
最后点击【确定】按钮即可，如图1.3-11所示。

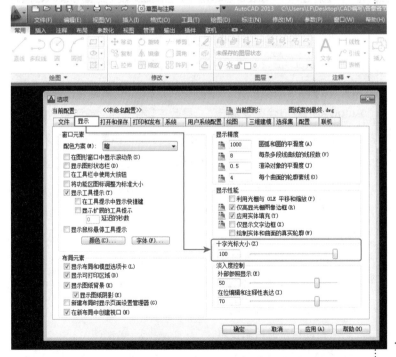

◀图1.3-11 十字光标大小设置

2.拾取框大小设置

点击菜单栏中的【工具】菜单选项，在弹出的下拉菜单中选

小结：在弹出的【选项】对话框中切换到【打开和保存】选项卡，在其【文件保存】命令位置处可以设置AutoCAD的文件保存格式。在这里可以设置【另存为】低版本格式，方便在不同的版本之间进行相互传阅和调用。

▶ 图1.3-12 拾取框大小设置

择【选项】设置按钮。在弹出的【选项】对话框中切换到【选择集】选项卡，将【拾取框大小】位置的滑动块设置在大概中间位置处，如图1.3-12所示。

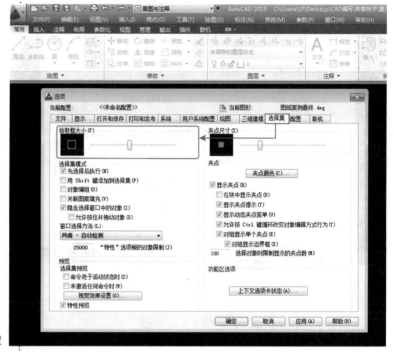

1.3.3 AutoCAD 2013的自动保存设置

当AutoCAD 2013软件遇到紧急情况时，软件就会非正常退出。比如在使用AutoCAD 2013软件时，遇到崩溃、致命错误AutoCAD 2013就直接退出了，导致在软件关闭之前所绘制的图纸没有被保存就丢失掉了，这样就会给图纸的操作带来很大的麻烦。

AutoCAD 2013软件的自动保存功能可以自动保存之前所做的图纸内容。设置AutoCAD 2013软件的自动保存功能，在系统或者软件出现意外情况时，可以根据已设置的自动保存选项找到之前的操作图纸，这样就可以减少很多不必要的麻烦。

AutoCAD 2013的自动保存设置主要包含三个方面：自动保存的目录设置；自动保存的时间和临时文件扩展名设置；电脑系统中如何找到并打开自动保存的文件。

1.自动保存的目录设置

(01)调用项目对话框。点击菜单栏中的【工具】菜单选项，在弹出的下拉菜单中选择【选项】设置按钮后就会弹出【选项】对话框，如图1.3-13所示。

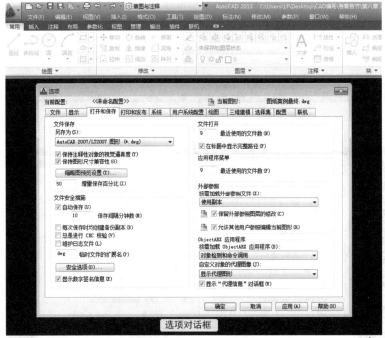

▲图1.3-13 【选项】对话框

(02)设置自动保存目录。在弹出的【选项】对话框中切换到【文件】选项卡，在【搜索路径、文件名和文件位置】命令框内双击【自动保存文件位置】按钮就会显示系统默认的文件保存位置，双击此目录位置就可以设置自动保存文件的位置了，如图1.3-14所示。

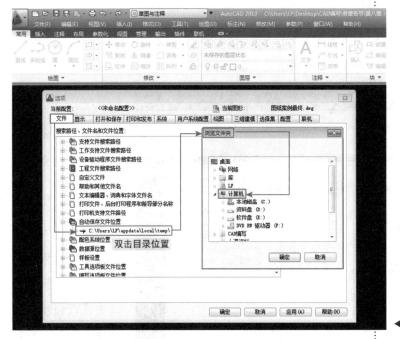

▲图1.3-14 自动保存的目录设置

2.自动保存的时间和临时文件扩展名设置

在弹出的【选项】对话框中切换到【打开和保存】选项卡，

在【文件安全措施】选项位置处设置【自动保存】的间隔分钟数和临时文件的扩展名。间隔分钟数根据具体情况设置，可以把临时文件的扩展名由ac$改为dwg的后缀格式文件，如图1.3-15所示。

▶ 图1.3-15 文件安全措施设置

3.电脑系统中如何找到并打开自动保存的文件

如果没有设置AutoCAD 2013的自动保存目录，在软件安装时系统就会以默认的目录保存文件，可以通过打开AutoCAD 2013软件找到文件的自动保存目录位置。

▶ 图1.3-16 自动保存路径显示

(01)系统默认的保存目录。在弹出的【选项】对话框中切换到【文件】选项卡，在【搜索路径、文件名和文件位置】列表框内双击【自动保存文件位置】按钮就会显示文件自动保存的目录位置，如图1.3-16所示。

(02)如果按照上

面的路径寻找自动保存的文件，此文件是找不到的。因为默认的自动保存路径，在Windows系统里是隐藏的。要想找到上面的自动保存路径，首先要设置系统的文件夹选项，这里以Win7系统为例演示操作。

(03)点击桌面的【计算机】快捷图标，在弹出的操作界面中选择【组织】下拉菜单中的【文件夹和搜索选项】选项，如图1.3-17。点击后就会弹出【文件夹选项】对话框，在对话框中切换到【查看】选项卡，如图1.3-18所示。

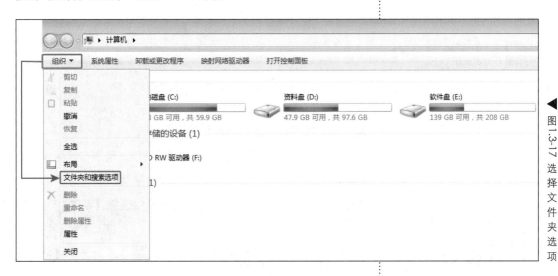

图1.3-17 选择文件夹选项

◀图1.3-18 【查看】选项卡

(04)切换到【查看】选项卡后，在【高级设置】列表框位置处选中【显示隐藏的文件、文件夹和驱动器】单选按钮，最后点击【确定】按钮即可，如图1.3-19所示。设置完成后就可以按照自动保存的路径寻找文件了。

小结：这里需要特别注意的是，这个自动保存文件是在AutoCAD 2013非正常关闭的情况下才可以找到的，如果AutoCAD 2013是正常被关闭，就找不到这个自动保存的文件。

▶ 图1.3-19 选中【显示隐藏的文件、文件夹和驱动器】单选按钮

1.4 AutoCAD 2013帮助和工作流程介绍

1.4.1 AutoCAD 2013的帮助功能

AutoCAD 2013提供了强大的帮助功能，用户在绘图或开发过程中可以随时通过该功能得到相应的帮助。选择菜单栏中的【帮助】菜单选项，在弹出的下拉菜单中选择【帮助】设置按钮，如图1.4-01所示。选择【帮助】设置命令后，在弹出的【未安装"帮助"】对话框中选择【改为使用联机帮助】命令，如图1.4-02所示。点击选择后就会弹出【AutoCAD 2013-Simplified Chinese-帮助】对话框，如图1.4-03所示。在对话框中就可以使用Auto-CAD 2013提供的强大帮助功能了。

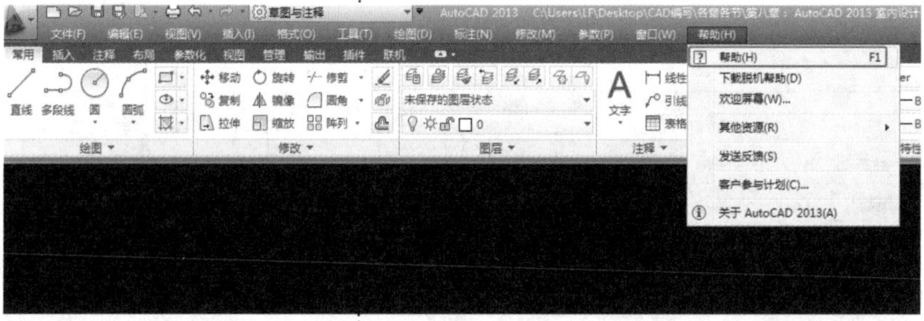

▶ 图1.4-01 帮助下拉菜单

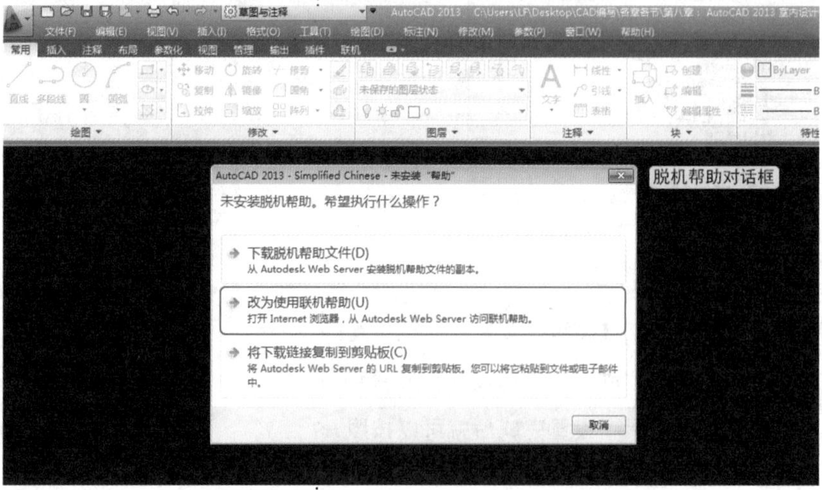

▶ 图1.4-02 安装帮助对话框

脱机帮助对话框

1.4.2 AutoCAD 2013的工作流程介绍

在整个工程施工环节中，AutoCAD的功能和作用是无可替代的。无论是其平面图纸的绘制还是施工立面图纸的绘制都需要用AutoCAD予以精确操作。所以AutoCAD的制图流程就显得尤为重要。下面就整个工作流程予以介绍和分析，以达到制作图纸有章可循、制图规范的目的，并为以后标准化图纸的制作打下坚实的基础。

在设计公司的客户类型中，客户可以分为两种情况：一种是自然客户，一种是关系客户。所谓的自然客户就是根据自己的实际需要自动上门或者咨询的部分客户，关系客户就是通过个人和公司的关系联系的部分客户。无论是自然客户还是关系客户，当其来到公司进行简单交流后都要设计师去工地予以现场勘测。

到达工地地点后，首先对现场工地的基本情况、建筑结构有一种基本的概念。根据掌握的实际情况在稿纸上用中性笔绘制整个房屋的结构图，并且要标明特殊空间的特殊位置，如卫生间、厨房、阳台等位置。在手绘图纸的过程中注意别漏掉顶梁位置和结构走向。绘制完毕后要整体检查确认，以防止部分房屋结构的漏失。

房屋结构绘制完成后，就要对房屋结构的具体位置进行精确的尺寸测量了。墙体测量完成后，再对房屋结构中比较特殊的位置进行测量，例如房高、梁高、梁宽、门高、窗高、下水位置、燃气管道位置、通气管位置等。并且养成良好的职业习惯，用相机把现场的结构和走向复杂的位置予以现场拍照，为后期房屋的设计提供参照和依据。工地的现场数据勘测，为AutoCAD的图纸制作提供了坚实的基础和保障。设计师现场手绘图纸，如图1.4-04所示。

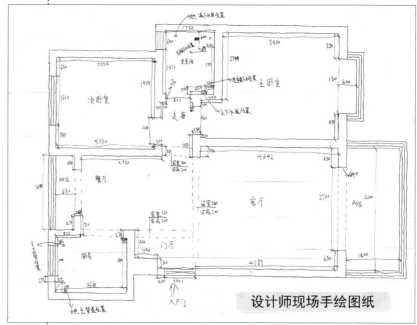

设计师现场手绘图纸

▶ 图1.4-04 手绘结构图纸

打开AutoCAD制图软件，根据手绘的房屋结构图纸，开始进行图纸放样即原始结构图的绘制。原始结构图是所有平面立面图纸中最基本和最原始的参照图纸，在绘制时要把整个房屋的门窗、顶梁位置结构表达清楚，注意对空间区域的标明和外围尺寸的标注。原始结构图绘制完成后，就要根据客户的实际情况绘制平面布置图、顶面布置图、顶面尺寸图、强弱电分布图和电位控制图。

根据设计思路和施工材料等信息绘制施工立面图纸。施工立面图纸根据户型结构的不同绘制的图纸数量也有所不同，一般情况下房屋结构中所有的空间位置都需要绘制3～5张施工图纸。比如主卧室空间位置，需要绘制主卧室四个墙面的施工立面图，并且还需要绘制主卧室衣柜的施工图纸。

AutoCAD的平面图纸和立面图纸的绘制完成后，再绘制图纸具体位置的结构详图。一般情况下绘制的是石膏板吊顶位置的结构详图，以方便工人施工时有图可依。如图1.4-05所示。

AutoCAD的平面图纸、施工立面图纸、结构详图绘制完成后，对所有的图纸予以图纸标准化的处理。这里需要绘制的有图纸目录顺序、施工图及设计说明的编写、图纸名称的确认、图号的排列等，最终打印装订成册即可。

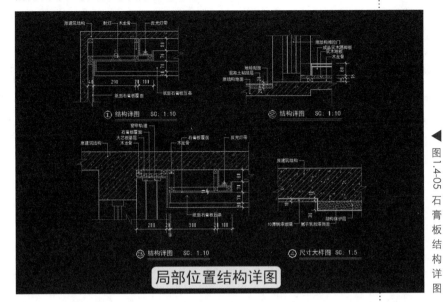

1.4.3 AutoCAD 2013工作流程示意图

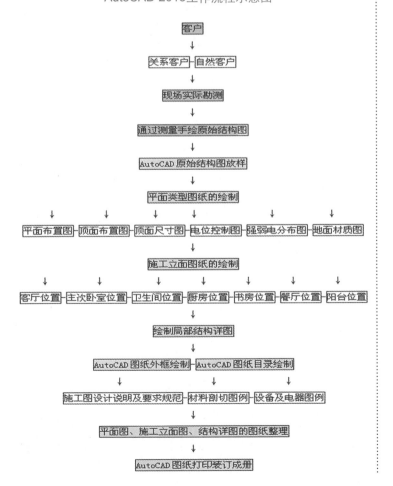

本章小结：

　　本章介绍了与AutoCAD 2013相关的一些基本概念和基本操作，其中包括如何安装、启动AutoCAD 2013；AutoCAD 2013工作界面的组成及其功能；AutoCAD命令及其执行方式；图形文件管理，包括新建图形文件、打开已有图形文件、保存图形；用AutoCAD 2013绘图时确定点的位置的方法；最后，介绍了AutoCAD 2013的帮助功能，AutoCAD在实际工作流程中的重要作用。本章介绍的概念和操作非常重要，其中的某些功能在绘图过程中要经常使用，希望读者能够很好地掌握。

第二章

AutoCAD 2013
二维图形绘制

在AutoCAD 2013中，使用菜单栏中的【绘图】菜单选项，可以绘制点、直线、圆、圆弧和多边形等简单二维图形。二维图形对象是整个AutoCAD的绘图基础，因此要熟练地掌握它们的绘制方法和技巧。

2.1 AutoCAD 2013线绘制

直线是AutoCAD 2013各种绘图中最常用、最简单的一类图形对象，只要指定了起点和终点即可绘制一条直线。在AutoCAD 2013中，可以用二维坐标(X,Y)或三维坐标(X,Y,Z)来指定端点，也可以混合使用二维坐标和三维坐标。在本节的内容讲解前，首先介绍下AutoCAD 2013的正交模式和动态输入命令，为后面的直线绘制提供操作环境基础。

2.1.1 AutoCAD 2013的直线图形绘制

1.AutoCAD 2013的正交模式和动态输入

(01)AutoCAD 2013的正交模式。打开AutoCAD 2013软件后，点击状态栏中【正交】按钮或者执行快捷键F8，就可以打开或者关闭正交模式，如图2.1-01所示。绘制直线时，打开正交模式可以将光标限制在水平或垂直轴上，而且还可以增强平行性或创建自现有对象的常规偏移。

▲ 图2.1-01 打开正交模式

(02)AutoCAD 2013的动态输入。点击选择状态栏位置的DYN按钮，就启动了AutoCAD 2013的动态输入功能。选择命令操作后，在光标附近显示出一个提示框,此提示框称为工具栏提示，如图2.1-02所示。如果移动光标，工具栏提示也会随着光标移动，且显示出的坐标值的动态变化，以反映光标的当前坐标值。

(03)动态输入设置。把鼠标放在DYN按钮位置处右击，在弹出的对话框中选择

▲ 图2.1-02 动态输入显示状态

【设置】命令按钮，如图2.1-03所示。在弹出的【草图设置】对话框中切换到【动态输入】选项卡，在选项卡中可以对动态输入的参数进行相应的设置。如图2.1-04所示。

◀ 图2.1-03 【选择】设置按钮

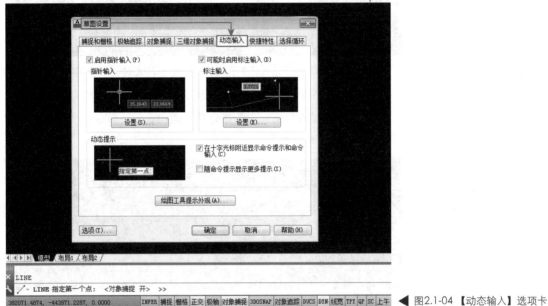

◀ 图2.1-04 【动态输入】选项卡

2.AutoCAD 2013任意直线绘制

(01)打开AutoCAD 2013软件后，按键盘上的F8打开正交命令。点击【常用】选项卡【绘图】工具面板中的【直线】按钮，如图2.1-05所示。另外还可以通过执行快捷键L调用直线命令，如图2.1-06所示。

◀ 图2.1-05 工具栏选择【直线】命令

▶ 图2.1-06 快捷键选择直线命令

(02)点击【直线】按钮或者执行快捷键L+ Space操作后，命令提示行就会提示【LINE 指定第一个点】，如图2.1-07所示。鼠标左键在任意位置处指定第一点位置后，命令提示行就会提示【LINE 指定下一点或 [放弃(U)]】，如图2.1-08所示。

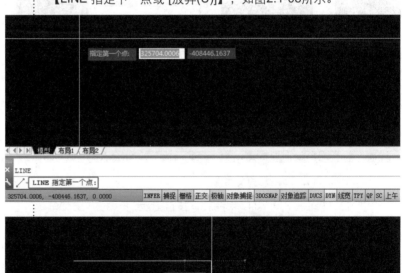

▶ 图2.1-07 指定直线的第一个点

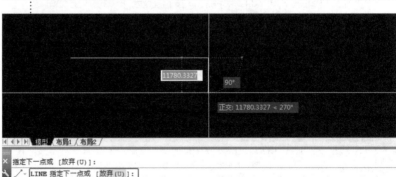

▶ 图2.1-08 指定直线的第二个点

(03)提示指定下一点后，拖动鼠标向一侧方向移动，移动一定距离后点击确定直线的第二个点位置，命令提示行继续提示【LINE 指定下一点或 [放弃(U)]】，如图2.1-09所示。按键盘的Enter或者Space键结束直线命令，也可以右击，在弹出的对话框中选择【确认】命令，如图2.1-10所示。

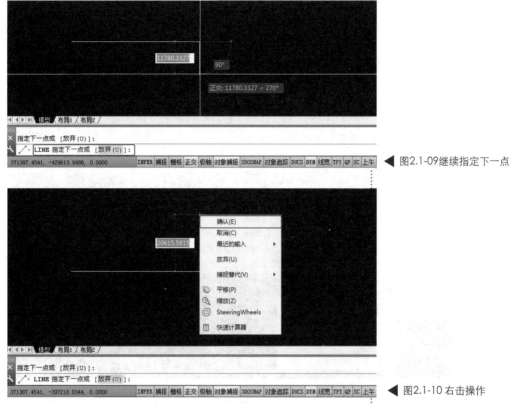

▲ 图2.1-09继续指定下一点

▲ 图2.1-10 右击操作

3.AutoCAD 2013距离直线绘制

在上述讲解中，演示了如何在AutoCAD 2013中绘制任意一条直线的过程。但是在实际的图纸操作过程中，经常会遇到精确距离直线的绘制，下面就如何绘制精确距离直线进行讲解和演示。

确认直线第一点位置后拖动鼠标向一侧方向移动，当命令提示行提示【LINE 指定下一点或 [放弃(U)]】时，利用键盘输入直线的长度尺寸【以直线长度500mm为例】，输入显示如图2.1-11所示。输入完成后，连续两次按

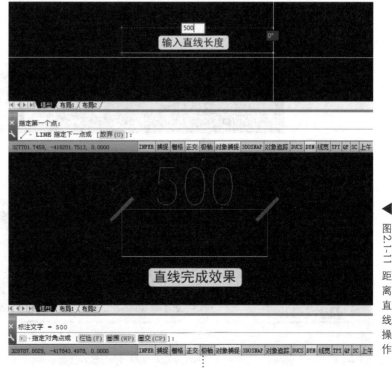

▲ 图2.1-11 距离直线操作

小结：在用AutoCAD 2013绘制直线时，可以打开或关闭正交模式。在绘制的过程中注意命令提示行和光标位置的动态命令提示，根据提示进行下一步的操作。并且要熟练掌握指定距离直线的绘制方法，为以后图纸的绘制打下坚实的基础。

Enter或者Space键确认，那么这个长度为500mm的直线就绘制完成了。

2.1.2 AutoCAD 2013射线图形绘制

(01)射线为一端固定，另一端无限延伸的直线。在图纸制作过程中，射线主要用于绘制辅助线。点击【常用】选项卡【绘图】工具栏中的【射线】按钮或者执行快捷键RAY调用射线命令，如图2.1-12、图2.1-13所示。

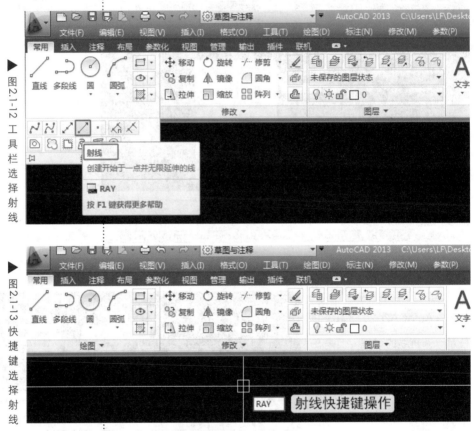

图2.1-12 工具栏选择射线

图2.1-13 快捷键选择射线

(02)点击【射线】按钮或者执行快捷键RAY+Space操作后，命令提示行就会提示【RAY 指定起点】，如图2.1-14所示。在图形界面任意位置处点击确认射线起点位置后，命令提示行就会提示【RAY 指定通过点】，确认通过点后射线就绘制完成了，如图2.1-15所示。

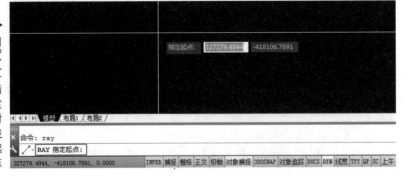

图2.1-14 指定射线起点

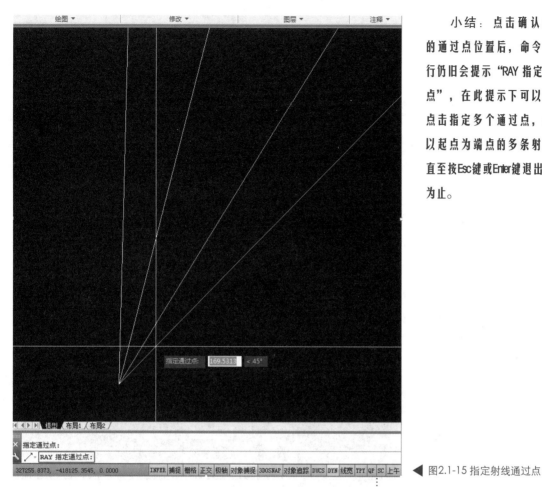

小结：点击确认射线的通过点位置后，命令提示行仍旧会提示"RAY 指定通过点"，在此提示下可以连续点击指定多个通过点，绘制以起点为端点的多条射线，直至按Esc键或Enter键退出命令为止。

▲图2.1-15 指定射线通过点

2.1.3　AutoCAD 2013构造线图形绘制

(01)构造线为两端可以无限延伸的直线，没有起点和终点，可以放置在三维空间的任何地方，主要用于绘制辅助线。点击【常用】选项卡【绘图】工具栏中的【构造线】按钮或者执行快捷键XL都可以调用构造线命令,如图2.1-16、图2.6-17所示。

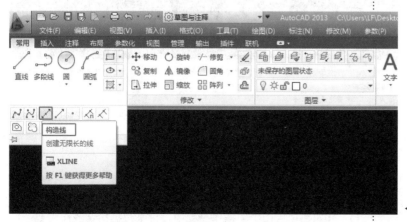

▲图2.1-16 工具栏选择构造线

▶ 图2.1-17 快捷键选择构造线

小结：构造线即创建无限长的直线，可以通过无限延伸的线(例如构造线)来创建构造和参考线，并且其可用于修剪边界。在【XLINE 指定通过点】命令提示下指定多个通过点，可以同时绘制多条构造线，直到按Esc键或Enter键退出为止。

(02)点击【构造线】按钮或者执行快捷键XL+ Space操作后，命令提示行就会提示【XLINE 指定点或 [水平(H) 垂直(V) 角度(A) 二等分(B) 偏移(O)]】,如图2.1-18所示。在图形界面任意位置处点击确认指定点的位置后，命令提示行就会提示【XLINE 指定通过点】,指定通过点位置后构造线就绘制完成了，如图2.1-19所示。

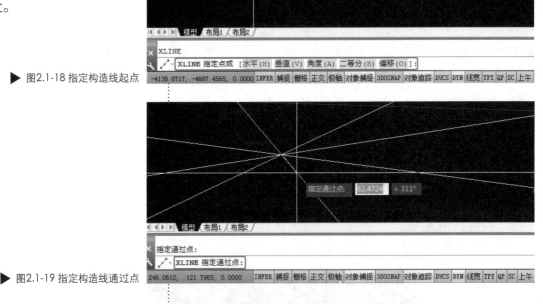

▶ 图2.1-18 指定构造线起点

▶ 图2.1-19 指定构造线通过点

2.2 AutoCAD 2013矩形和多边形绘制

2.2.1 AutoCAD 2013矩形绘制

(01)在项目图纸的操作过程中，可以根据指定的尺寸或条件绘制矩形图形。点击【常用】选项卡【绘图】工具栏中的【矩形】按钮或者执行快捷键REC调用矩形命令，如图2.2-01、图2.2-02所示。

(02)点击【矩形】按钮或者执行快捷键REC+ Space后，命令提示行就会提示【RECTANG 指定第一个角点或 [倒角(C) 标高(E)圆角(F)厚度(T)宽度(W)]】,如图2.2-03所示。在图形界面任意位置点击确认矩形第一个角点位置后，移动鼠标命令提示行就会提示【RECTANG 指定另一个角点或 [面积(A) 尺寸(D)旋转(R)]】，如图2.2-04所示。鼠标点击确定矩形的第二个角点位置后，"矩形"图形绘制完成了。

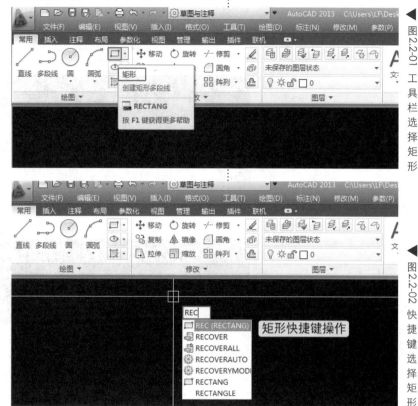

图2.2-01 工具栏选择矩形

图2.2-02 快捷键选择矩形

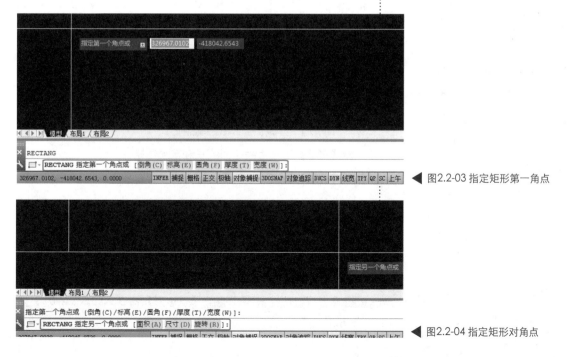

◀ 图2.2-03 指定矩形第一角点

◀ 图2.2-04 指定矩形对角点

(03)当命令提示行提示【RECTANG 指定第一个角点或 [倒角
(C)标高(E)圆角(F)厚度(T)宽度(W)]】和【RECTANG 指定另一个
角点或 [面积(A)尺寸(D)旋转(R)]】时，在命令提示行提示的选项
含义如下，如图2.2-05、图2.2-06所示。

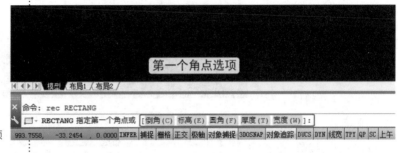

▶ 图2.2-05 指定第一个角点选项

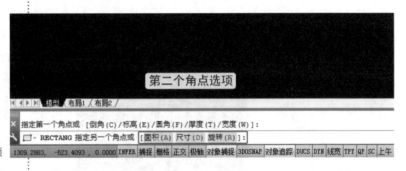

▶ 图2.2-06 指定第二个角点选项

【倒角】选项表示绘制在各角点处有倒角的矩形；

【标高】选项用于确定矩形的绘图高度，即绘图面与XY面之
间的距离；

【圆角】选项确定矩形角点处的圆角半径，使所绘制矩形在
各角点处按此半径绘制出圆角；【厚度】选项确定矩形的绘图厚
度，使所绘制矩形具有一定的厚度；

【宽度】选项确定矩形的线宽；

【面积】选项根据面积绘制矩形；

【尺寸】选项根据矩形的长和宽绘制矩形；

【旋转】选项表示绘制按指定角度放置的矩形；

小结：AutoCAD 2013绘制
矩形的操作过程中，一定要根据
命令提示行的提示进行操作。通
过提示输入具体命令和精确数
值，创建一个符合图纸和施工要
求的精密图形。

2.2.2 AutoCAD 2013多边形绘制

(01)在AutoCAD 2013中，可以使用【多边形】命令绘制等
边多边形。点击【常用】选项卡【绘图】工具栏中的【多边形】
按钮或者执行快捷键POL调用【多边形】命令，如图2.2-07、图
2.2-08所示。

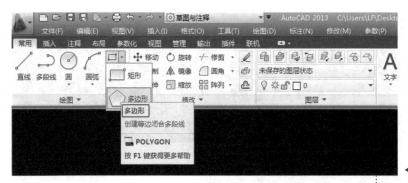

◀ 图2.2-07 工具栏选择多边形

◀ 图2.2-08 快捷键选择多边形

(02)点击【多边形】按钮或者执行快捷键POL+ Space操作后，命令提示行就会提示【POLYGON 输入侧面数】，利用键盘输入6(本例以6个边数的多边形为例进行操作)，如图2.2-09所示。

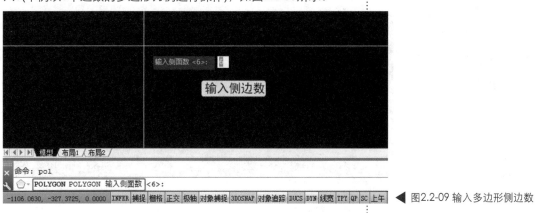

◀ 图2.2-09 输入多边形侧边数

(03)键盘输入侧边数后按Enter键确认，命令提示行就会提示【POLYGON 指定正多边形的中心点或 [边(E)]】，如图2.2-10所示。点击确认正多边形的中心点位置后，命令提示行就会提示【POLYGON 输入选项 [内接于圆(I) 外切于圆(C)]】，如图2.2-11所示。

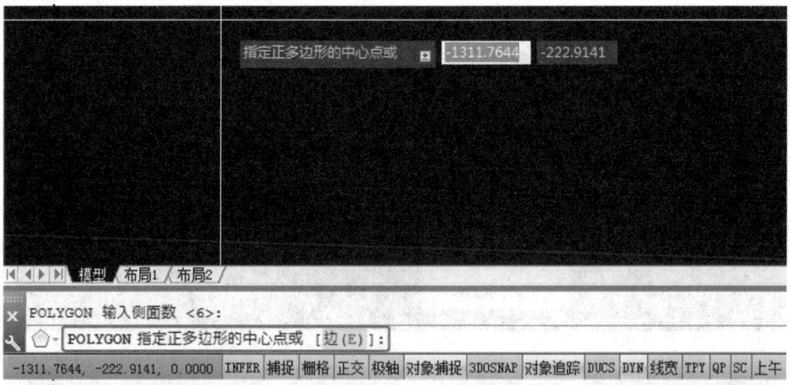

▶ 图2.2-10 指定正多边形中心点

▶ 图2.2-11 【输入选项】对话框

小结：指定正多边形的
中心点位置后，在弹出的正
多边形【输入选项】对话框
中，【内接于圆】选项表示
所绘制多边形将内接于假想
的圆，【外切于圆】选项表
示所绘制多边形将外切于假
想的圆。

(04)在弹出的【输入选项】对话框中，选择【内接于
圆(I)】或者【外切于圆(C)】选项后，命令提示行就会提示
【POLYGON 指定圆的半径】，利用键盘输入多边形的圆半径
尺寸，如图2.2-12所示。最终按键盘的Enter或者Space键确认，
等边多边形就绘制完成了。

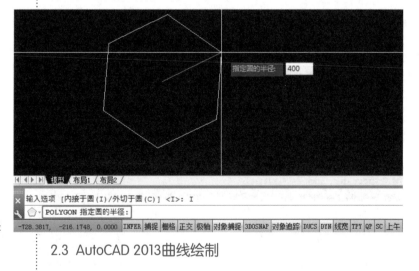

▶ 图2.2-12 指定圆的半径

2.3 AutoCAD 2013曲线绘制

2.3.1 绘制圆形曲线

(01)打开AutoCAD 2013绘图软件，点击【常用】选项卡【绘
图】工具栏中的【圆】按钮或者执行快捷键C调用圆形曲线命令，

如图2.3-01、图2.3-02所示。

◀ 图2.3-01 工具栏选择圆

◀ 图2.3-02 快捷键选择圆

(02)点击【圆】按钮或者执行快捷键C+Space后，命令提示行就会提示【CIRCLE 指定圆的圆心或 [三点(3P) 两点(2P)切点、切点、半径(T)]】，如图2.3-03所示。点击确定圆心位置后，命令提示行就会提示【CIRCLE 指定圆的半径或 [直径(D)]】，如图2.3-04所示。输入圆半径后按Enter或者Space键确认，圆形曲线就绘制完成了。

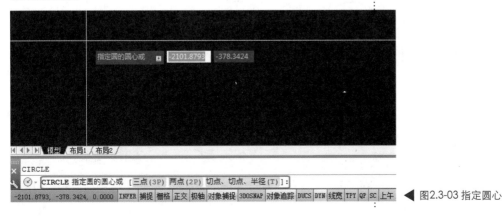

◀ 图2.3-03 指定圆心

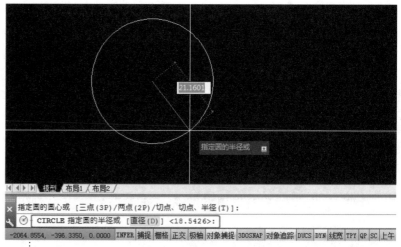

▶ 图2.3-04 指定圆半径

小结：**在绘制圆形曲线时有多种方法可以选择和参考，具体到图纸操作可以根据实际情况予以不同类型的选择和操作。一般情况下【指定圆心和半径】与【指定圆心和直径】两种方法最为常用。**

(03)在AutoCAD 2013中，可以使用6种方法绘制圆形。点击【常用】选项卡【绘图】工具栏中【圆】按钮位置处的下拉箭头，在弹出的下拉菜单中显示了绘制圆的6种方法，如图2.3-05所示。下拉菜单中6种绘制圆的方法示意图如图2.3-06所示。

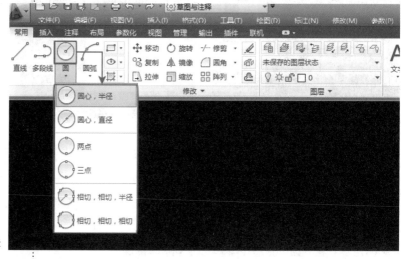

▶ 图2.3-05 绘制圆的方法

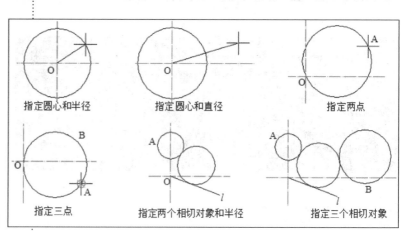

▶ 图2.3-06 圆形绘制示意图

2.3.2 绘制圆环曲线

（01）圆环由两条圆弧多段线组成，这两条圆弧多段线首位相接而形成圆环。点击【常用】选项卡【绘图】工具栏中的【圆环】命令按钮或者执行快捷键DO调用圆环曲线命令，如图2.3-07、图2.3-08所示。

图2.3-07 工具栏选择圆环曲线

（02）点击【圆环】按钮或者执行快捷键DO+Space操作后，命令提示行就会提示【DONUT 指定圆环的内径】，如图2.3-09所示。输入圆环内径参数后按键盘Enter或者Space确认，命令提示行就会提示【DONUT 指定圆环的外径】，再次输入圆环外圆的半径参数值并确认，如图2.3-10所示。

图2.3-08 快捷键选择圆环曲线

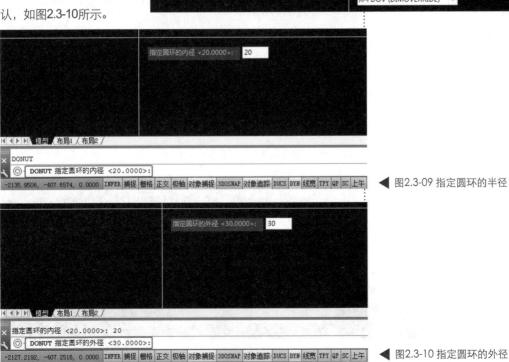

◀ 图2.3-09 指定圆环的半径

◀ 图2.3-10 指定圆环的外径

小结：**圆环的绘制过程中注意圆环的内径和外径数值的输入。最终的圆环曲线显示样式为内圆半径范围内为空白显示，内圆半径和外圆半径之间的区域为白色实体填充区域。通过圆环曲线的最终显示样式加强理解内径和外径参数的含义。**

(03)指定确认圆环的外径参数后，命令提示行就会提示【DONUT 指定圆环的中心点或 <退出>】，如图2.3-11所示。最终在图形界面的任意位置处点击确认圆环中心点，并按键盘Enter或者Esc退出命令，圆环曲线就绘制完成了，如图2.3-12所示。

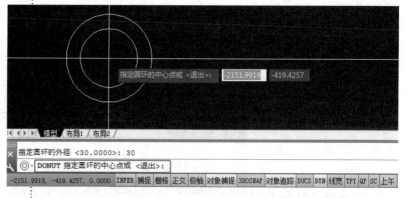

▶ 图2.3-11 指定圆环中心点

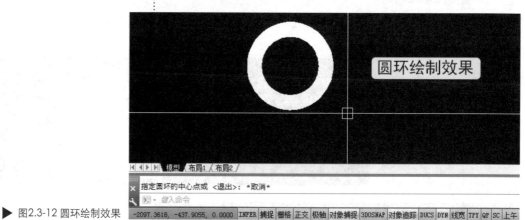

▶ 图2.3-12 圆环绘制效果

2.3.3 绘制圆弧曲线

(01)圆弧曲线由三点创建连接组成。点击【常用】选项卡【绘图】工具栏中的【圆弧】按钮或者执行快捷键A调用圆弧曲线命令，如图2.3-13、图2.3-14所示。

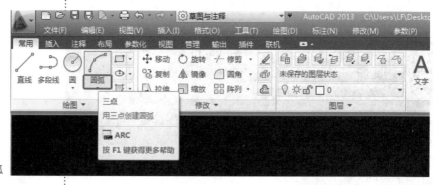

▶ 图2.3-13 工具栏选择圆弧

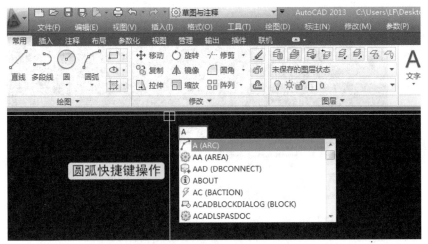

▲ 图2.3-14 快捷键选择圆弧

(02)点击【圆弧】按钮或者执行快捷键A+Space操作后，命令提示行就会提示【ARC 指定圆弧的起点或 [圆心(C)]】,在图形界面任意空白位置处点击确认圆弧曲线的起点位置，如图2.3-15所示。

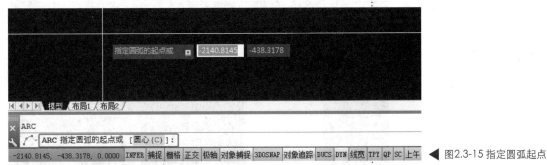

▲ 图2.3-15 指定圆弧起点

(03)点击确认圆弧起点位置后，命令提示行就会提示【ARC 指定圆弧的第二个点或 [圆心(C) 端点(E)]】,如图2.3-16所示。点击确认第二个点位置后，命令提示行就会提示【ARC 指定圆弧的端点】，如图2.3-17所示。最终点击确认端点位置后完成圆弧曲线操作。

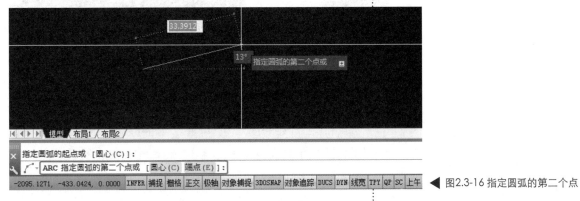

▲ 图2.3-16 指定圆弧的第二个点

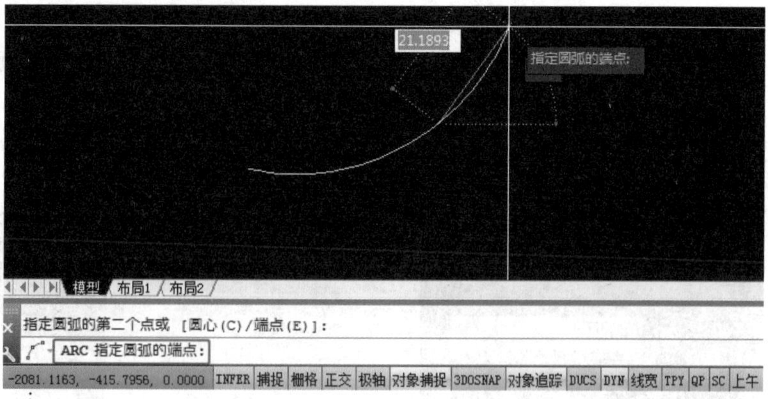

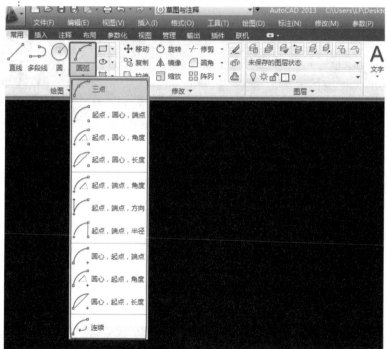

▶ 图2.3-17 指定圆弧端点

小结：在绘制圆弧曲线的过程中，注意圆弧曲线都是由三点结构连接而成的，它们分别是：圆弧曲线的起点位置、圆弧曲线的第二个点之域、圆弧曲线的端点位置。

(04)在AutoCAD 2013中，提供了11种不同的圆弧操作类型，如图2.3-18所示。每种方法都有不同的操作步骤和具体要求，可以根据每种方法按钮位置处的提示或者AutoCAD 2013的帮助功能进行操作练习。

▶ 图2.3-18 绘制圆弧类型

2.3.4 绘制椭圆和椭圆弧曲线

1.绘制椭圆曲线

(01)椭圆由指定的中心点创建而成，使用中心点、第一个轴端点和第二个轴长度来创建椭圆。点击【常用】选项卡【绘图】工具栏中的【圆心】按钮或者执行快捷键EL调用椭圆曲线命令，如图2.3-19、图2.3-20所示。

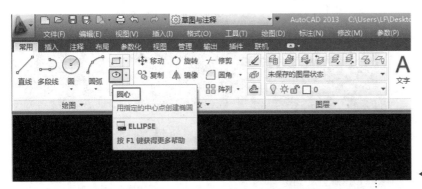

▲图2.3-19 工具栏选择椭圆

▲图2.3-20 快捷键选择椭圆

(02)点击【圆心】按钮或执行快捷键EL+ Space操作后，命令提示行就会提示【ELLIPSE指定椭圆的中心点】和

【ELLIPSE指定椭圆的轴端点或［圆弧(A)中心点(C)］】，如图2.3-21所示。在图形界面的任意位置处点击确认中心点或轴端点位置后，命令提示行就会提示【ELLIPSE指定轴的端点】和【ELLIPSE指定轴的另一个端点】，如图2.3-22所示。

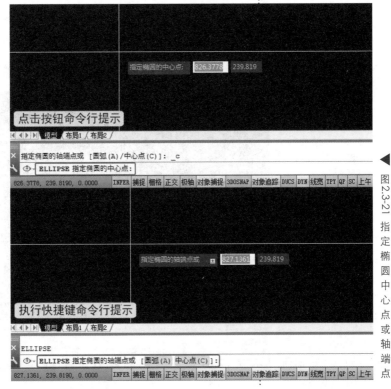

图2.3-21 指定椭圆中心点或轴端点

49

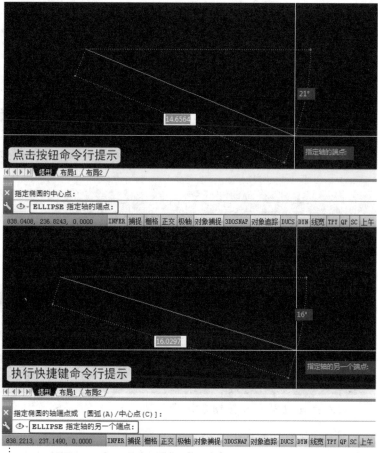

▶ 图2.3-22 指定轴的端点或者另一个端点

(03)确认椭圆曲线的轴端点或者另一个端点位置后，命令提示行提示【ELLIPSE 指定另一条半轴长度或 [旋转(R)]】，拖动鼠标移动一定距离后点击确认即可，如图2.3-23所示。

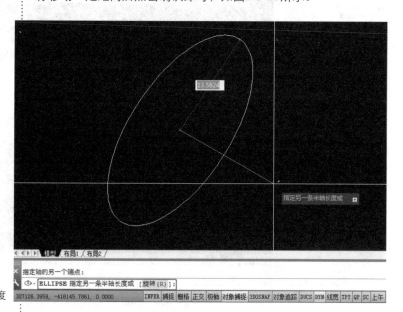

▶ 图2.3-23 指定另一条半轴长度

2.绘制椭圆弧曲线

(01)椭圆弧曲线的操作分为两部分，一部分是绘制椭圆曲线，另一部分是在这个椭圆曲线图形的基础上绘制椭圆弧曲线。椭圆曲线的绘制参考上面章节的内容讲解。

(02)点击【常用】选项卡【绘图】工具栏中的【椭圆弧】按钮或者选择菜单栏中的【绘图】菜单选项，在弹出的下拉菜单中选择【椭圆】子菜单中的【圆弧】命令按钮，如图2.3-24、图2.3-25所示。

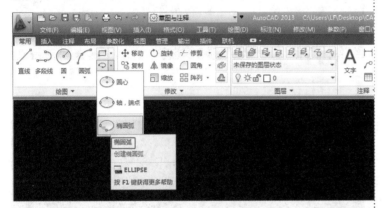

◀ 图2.3-24 工具栏选择椭圆弧

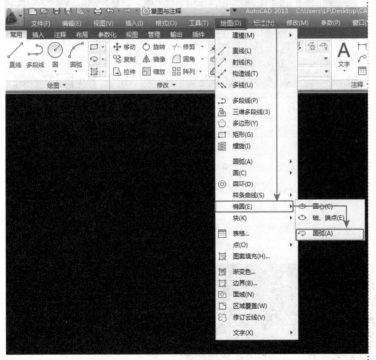

◀ 图2.3-25 菜单栏选择椭圆弧

(03)点击【椭圆弧】或【圆弧】按钮后，按照命令提示绘制椭圆曲线，椭圆曲线绘制完成后命令提示行就会提示【ELLIPSE指定起点角度或 [参数(P)]】，如图2.3-26所示。点击确认起点角小结：在椭圆曲线图形的操作过程中，可以通过单击所需距离处的某个位置或输入长度值来指定距离。在椭圆弧曲线的图形操作中，可以通过指定起点角度和端点的角度值来确认椭圆弧曲线的最终图形样式。

度后，命令提示行提示【ELLIPSE 指定端点角度或 [参数(P) 包含角度(I)]】，如图2.3-27所示。最终点击确认即可完成椭圆弧曲线操作。

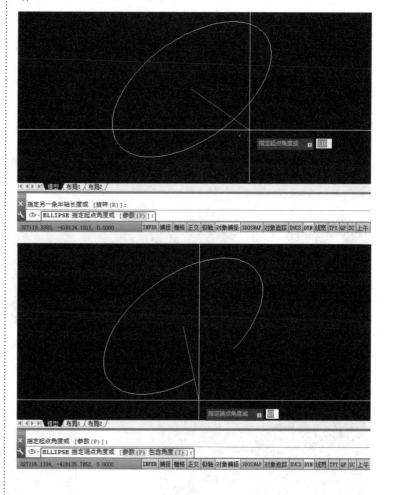

▶ 图2.3-26 指定起点角度

▶ 图2.3-27 指定端点角度

2.4 AutoCAD 2013点绘制

2.4.1 绘制点和设置点样式

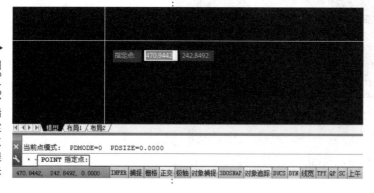

▶ 图2.4-01 指定点提示

1.绘制点

打开AutoCAD 2013软件，执行快捷键PO+ Space操作，命令提示行就会提示【POINT 指定点】，如图2.4-01所示。鼠标在图形界面的任意位置处指定点的具体位置即可，如图2.4-02所示。

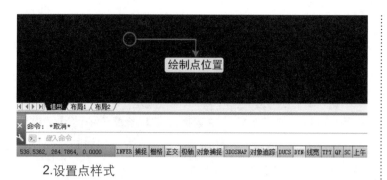

2.设置点样式

选择菜单栏中的【格式】菜单选项，在弹出的下拉菜单中选择【点样式】设置按钮，如图2.4-03所示。点击命令按钮后就会弹出【点样式】对话框，如图2.4-04所示。在对话框中可以选择点样式类型。此外，还可以通过对话框中的【点大小】编辑框确定点的大小。

小结：在AutoCAD 2013的图形显示中，点的图形显示非常小而且不容易观察。可以在点样式对话框中选择显示效果比较明显的点样式进行图纸操作，还可以通过对话框中的点大小命令按钮确定点的大小。

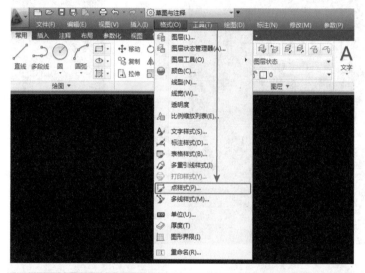

▶ 图2.4-03 选择点样式

▶ 图2.4-04 【点样式】对话框

2.4.2 绘制定数等分点和定距等分点

1.绘制定数等分点

(01)执行定数等分点命令。定数等分点是指将图形对象沿对象的长度或周长等间隔排列。选择菜单栏中的【绘图】菜单选项，在弹出的下拉菜单中选择【点】子菜单中的【定数等分】命令按钮，如图2.4-05所示。另外还可以通过执行快捷键DIV+Space操作，如图2.4-06所示。

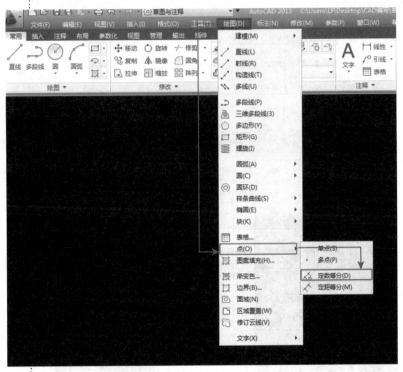

▶ 图2.4-05菜单栏选择定数等分点

▶ 图2.4-06快捷键选择定数等分点

(02)定数等分点操作。确认定数等分点命令后，命令提示行就会提示【DIVIDE 选择要定数等分的对象】，如图2.4-07所示。根据命令提示选择需要定数等分的任意直线对象，命令提示行就会提示【DIVIDE 输入线段数目或 [块(B)]】，如图2.4-08所示。在弹出的输入框内输入需要等分的数量，最终直线等分效果如图2.4-09所示。

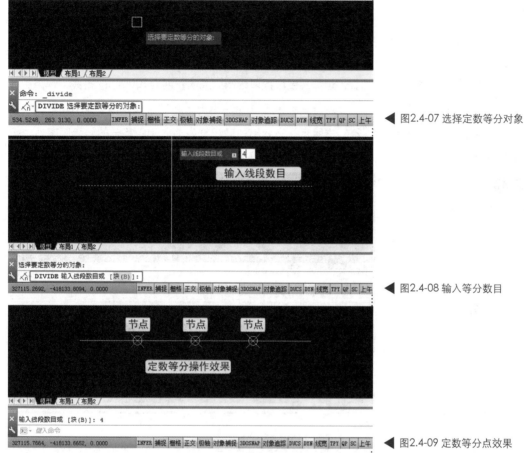

◀ 图2.4-07 选择定数等分对象

◀ 图2.4-08 输入等分数目

◀ 图2.4-09 定数等分点效果

2.绘制定距等分点

(01)执行定距等分点命令。定距等分点是将点对象在指定的对象上按指定的距离放置。选择菜单栏中的【绘图】菜单选项，在弹出的下拉菜单中选择【点】子菜单中的【定距等分】命令按钮，如图2.4-10所示。选择定距等分后命令行提示【MEASURE 选择要定距等分的对象】，如图2.4-11所示。

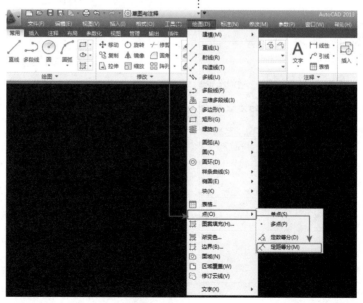

◀ 图2.4-10 菜单栏选择定距等分

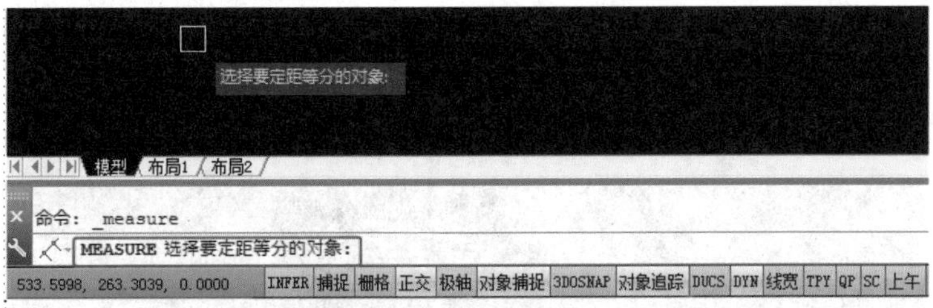

▶ 图2.4-11 选择定距等分点对象

小结：为了便于图形操作过程中对点的捕捉和选择，提高绘制的精度和效率，在【点样式】对话框中可以选择比较容易观察和捕捉的点样式。另外还可以通过快捷键ME执行【定距等分】命令。

(02)定距等分点操作。命令提示行提示选择定距等分对象后，选择图纸中提前绘制完成的长度为100mm的直线，选择后命令提示行就会提示【MEASURE 指定线段长度或[块(B)]】，如图2.4-12所示。在弹出的输入框内输入定距等分的间隔距离后，按Enter或者Space确认后效果如图2.4-13所示。

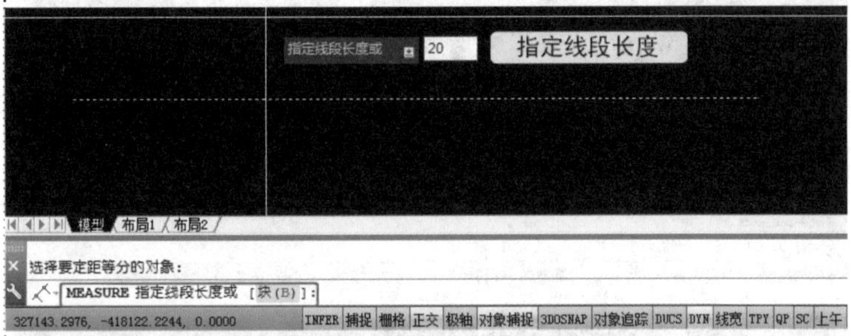

▶ 图2.4-12 指定线段长度

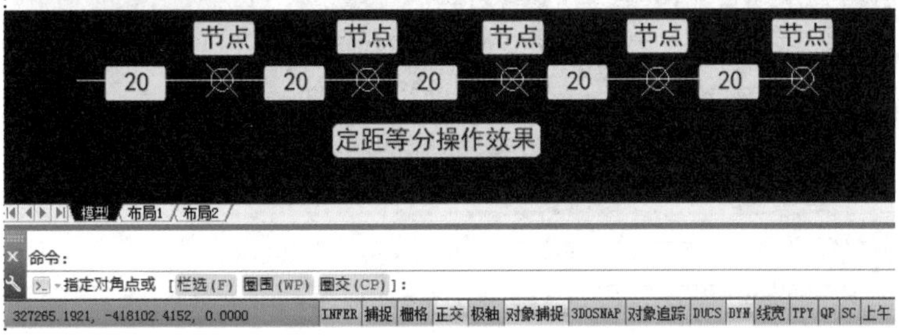

▶ 图2.4-13 定距等分点效果

本章小结：

本章介绍了AutoCAD 2013提供的绘制基本二维图形的功能。用户可以通过工具栏、菜单栏或在命令窗口输入命令的方式执行AutoCAD 2013的绘图命令，具体采用哪种方式取决于用户的绘图习惯。但需要说明的是，只有结合AutoCAD 2013的图形编辑等功能，才能够高效、准确地绘制各种工程图。

第三章

二维图形编辑

在AutoCAD 2013的实际操作过程中，二维图形的编辑可以使用户进一步完成对复杂图形的绘制工作，并使用户自由组织和绘制图形，以保证绘图的准确性，减少重复性操作。因此，对二维图形编辑与操作命令的熟练运用有助于提高设计和绘图效率。本章通过在AutoCAD 2013中建立简单案例来具体演示操作，从而达到对AutoCAD 2013进一步的了解和学习。

3.1 AutoCAD 2013选择和偏移对象

3.1.1 对象的选择操作

当启动AutoCAD 2013的某一编辑命令或其他某些命令后，AutoCAD 2013的命令提示行就会提示【ERASE 选择对象】，即要求用户选择要进行操作的对象，同时鼠标的十字光标变化为小方框形状(称为拾取框)，如图3.1-01所示。

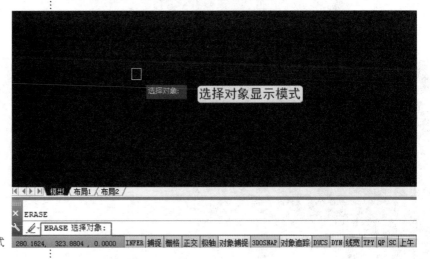

▶ 图3.1-01 选择对象显示模式

1.图形的选择方式

点选对象：鼠标左键直接点选对象。

选择窗口选择对象：从右向左拖动(交叉选择)可选择包含在选择区域内及与选择区域的边框相交叉的对象。

交叉窗口选择对象：指定第一个角点以后，从左向右拖动(选择窗口)仅选择完全包含在选择区域内的对象。

WP快捷键操作：在【选择对象】提示下输入WP，指定多边形各角点，窗口多边形选择完全包含的对象。

CP快捷键操作：在【选择对象】提示下输入CP，指定多边形各角点，多边形选择包含或相交的对象。

F 快捷键操作：在【选择对象】提示下输入F，使用选择栏可以从复杂图形中选择非相邻对象。选择栏是一条直线，可以选择它穿过的所有对象。

使用编组操作：使用GROUP命令定义编组，在【选择对象】提示下输入G，输入编组名，构造选择集。或者使用未命名的编组来直接点选编组内的任一对象来选定整个编组，快捷键Ctrl+A用来切换编组选择开关。

2.点选对象操作

在操作界面中创建任意矩形图形。创建完成后，可以通过十字光标中间的拾取框直接点击选择矩形对象，还可以通过执行快捷键ERA来选择矩形图形对象，如图3.1-02所示。

3.框选对象操作

框选对象包含正选操作和反选操作两种类型。在AutoCAD 2013的图纸操作中，正选操作和反选操作都起着举足轻重的地位，熟练运用正反选操作可以极大地加快制图的速度和准确率，下面就正反选操作的特点予以详细讲解。

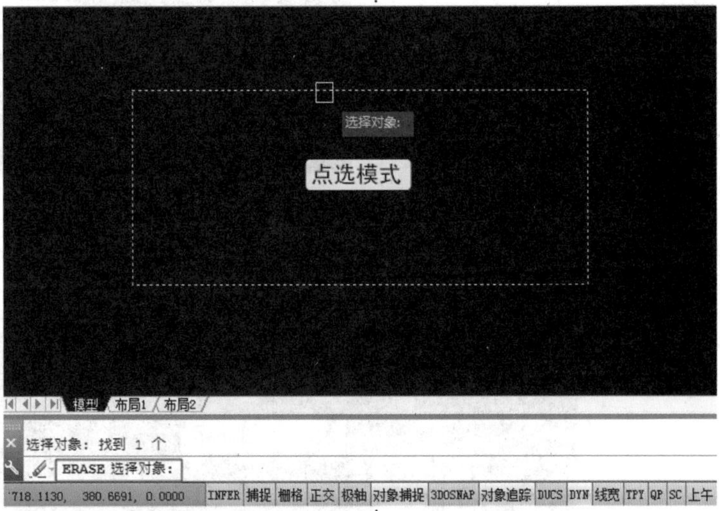

▲ 图3.1-02 点选对象操作

(01)正选对象操作。正选操作就是用鼠标从右侧向左侧拖动来选择对象，在操作界面中的显示模式为虚线方框样式。方框内部填充的颜色为绿色，边界线为白色虚线状态。如图3.1-03所示。

◀ 图3.1-03 正选样式及方向

(02)反选对象操作。反选操作就是用鼠标从左侧向右侧拖动来选择对象，在操作界面中的显示模式为实线方框样式。方框内部填充的颜色为蓝色，边界线为白色实线状态。如图3.1-04所示。

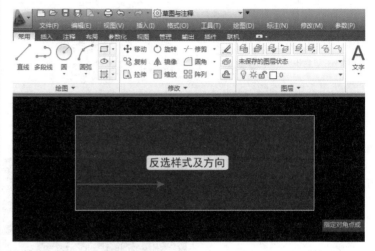

▶ 图3.1-04 反选样式及方向

4.正反选对象操作案例

(01)打开随书光盘【正选-反选案例】文件，在文件中利用AutoCAD 2013的正反选操作来总结各自的特点和规律。在图形文件中分别运用正选和反选的操作方式来选择图形中的物体，并且正反选操作的选择范围和选择物体是一样的，如图3.1-05所示。运用正反选操作选择物体后，其最终结果显示如图3.1-06所示。

(02)通过以上案例的正反选操作可以得出正反选操作的基本特点和规律，在运用AutoCAD 2013进行正选操作时，在选择边界范围内的所有物体(不管此物体是被全部选中还是被部分选中)都会被选中。运用反选操作时，在选择边界范围内的所有物体中只有被包含的物体才会被选中，不被选取

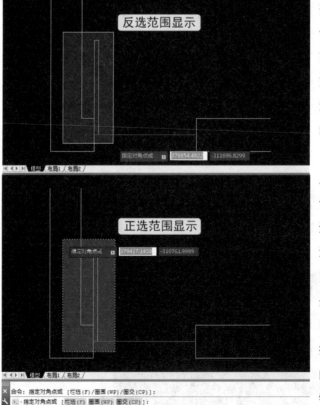

▶ 图3.1-05 正反选的选择范围

的部分物体就会被忽略掉。

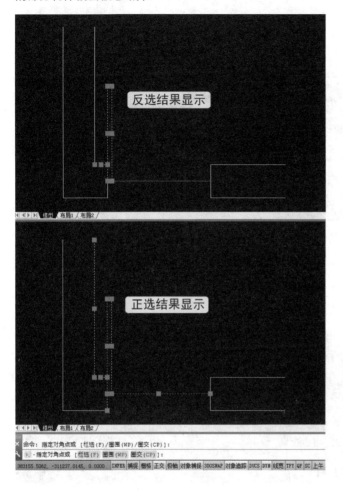

图3.1-06 正反选的选择结果

小结：AutoCAD 2013的选择在实际项目的图纸操作中非常重要，并在很大程度上决定了项目图纸的制图速度和准确率。因此在实际的学习和操作练习中要好好地体会这几种选择方式的不同，为以后图纸的制作打下坚实的基础。

3.1.2 对象的偏移操作

(01)偏移对象又称为偏移复制。在操作界面中绘制任意矩形，点击【常用】选项卡【修改】工具栏的【偏移】按钮或者执行快捷键O调用偏移命令，如图3.1-07、图3.1-08所示。

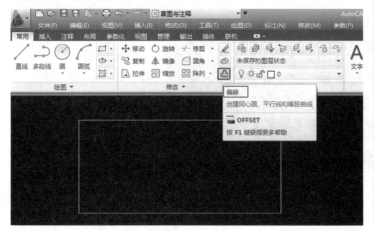

图3.1-07 工具栏选择偏移

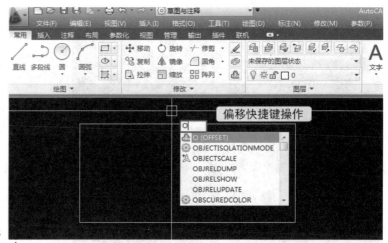

▶ 图3.1-08 快捷键选择偏移

(02)点击【偏移】按钮或者执行快捷键O+Space操作后，命令提示行就会提示【指定偏移距离或 [通过(T)/ 删除(E)/ 图层(L)]】，利用键盘输入偏移距离20(代表偏移的距离是20mm)，如图3.1-09所示。

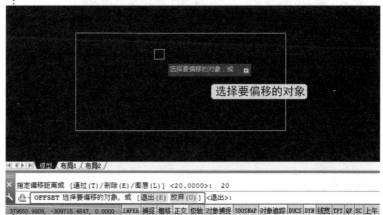

▶ 图3.1-09 输入偏移距离

(03)输入偏移数据后按Enter或者Space键确认，命令提示行就会显示【OFFSET 指定偏移距离或[通过(T) 删除(E) 图层(L)] 】，如图3.1-10所示。点击选择所要偏移的矩形图形，命令提示行就会提示【OFFSET 指定要偏移的那一侧上的点，或 [退出(E) 多个(M)放弃 (U)]】，如图3.1-11所示。根据命令提示对矩形图形分别进行内侧和外侧方向的偏移操作，最终效果如图3.1-12所示。

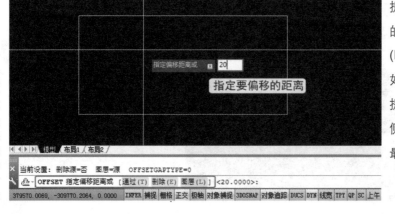

▶ 图3.1-10 选择偏移对象

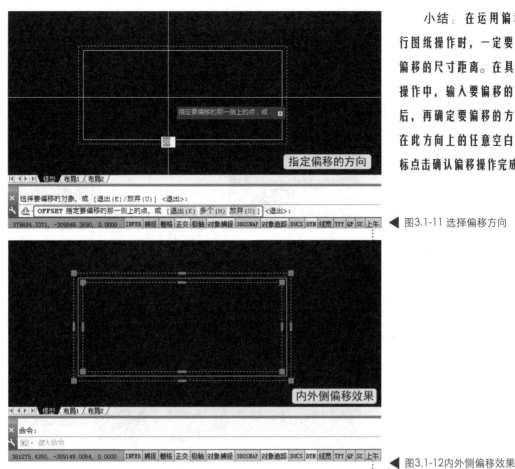

小结：在运用偏移命令进行图纸操作时，一定要正确输入偏移的尺寸距离。在具体的命令操作中，输入要偏移的距离尺寸后，再确定要偏移的方向，最后在此方向上的任意空白位置处鼠标点击确认偏移操作完成。

◀ 图3.1-11 选择偏移方向

◀ 图3.1-12 内外侧偏移效果

3.2 AutoCAD 2013移动和删除对象

3.2.1 对象的移动操作

(01)在操作界面中绘制任意矩形。点击【常用】选项卡【修改】工具栏中的【移动】按钮或者执行快捷键M调用移动命令，如图3.2-01、图3.2-02所示。

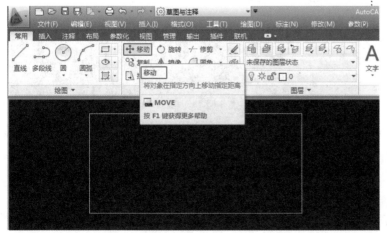

◀ 图3.2-01 工具栏选择移动

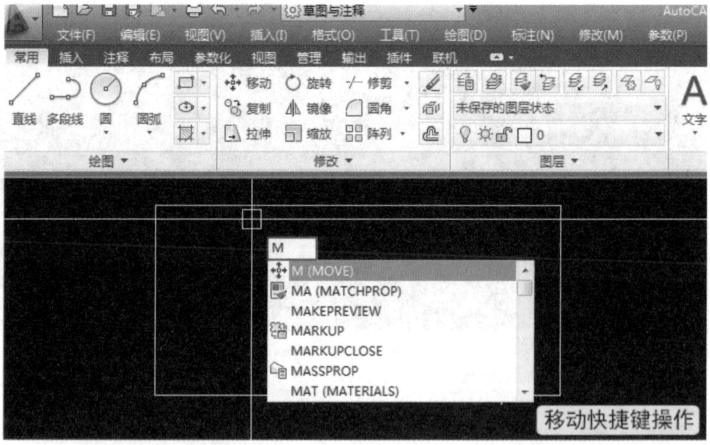

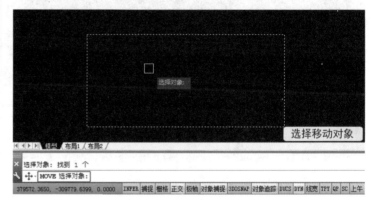

▶ 图3.2-02快捷键选择移动

(02)点击【移动】命令按钮或者执行快捷键M+ Space操作后，命令提示行就会提示【MOVE 选择对象】，鼠标转化为抬取框选择模式后点击选择矩形图形。如图3.2-03所示。

▶ 图3.2-03 选择移动对象

(03)点击选择矩形图形后，按键盘Enter或者Space键确认，命令提示行就会提示【MOVE 指定基点或 [位移(D)]】，如图3.2-04所示。在矩形图形或者附近位置处点击确认基点位置后，命令提示行就会提示【MOVE 指定第二个点或 <使用第一个点作为位移>】，如图3.2-05所示。最后点击确认第二个点位置，移动操作就完成了。

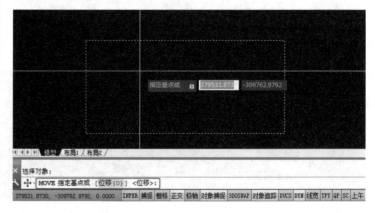

▶ 图3.2-04 指定移动基点

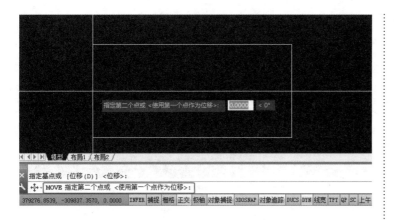

小结：在对图形进行移动的操作过程中，注意观察状态栏位置的命令提示，根据命令提示对下一步操作予以判断。按键盘的F8键打开AutoCAD 2013的正交模式，这样在移动操作的时候，就能节省很多时间和不必要的麻烦。

3.2.2 对象的精确移动操作

在移动的操作过程中，可以对物体进行精确移动距离的操作，这样就可以解决图纸制作过程中的很多细节性问题。下面讲解如何对物体进行精确移动距离的操作过程。

(01)在图纸中创建任意矩形图形，按键盘上的F8键打开【正交】模式。调用移动命令后选择移动对象，按键盘上的Enter或者Space键确认，此时命令提示行就会提示【MOVE 指定基点或 [位移(D)]】。

(02)点击确认基点位置后，命令提示行提示【MOVE 指定第二个点或<使用第一个点作为位移>】，然后拖动鼠标向一侧方向移动，在移动过程中输入数值(例如：2000mm)后按Enter确认，矩形图形就从起始位置向一侧方向精确移动了2000mm的距离，如图3.2-06所示。

小结：本章所有图形创建过程中运用的快捷键都是以"快捷键+Space"的样式表示，此处Space代表的含义是对输入的快捷键命令予以确认的意思（在AutoCAD操作中Space键和Enter键都是确认命令的意思）。

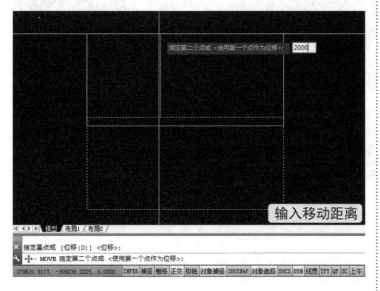

输入移动距离

3.2.3 对象的删除操作

(01)在绘制图形的过程中，如果绘制的图形不符合要求或者绘制错误，就要对其进行删除操作。点击【常用】选项卡【修改】工具栏中的【删除】按钮或者执行快捷键E调用删除命令，如图3.2-07、图3.2-08所示。

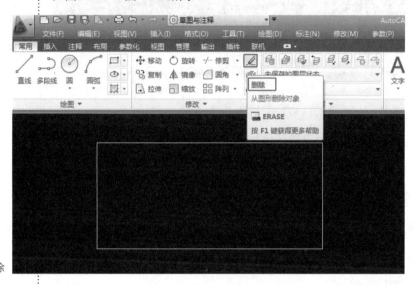

▶ 图3.2-07 工具栏选择删除

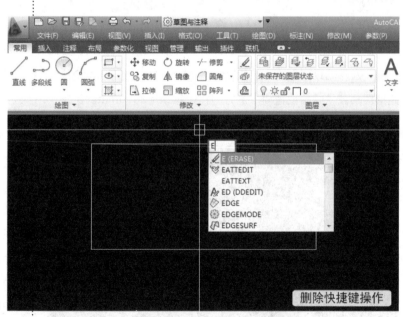

▶ 图3.2-08 快捷键选择删除

(02)点击【删除】按钮或者执行快捷键E+ Space操作后，命令提示行就会提示【选择对象】，同时鼠标样式转化为拾取框模式，点击拾取需要删除的操作对象后按Space键确认即可，如图3.2-09所示。

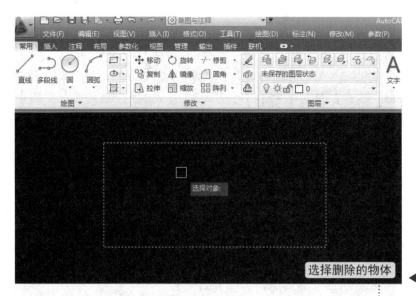

图3.2-09 选择删除对象

选择删除的物体

小结：可以先执行删除命令再选择图形，也可以先选择图形再执行删除命令。选择要删除的图形文件，点击【删除】按钮或者执行快捷键E+ Space后图形文件就直接被删除了，操作的速度是非常快的。

3.3 AutoCAD 2013旋转和缩放对象

3.3.1 对象的旋转操作

(01)在操作界面中创建任意矩形，点击【常用】选项卡【修改】工具栏中的【旋转】按钮或者执行快捷键RO调用旋转命令，如图3.3-01、图3.3-02所示。

(02)点击【旋转】按钮或者执行快捷键RO+ Space操作后，命令提示行就会提示【ROTATE 选择对象】，如图3.3-03所示。点击拾取所要旋转的对象后，按键盘上的Enter或者Space键确认，命令提示行就会提示【ROTATE 指点基点】，如图3.3-04所示。指定基点后，图形旋转状态最终显示，如图3.3-05所示。

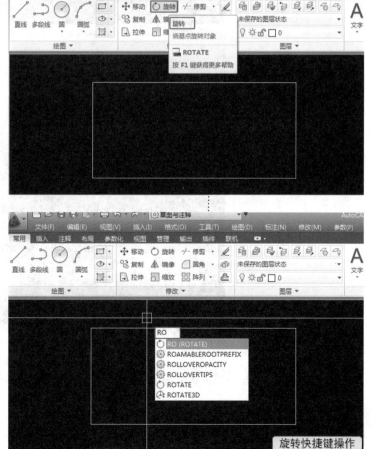

图3.3-01 工具栏选择旋转

图3.3-02 快捷键操作选择旋转

旋转快捷键操作

小结：在图形的操作过
程中，可以按键盘的F8键打开
【正交模型】，这样就可以使
图形只是在水平或垂直方向上
进行旋转了。另外还可以通过
输入旋转角度值的方式来进行
图形的旋转操作。

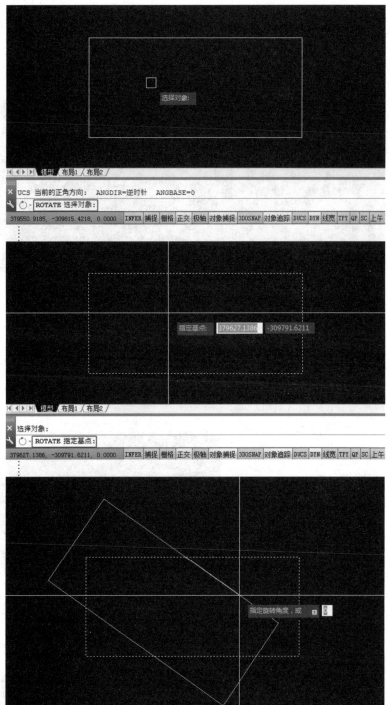

▶ 图3.3-03 选择图形文件

▶ 图3.3-04 指定旋转基点

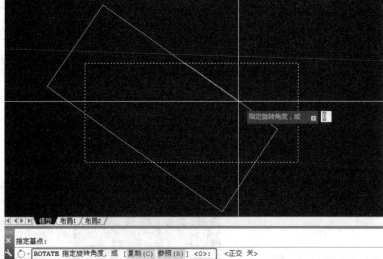

▶ 图3.3-05 旋转状态显示

3.3.2 对象的缩放操作

(01)打开随书光盘【缩放案例】文件。点击【常用】选项卡

【修改】工具栏中的【缩放】按钮或执行快捷键SC调用缩放命令，如图3.3-06、图3.3-07所示。

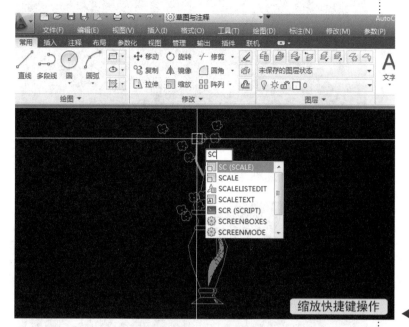

◀ 图3.3-06 工具栏选择缩放

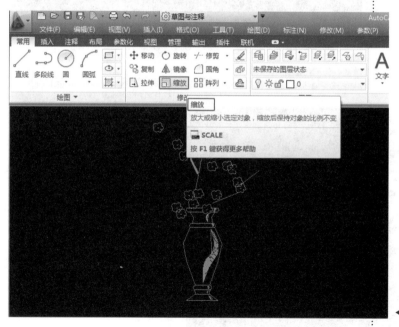

◀ 图3.3-07快捷键选择缩放

(02)点击【缩放】按钮或执行快捷键SC+ Space操作后，命令提示行提示【SCALE 选择对象】，如图3.3-08所示。点击选择需要缩放的图形对象后，按键盘的Enter或者Space键确认，命令提示行就会提示【SCALE 指定基点】，如图3.3-09所示。

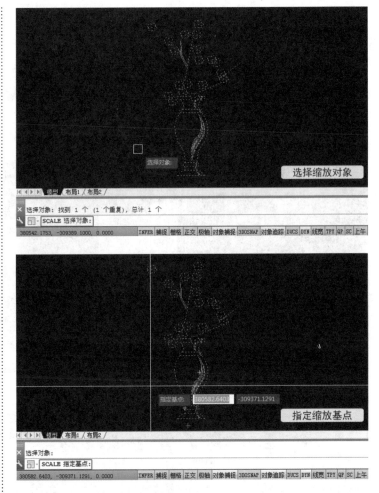

▶ 图3.3-08 选择缩放对象

▶ 图3.3-09 指定缩放基点

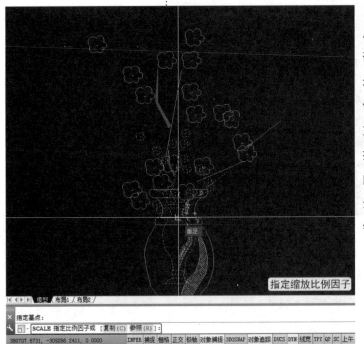

▶ 图3.3-10 指定缩放比例因子

（03）提示指定缩放基点后，在图形或附近位置处点击确认缩放的基点位置，命令提示行就会提示【SCALE 指定比例因子或 [复制(C)参照(R)]】，如图3.3-10所示。根据命令行的提示，利用键盘输入图形物体的缩放倍数，如图3.3-11所示。最终按键盘的Enter或者Space键确认即可。

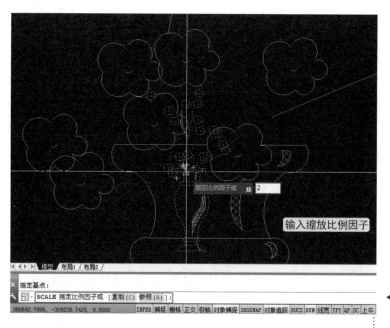

小结：在输入图形的缩放倍数时，既可以输入整数倍或者输入1.2，1.3，1.6…这样类型的放大级倍数，还可以输入0.1，0.5，0.8…这样类型的缩小级倍数。输入后按键盘Enter或者Space键确认即可。

◀图3.3-11 输入缩放倍数

3.4 AutoCAD 2013修剪和延伸对象

3.4.1 对象的修剪操作

(01)在图纸的绘制过程中，当图形之间出现交叉时需要对图形进行修剪操作。打开随书光盘【修剪-延伸案例】文件，点击【常用】选项卡【修改】工具栏中的【修剪】按钮或执行快捷键TR调用修剪命令，如图3.4-01、图3.4-02所示。

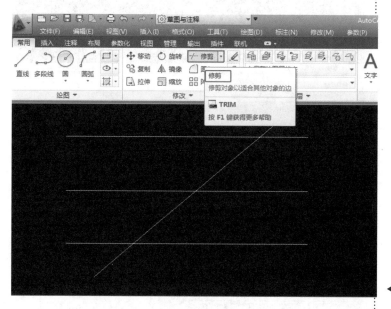

◀图3.4-01 工具栏选择修剪

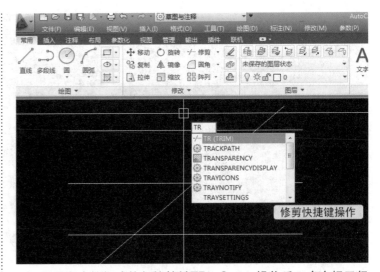

▶ 图3.4-02 快捷键选择修剪

(02)点击按钮或执行快捷键TR+ Space操作后，命令提示行提示【TRIM 选择对象或 <全部选择>】，如图3.4-03所示。点击修剪对象的剪切边对象后，按键盘上的Enter或者Space键确认，命令提示行提示【选择要修剪的对象，或按住Shift键选择要延伸的对象，或】，如图3.4-04所示。根据提示对需要修剪的对象予以操作，修剪后效果如图3.4-05所示。

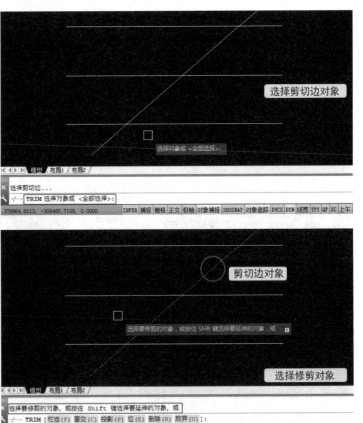

▶ 图3.4-03 选择对象

▶ 图3.4-04 选择修剪边对象

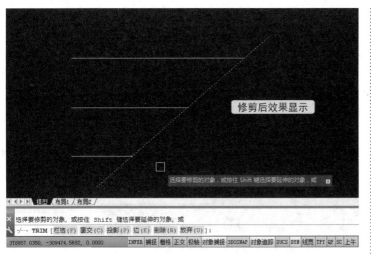

小结：当提示【选择要修剪的对象，或按住Shift键选择要延伸的对象，或】命令时，按住Shift键修剪命令和延伸命令将自动进行转换。在选择修剪对象时，既可以通过AutoCAD的点选方式选择要修剪的对象，也可以通过窗口交叉选的方式选择单个或者多个修剪对象。

图3.4-05 修剪效果显示

(03)在实际的图纸制作过程中，如果按照上面的流程进行操作，速度不仅慢而且操作不精确。确认需要修剪的对象后，通过执行快捷键TR +Space +Space即输入TR命令后连续两次按Space键的方式对其进行修剪，这样不仅节省制图的时间而且还提高了制图的精确。如图3.4-06所示。

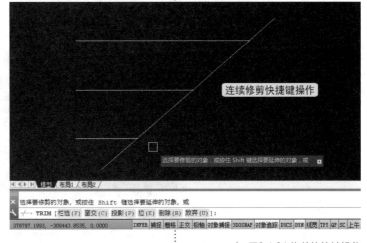

图3.4-06 修剪快捷键操作

3.4.2 对象的延伸操作

(01)打开随书光盘【修剪-延伸案例】文件后，点击【常用】选项卡【修改】工具栏中的【延伸】按钮或执行快捷键EX调用延伸命令，如图3.4-07、图3.4-08所示。

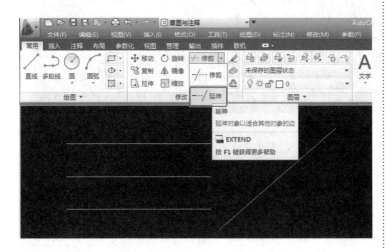

图3.4-07 工具栏选择延伸

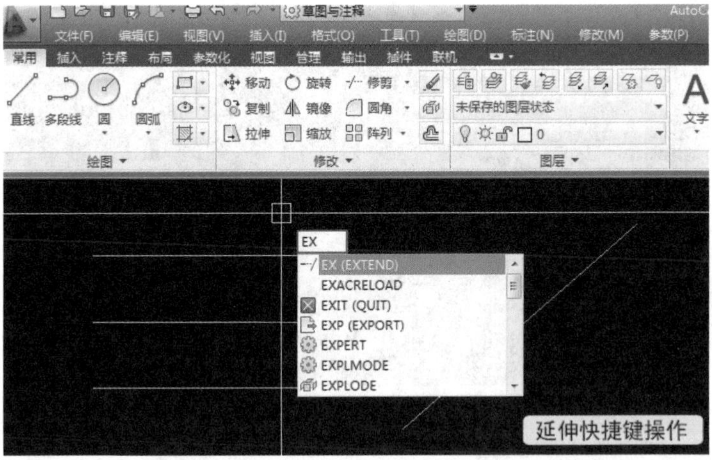

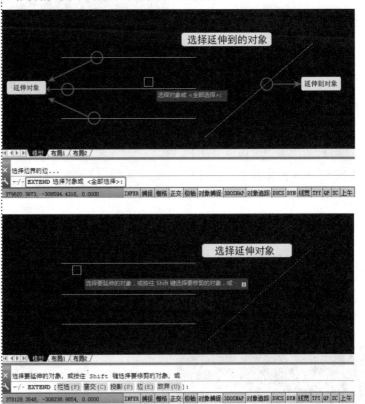

▶ 图3.4-08 快捷键选择延伸

(02)点击【延伸】按钮或执行快捷键EX+ Space操作后，命令行提示【EXTEND 选择对象或 <全部选择>】，如图3.4-09所示。点击确认需要延伸到的对象后，按键盘Enter或Space键确认，命令提示行提示【选择要延伸的对象，或按住Shift键选择要修剪的对象，或】，如图3.4-10所示。

▶ 图3.4-09 选择延伸对象

▶ 图3.4-10 选择延伸对象的最终命令提示

(03)点击选择需要延伸的图形对象后，延伸效果如图3.4-11所示。在点击选择需要延伸的图形对象时，可以通过AutoCAD的点选方式选择要延伸的对象，也可以通过窗口交叉选的方式选择单个或者多个延伸对象，如图3.4-12所示。

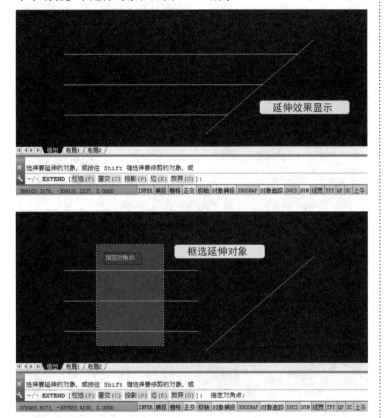

◀ 图3.4-11 延伸效果显示

　　小结：在运用修剪和延伸命令绘制图纸时，分别可以通过TR +Space +Space和EX+ Space +Space的方式快速对图形进行修剪和延伸操作。执行快捷键后连续按两次Space键，既可以节省制图的时间还可以提高制图的速度和效率。

◀ 图3.4-12 窗口交叉选择延伸对象

3.5 AutoCAD 2013复制和镜像对象

　　在图纸的操作过程中，某些图形会反复出现和被调用。为了提高制图的速度，可以对现有实体图形进行复制或者镜像操作，就会极大地提高制图的速度和效率了。

　　下面将详细介绍复制和镜像命令在图形操作过程中的运用。

3.5.1 对象的复制操作

　　(01)在操作界面中创建任意矩形图形，点击【常用】选项卡【修改】工具栏中的【复制】按钮或执行快捷键CO调用复制命令，如图3.5-01、图3.5-02所示。

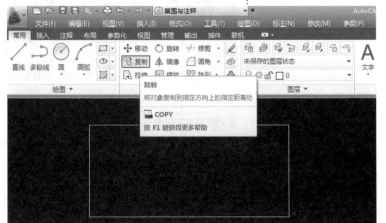

◀ 图3.5-01 工具栏选择复制

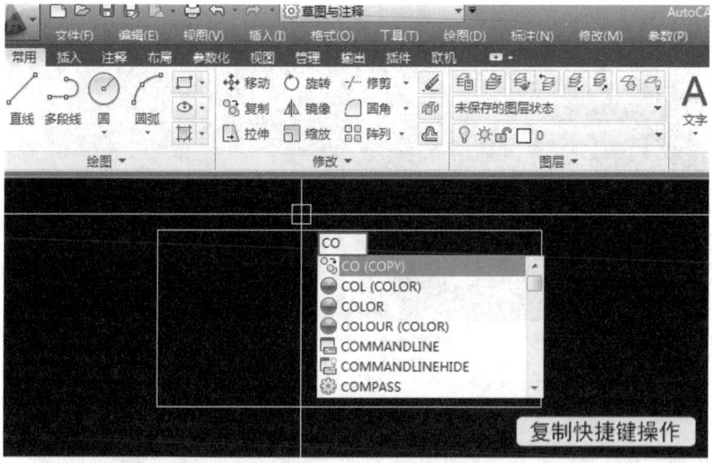

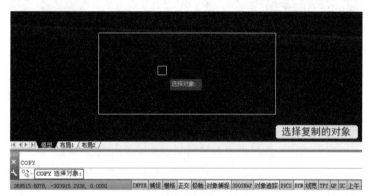

◀ 图3.5-02 快捷键选择复制

(02)点击【复制】按钮或执行快捷键CO+ Space操作后，命令提示行就会提示【COPY 选择对象】，如图3.5-03所示。选择需要复制的图形对象后，按键盘Enter或Space键确认，命令提示行就会提示【COPY 指定基点或 [位移(D) 模式(O)]】,如图3.5-04所示。

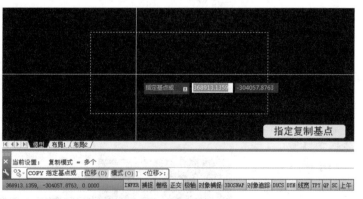

◀ 图3.5-03 选择复制对象

◀ 图3.5-04 指定复制的第一个基点

(03)在矩形图形或附近位置处点击确认基点位置后，拖动鼠标向一侧方向移动，命令提示行提示【COPY 指定第二个点或[阵列(A)]】，如图3.5-05所示。在拖曳图形的过程中，点击鼠标

左键可以确定图形的具体位置，另外还可以进行多个图形的复制
操作，如图3.5-06所示。

小结：在多次复制操作中，
可以根据命令提示继续对图形进行
复制，在进行第二次复制后提示行
一直会提示【COPY指点第二个点
或[阵列(A) 退出(E) 放弃(U)]】，
如此重复下去，直到按Enter或者
Space键结束复制操作。

◀ 图3.5-05 指定复制的第二个基点

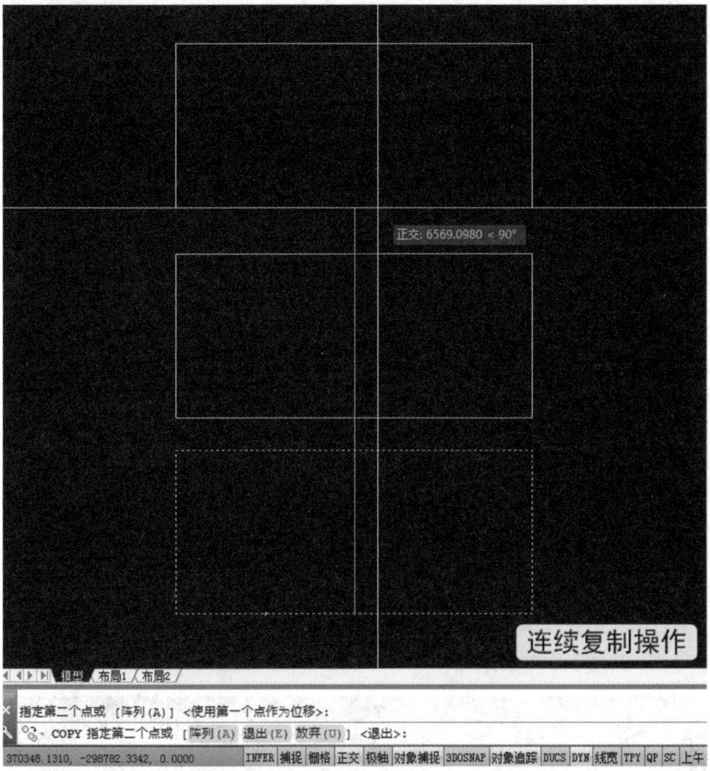

◀ 图3.5-06 多个图形的复制操作

3.5.2 对象的镜像操作

(01)按键盘F8键打开正交模式并打开随书光盘【镜像案例】文
件。点击【常用】选项卡【修改】工具栏中的【镜像】按钮或者执
行快捷键MI调用镜像命令，如图3.5-07、图3.5-08所示。

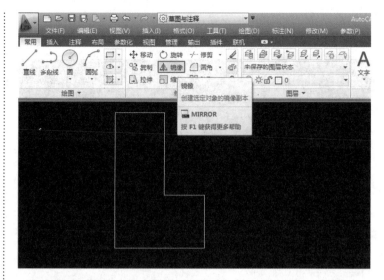

▶ 图3.5-07 工具栏选择镜像

▶ 图3.5-08 快捷键选择镜像

(02)点击【镜像】命令按钮或者执行快捷键MI+ Space操作后，命令提示行就会提示【MIRROR 选择对象】，如图3.5-09所示。点击需要镜像的图形文件后，按键盘Enter或Space确认，命令提示行就会提示【MIRROR 选择对象：指定镜像线的第一点】，如图3.5-10所示。

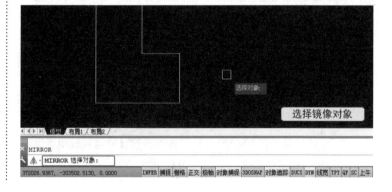

▶ 图3.5-09 选取镜像图形文件

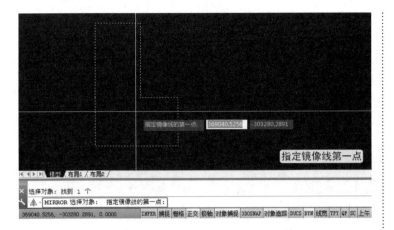

◀ 图3.5-10 指定镜像线第一点

(03)在图形或附近位置处点击确定镜像线第一点，命令提示行就会提示【指定镜像线的第二点】，如图3.5-11所示。拖动图形点击确认镜像线第二点，命令提示行就会提示【MIRROR 要删除源对象吗？[是(Y)　否(N)]】的提示，如图3.5-12所示。最终再根据图纸的需要选择是否删除源对象即可。

小结： 在镜像的操作过程中，如果输入Y则会删除原图形，若是输入N则保留原图形与镜像图形。在操作练习【镜像】命令时，可以按键盘的F8键打开正交模式，这样就比较容易控制和把握图形镜像后的效果和样式。

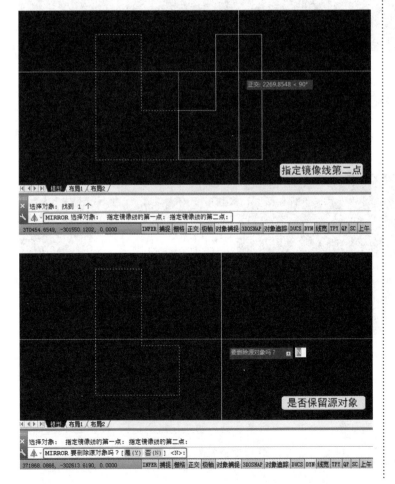

◀ 图3.5-11 指定镜像线的第二点

◀ 图3.5-12 删除命令提示

3.6 AutoCAD 2013倒角和圆角对象

3.6.1 对象的倒角操作

(01)打开随书光盘【倒角-圆角案例】文件，点击【常用】选项卡【修改】工具栏中的【倒角】按钮或执行快捷键F调用倒角命令，如图3.6-01、图3.6-02所示。

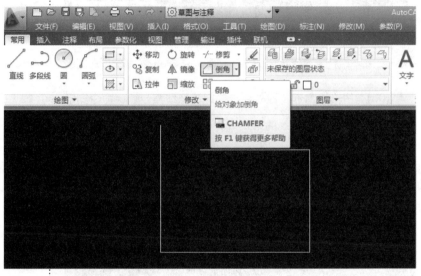

▶ 图3.6-01 工具栏选择倒角

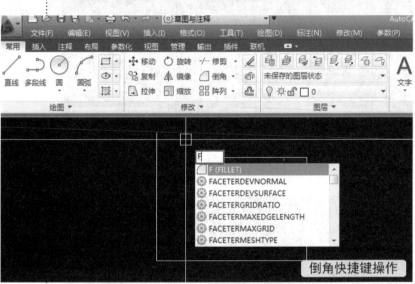

倒角快捷键操作

▶ 图3.6-02快捷键选择倒角

(02)点击【倒角】按钮或者执行快捷键F+ Space操作后，命令提示行就会提示【FILLET 选择第一个对象或 [放弃(U) 多段线(P) 半径(R) 修剪(T) 多个(M)]】，如图3.6-03所示。点击选择需要倒角的第一个对象，命令提示行就会提示【FILLET 选择第二个对象，或按住Shift键选择对象以应用角点或 [半径(R)]】，如图3.6-04所示。继续点击需要倒角的第二个对象，倒角后效果如图3.6-05所示。

小结：AutoCAD 2013在进行倒角操作时，如果命令不执行或执行后图形没有变化，那是因为系统默认倒角距离为0。如果没有事先设置倒角距离，AutoCAD 2013将以默认值执行命令，所以图形不会发生变化。

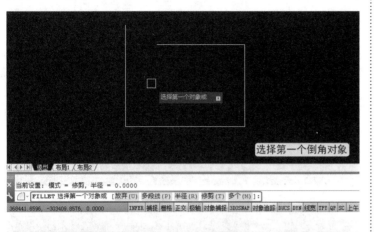

▲ 图3.6-03 选择第一个倒角对象

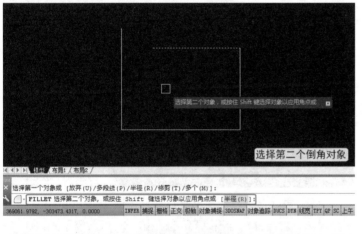

▲ 图3.6-04 选择第二个倒角对象

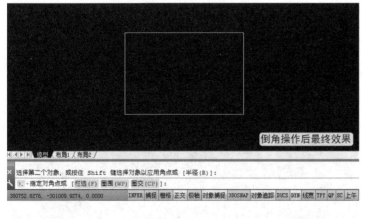

▲ 图3.6-05 操作完成后效果

3.6.2 对象的圆角操作

(01)倒圆角就是将两条相交或会相交的直线予以圆角倒角操作。点击【常用】选项卡【修改】工具栏中的【圆角】按钮或者执行快捷键F调用圆角命令，如图3.6-06、图3.6-07所示。

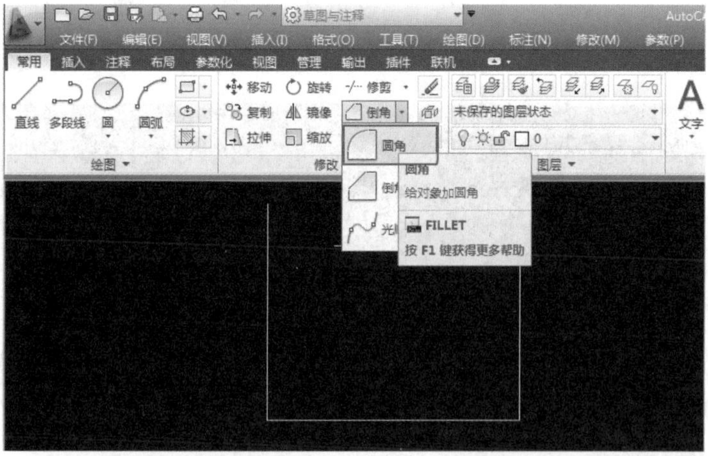

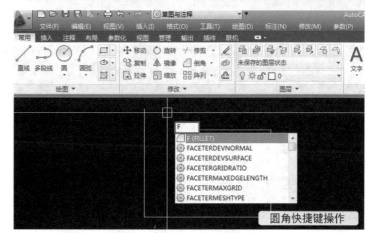

▶ 图3.6-06 工具栏选择圆角

▶ 图3.6-07快捷键选择圆角

(02)点击【圆角】按钮或者执行快捷键F+ Space操作后，命令提示行就会提示【FILLET 选择第一个对象或 [放弃(U) 多段线(P) 半径(R) 修剪(T) 多个(M)]】(如上图3.6-03所示)。键盘输入R(代表下面将以圆角半径的形式进行操作)后按Space或者Enter键确认，命令提示行就会提示【FILLET 指定圆角半径】，如图3.6-08所示。

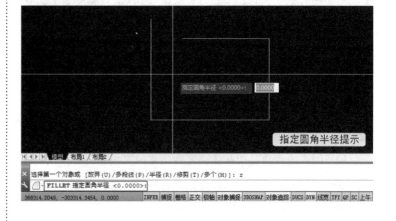

▶ 图3.6-08 指定圆角半径

(03)根据图纸需要输入具体的圆角半径值，本案例以输入800圆角半径值为例，如图3.6-09所示。输入圆角半径值后按键盘Enter或者Space键确认，命令提示行就会提示【FILLET 选择第一个对象或 [放弃(U) 多段线(P) 半径(R) 修剪(T) 多个(M)]】，如图3.6-10所示。

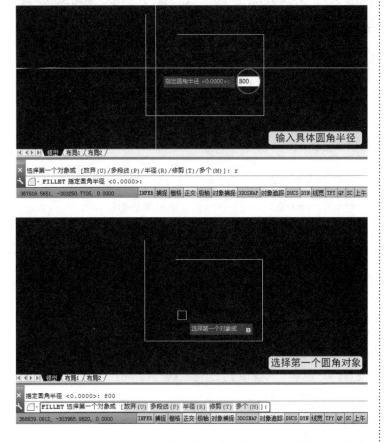

◀ 图3.6-09 圆角半径值输入

◀ 图3.6-10 选择第一个圆角对象

(04)点击选择需要倒圆角的第一个对象后，命令提示行就会提示【FILLET 选择第二个对象，或按住Shift键选择对象以应用角点或 [半径(R)]】，如图3.6-11所示。继续点击选择需要倒圆角的第二个对象，倒圆角最终效果如图3.6-12所示。

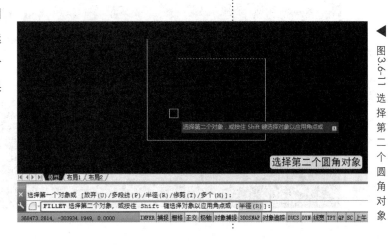

◀ 图3.6-11 选择第二个圆角对象

小结：按Space键可以重复执行上一次的命令，Space键后继续对需要倒圆角的对象进行倒圆角操作。并且系统将按照上一次的圆角半径值继续操作，圆角半径值相当于弧形弧度的含义，在操作时注意体会和练习。

▶ 图3.6-12 倒圆角效果

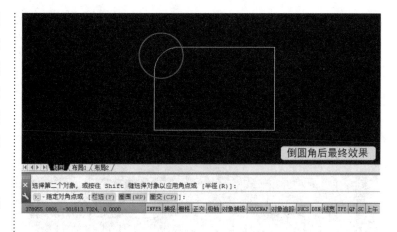

3.7 AutoCAD 2013阵列对象

阵列主要用来创建多个相同的对象，阵列是AutoCAD 2013中复制的一种形式，在进行有规律的多重复制时，阵列往往比单纯的复制更具有优势。在AutoCAD中，阵列分为最基本的三种形式：矩形阵列、路径阵列和环形阵列。

3.7.1 对象的矩形阵列操作

(01)矩形阵列即进行多行和多列的复制，并能控制行和列的数目以及行/列间距。在操作界面中创建任意矩形图形后，点击【常用】选项卡【修改】工具栏【阵列】下拉菜单中的【矩形阵列】按钮或者执行快捷键AR调用阵列命令，如图3.7-01、图3.7-02所示。

▶ 图3.7-01 工具栏选择矩形阵列

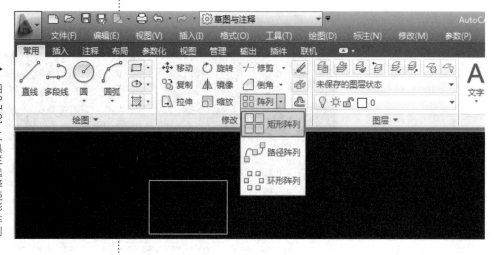

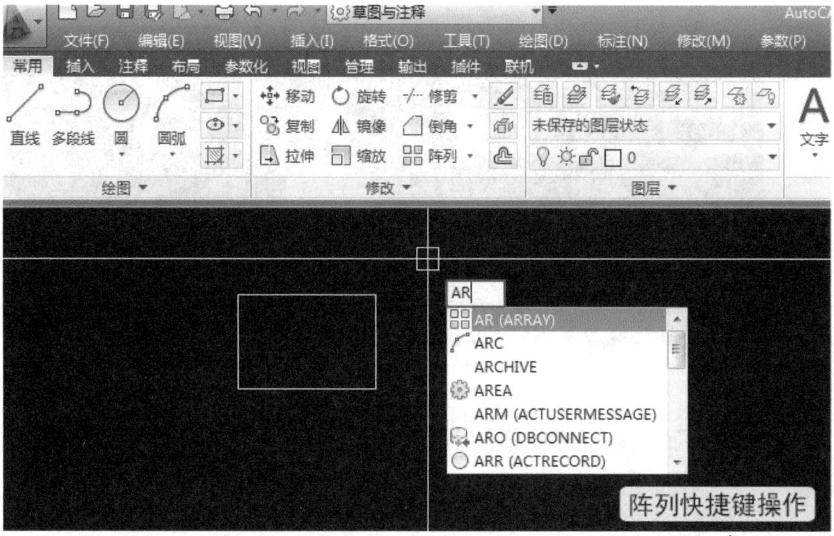

图3.7-02快捷键选择阵列

(02)矩形阵列的按钮操作。点击【矩形阵列】按钮后，命令提示行就会提示【ARRAYRECT 选择对象】，如图3.7-03所示。点击选择需要矩形阵列的图形文件后，按键盘Enter或Space键确认就会弹出【阵列创建】选项卡，如图3.7-04所示。

(03)矩形阵列的快捷键操作。执行快捷键AR+Space操作后，命令提示行提示【ARRAYRECT 选择对象：输入阵列类型[矩形(R) 路径(PA) 极轴(PO)]<路径>】。选择矩形阵列对象后，按Enter或者Space键确认，在弹出的【输入阵列类型】对话框中选择【矩形】类型，如图3.7-05所示。阵列类型选择后根据命令提示继续操作，最终在弹出

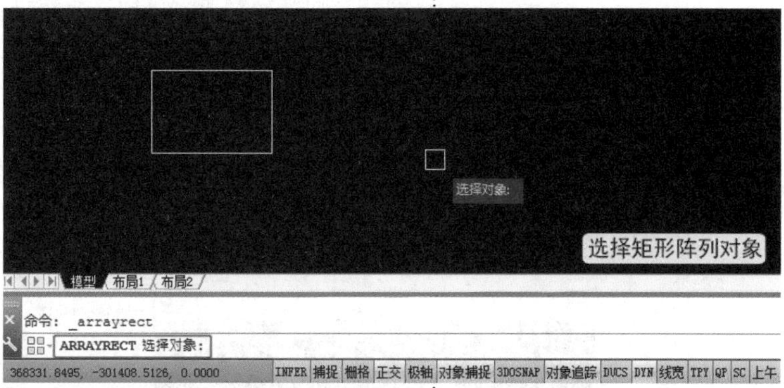

图3.7-03选择矩形阵列图形

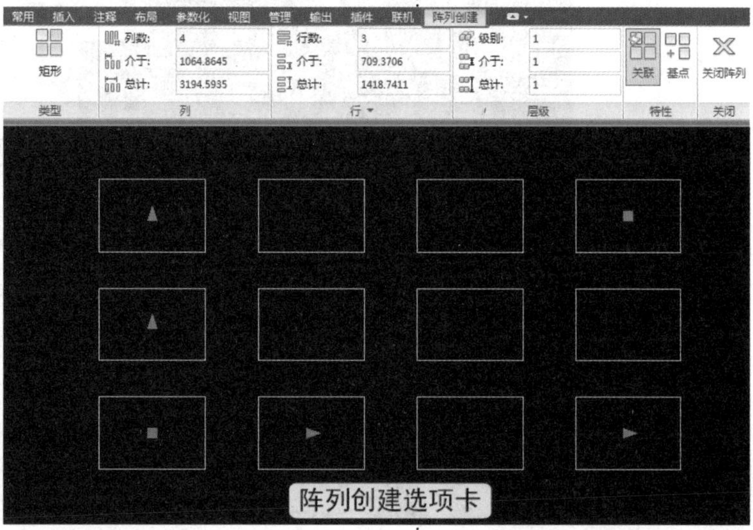

图3.7-04【阵列创建】选项卡

的【阵列创建】对话框中设置矩形阵列参数即可。

► 图3.7-05 选择阵列类型

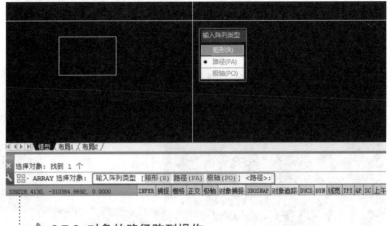

小结：在【阵列创建】控制面板中，【级别】命令是用于AutoCAD三维图形建立，相当于指定层数。当列间距输入正值时，阵列相对于要阵列的原对象向右阵列，输入负值时则向左阵列，当行间距输入为正值时，阵列相对于要阵列的原对象向上阵列，输入负值则向下阵列。

3.7.2 对象的路径阵列操作

(01)路径阵列是指将阵列的对象沿着路径线进行均匀的分布复制，路径可以是多线段、圆弧等。在操作界面中创建圆和圆弧图形，点击【常用】选项卡【修改】工具栏【阵列】下拉菜单中的【路径阵列】命令按钮或者执行快捷键AR调用阵列命令，如图3.7-06、图3.7-07所示。

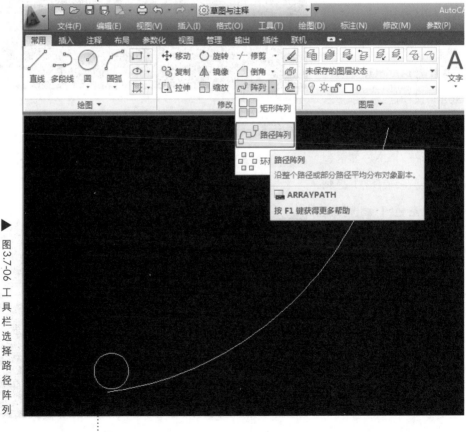

► 图3.7-06 工具栏选择路径阵列

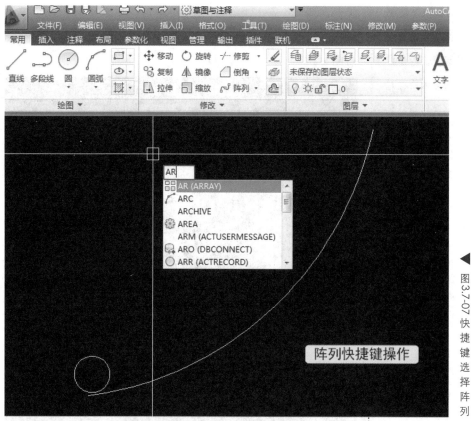

图 3.7-07 快捷键选择阵列

（02）路径阵列的按钮操作。点击【路径阵列】按钮后，命令提示行提示ARRAYPATH 选择对象，如图3.7-08所示。点击选择路径阵列的图形文件后，按键盘上的Enter或者Space键确认，命令提示行就会提示【ARRAYPATH 选择路径曲线】，如图3.7-09所示。点击选择圆弧路径线后就会弹出【阵列创建】选项卡，如图3.7-10所示。

（03）路径阵列的快捷键操作。执行快捷键AR+Space操作后，命令提示行提示【ARRAY 选择对象：输入阵列类型 [矩形(R) 路径(PA) 极轴(PO)]<路径>】。选择路径阵列的对象后，按键盘Space或者Enter键确认，在弹出的【输入阵列类型】对话框中选择【路径】

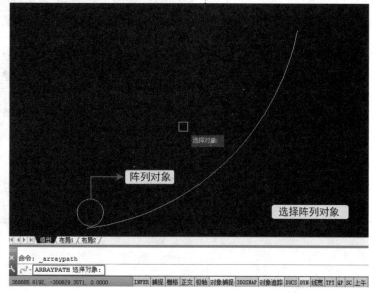

图 3.7-08 选择阵列对象

小结：**路径阵列面板里的测量命令的含义是即使路径被编辑，对象间的距离也不会改变，若是路径被编辑的太短而无法显示所有对象时，AutoCAD 2013将会自动将对象数量进行调整。**

类型，如图3.7-11所示。阵列类型选择后根据命令提示继续操作，在最终弹出的【阵列创建】选项卡中设置路径阵列参数即可。

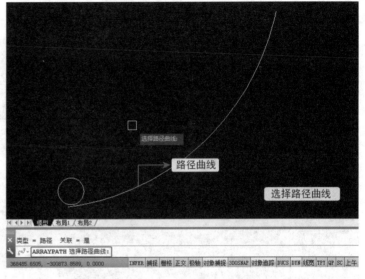

▶ 图3.7-09 选择路径曲线

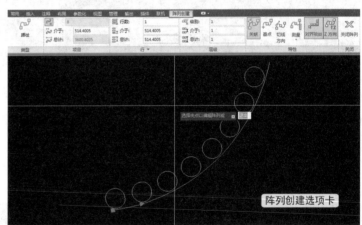

▶ 图3.7-10 【阵列创建】选项卡

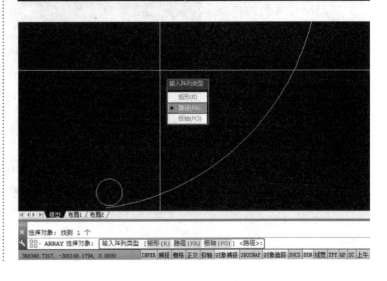

▶ 图3.7-11 设置阵列类型

3.7.3 对象的环形阵列操作

(01)环形阵列即指定环形中心，用来确定此环形的半径，围绕此中心进行圆周上的等距离复制。在操作界面中创建一个大圆和一个小圆，小圆圆心要在大圆圆周上。点击【常用】选项卡【修改】工具栏【阵列】下拉菜单中的【环形阵列】按钮或执行快捷键AR调用阵列命令，如图3.7-12、图3.7-13所示。

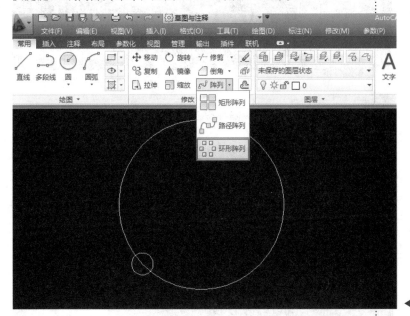

◀ 图3.7-12 工具栏选择环形阵列

（02）环形阵列的按钮操作。点击【环形阵列】按钮后，命令提示行提示【ARRAYPOLAR选择对象】，如图3.7-14所示。选择小圆图形后按键盘上的Enter或者Space键确认，命令提示行就会提示【ARRAYPOLAR指定阵列的中心点或［基点(B) 旋转轴(A)］】，如图3.7-15所示。点击确认大圆圆心后就会弹出【阵列

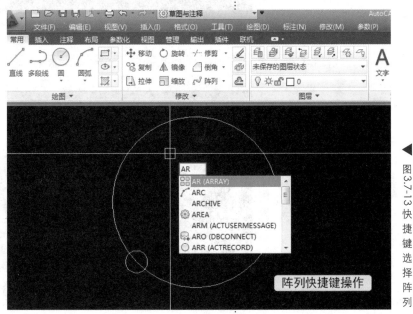

◀ 图3.7-13 快捷键选择阵列

创建】选项卡，如图3.7-16所示。

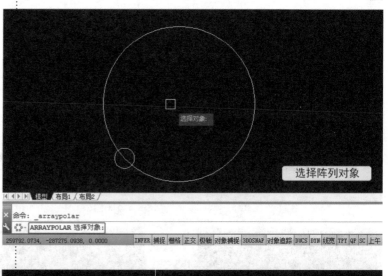

▶ 图3.7-14 选择环形阵列对象

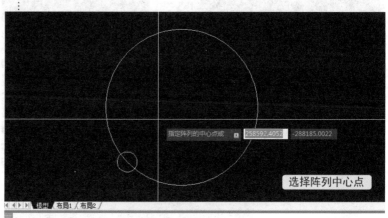

▶ 图3.7-15 指定阵列中心点

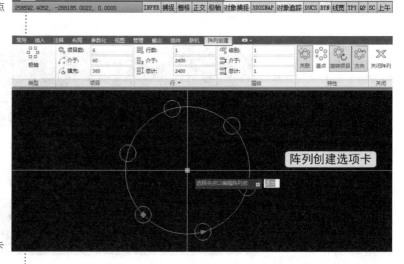

▶ 图3.7-16【阵列创建】选项卡

(03)环形阵列的快捷键操作。执行快捷键AR+ Space操作

后，命令提示行提示【ARRAY 选择对象：输入阵列类型 [矩形

(R) 路径(PA) 极轴(PO)]<路径>】，选择小圆图形后按键盘上的 Enter或者Space键确认，在弹出的【输入阵列类型】对话框中选择【极轴】类型，如图3.7-17所示。阵列类型选择后根据命令提示继续操作，在最终弹出的【阵列创建】选项卡中设置环形阵列参数即可。

小结：**在命令提示行显示【ARRAYPOLAR 指定阵列的中心点或[基点(B)旋转轴(A)]】时，可以先打开状态栏位置的【对象捕捉】和【对象追踪】按钮以显示和捕捉大圆的圆心位置，最终点击确认大圆圆心位置即可。**

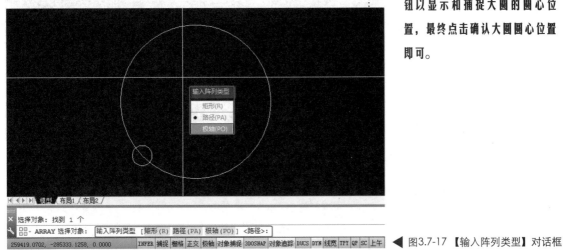

◀ 图3.7-17 【输入阵列类型】对话框

3.8 AutoCAD 2013打断和笔刷对象

3.8.1 对象的打断操作

(01)在操作界面中创建任意矩形图形。点击【常用】选项卡【修改】工具栏中的【打断】按钮或执行快捷键BR调用打断命令，如图3.8-01、图3.8-02所示。

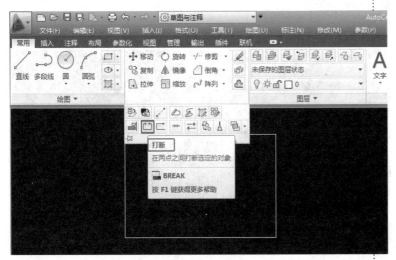

◀ 图3.8-01 工具栏选择打断

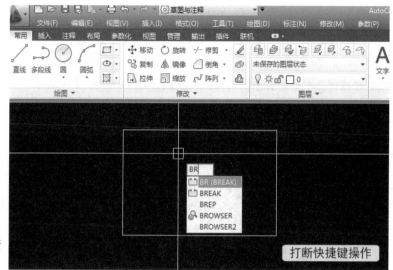

▶ 图3.8-02 快捷键选择打断

　　(02)点击【打断】按钮或执行快捷键BR+ Space操作后，命令提示行提示【BREAK 选择对象】，如图3.8-03所示。点击确认第一个打断点位置后，命令提示行就会提示【BREAK 指定第二个打断点 或 [第一点(F)]】，如图3.8-04所示。

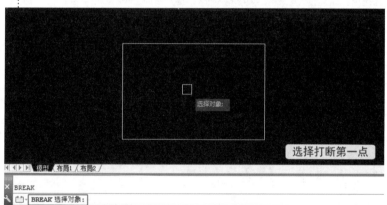

▶ 图3.8-03 指定第一个打断点

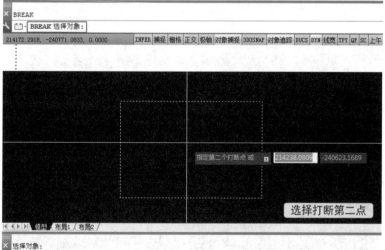

▶ 图3.8-04 指定第二个打断点

(03)继续点击确认第二个打断点位置，打断后效果如图3.8-05所示。这里需要注意的是第二个打断点的位置可以跟第一个打断点处于同一条直线上，也可以不处于同一条直线上，不处于同一条直线上的两个打断点操作后效果如图3.8-06所示。

小结：在运用【打断】命令操作的过程中，当命令提示行提示【BREAK 选择对象】后，鼠标点击确认的位置就是第一个打断点位置,然后再根据命令提示继续点击确定第二个打断点的位置即可。

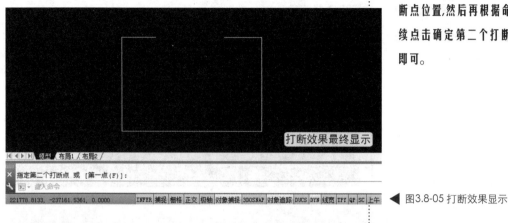

◀ 图3.8-05 打断效果显示

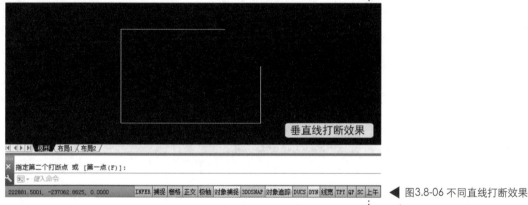

◀ 图3.8-06 不同直线打断效果

3.8.2 对象的笔刷操作

笔刷，可以将某个图形的一些特性匹配到其他图形上，所以又叫特性匹配。图形只能匹配两者共同的特性，因此，同类对象可以匹配的特性比较多，非同类对象只能匹配一些公共特性，例如图层、颜色、线型等。本案例以匹配对象之间的颜色性为例进行笔刷操作的讲解。

(01)在操作界面中创建任意三个矩形图形，第一个矩形图形的颜色为红色，第二个和第三个矩形图形的颜色为系统默认的白色。点击【常用】选项卡【剪贴板】工具栏中的【特性匹配】按钮或执行快捷键MA调用笔刷命令,如图3.8-07、3.8-08所示。

(02)点击【特性匹配】按钮或执行快捷键MA+ Space操

小结：特性匹配即笔刷操作在实际项目的制图过程中非常重要。它不仅可以特性匹配物体之间的颜色、图层、线型，还可以匹配尺寸标注、文字和填充的图案样式等，熟练的运用笔刷命令能极大地提高制图的速度和效率。

作后，命令提示行提示【MATCHPROP选择源对象】，如图3.8-09所示。点击源对象红色矩形，命令提示行就会提示【MATCHPROP 选择目标对象或 [设置(S)]】，如图3.8-10所示。然后鼠标点击需要特性匹配的其他矩形图形，笔刷后最终效果如图3.8-11所示。

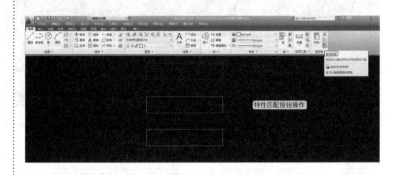

▶ 图3.8-07 工具栏选择笔刷

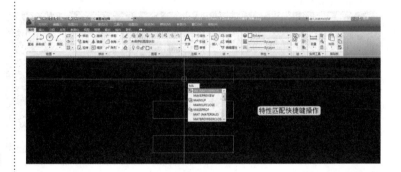

▶ 图3.8-08快捷键选择笔刷

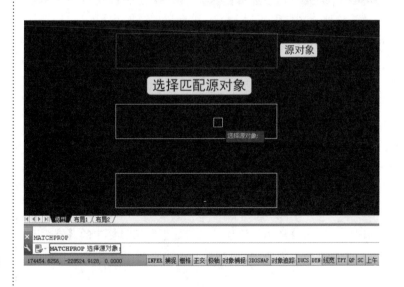

▶ 图3.8-09 选择源对象

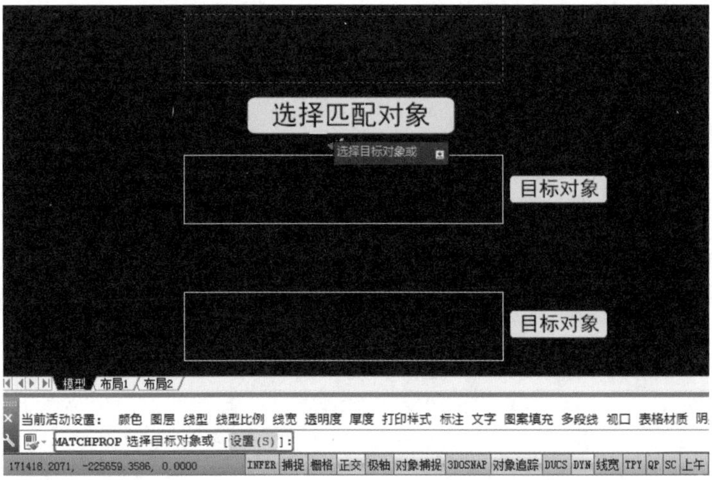

▲ 图3.8-10 选择目标对象

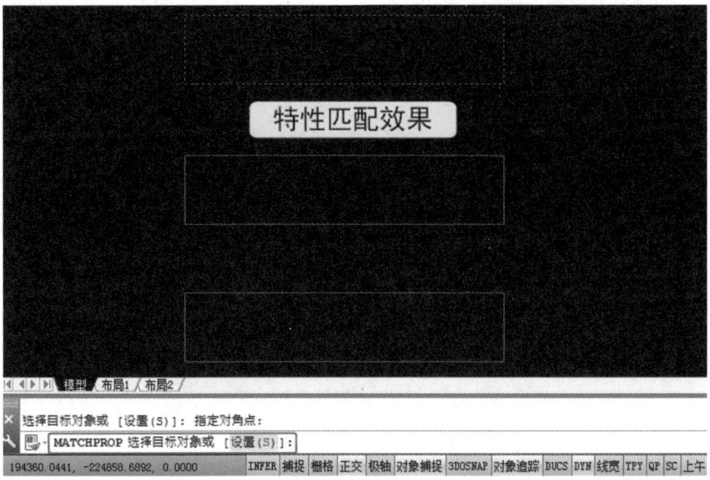

▲ 图3.8-11 笔刷最终效果

◀━━ 本章小结：

　　本章介绍了AutoCAD 2013的二维图形编辑功能，其中包括选择对象的方法；各种二维编辑操作，如删除、移动、复制、旋转、缩放、偏移、镜像、阵列、修剪、延伸、打断、创建倒角和圆角等。

　　用AutoCAD 2013绘制某一工程图时，一般可以用多种方法实现。例如，当绘制已有直线的平行线时，既可以用COPY(复制)命令得到，也可以用OFFSET(偏移)命令实现，具体采用哪种方法取决于用户的绘图习惯、对AutoCAD 2013的熟练程度以及具体的绘图要求。只有多练习，才能熟能生巧。

后面章节还将介绍用AutoCAD 2013绘图时如何设置各种绘图线型、实现高效、准确绘图的一些常用方法等内容。

　　本章在案例操作演示的过程中，都是遵循先点击按钮命令再选择图形对象进行操作的步骤来完成的。在实际的工程制图过程中，可以先选择物体再点击按钮命令。执行命令快捷键的方式也是比较常用的作图方法，在制图的过程中注意体会和运用。

第四章

AutoCAD 2013
特性功能和图案填充

4.1 AutoCAD 2013的特性功能

4.1.1 AutoCAD 2013特性功能介绍

1.调用特性工具栏

(01)AutoCAD 2013的工作空间即操作界面类型可以根据用户的绘图习惯自行设置，可选择的工作空间类型有【草图与注释】、【三维基础】、【三维建模】和【AutoCAD经典】，如图4.1-01所示。除了可以选择不同类型的工作空间外，还可以对工作空间进行自行设置、另存为等操作。

▶ 图4.1-01 工作空间类型

(02)不同的工作空间类型，显示的图形操作界面就不同，如图4.1-02、图4.1-03所示为【草图与注释】和【AutoCAD经典】工作空间类型的基本操作界面。因为操作界面不同，调用特性工具栏的方法就不一样。以常用的【草图与注释】与【AutoCAD经典】两种类型的工作空间为例，讲解如何调用特性工具栏对话框。

▶ 图4.1-02 【AutoCAD经典】工作空间

▶ 图4.1-03 【草图与注释】工作空间

(03)【草图与注释】调用特性工具栏。在【草图与注释】工作空间显示的工具选项面板右侧空白位置处右击操作，在弹出的下拉菜单中选择【显示面板】子菜单中的【特性】命令按钮，如图4.1-04所示。特性工具栏就显示在工具选项面板中了。

◀ 图4.1-04 草图与注释-调用特性工具栏

(04)【AutoCAD经典】调用特性工具栏。在【AutoCAD经典】工作空间显示的工具选项面板空白位置处右击操作，在弹出的下拉菜单中选择AutoCAD子菜单中的【特性】命令按钮，如图4.1-05所示。弹出特性工具栏后，将其拖曳到工具选项面板的空白位置处即可。

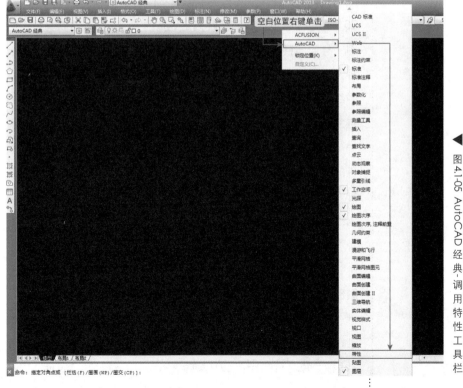

◀ 图4.1-05 AutoCAD经典-调用特性工具栏

小结：在具体的图纸绘制中，图形对象的特性功能设置是非常重要的，其主要是指所绘制的图纸对象的颜色、线型和线宽的属性设置。在操作过程中，ByLayer的含义是图纸对象属性与当前层所设定的完全相同。

▶ 图4.1-06 【特性】工具栏

2.特性工具栏介绍

在AutoCAD 2013室内设计图纸绘制的过程中，每个图形元素都有其特有的颜色、线型、线宽等属性信息，用户可以对这些信息进行设定和修改。在默认的情况下，该工具栏的【颜色控制】、【线性控制】和【线宽控制】三个下拉列表中都显示ByLayer，如图4.1-06所示。

4.1.2 AutoCAD 2013特性功能的基本概念

1.特性功能之线型

在绘制室内设计图纸时经常需要采用不同的线型来进行图纸的操作，如虚线、中心线等。

2.特性功能之线宽

室内设计图纸中不同的线型有不同的线宽要求。用AutoCAD 2013绘制工程图时，有两种确定线宽的方式。一种方法与手工绘图一样，即直接将构成图形对象的线条用不同的宽度表示；另一种方法是将有不同线宽要求的图形对象用不同颜色表示，但其绘图线宽仍采用AutoCAD 2013的默认的宽度样式，不设置具体的宽度。

当通过打印机或绘图仪输出图形时，利用打印样式将不同颜色的对象设成不同的线宽，即在AutoCAD 2013环境中显示的图形没有线宽，而通过绘图仪或打印机将图形输出到图纸后会反映出线宽。

3.特性功能之对象颜色

用AutoCAD 2013绘制室内设计图纸时，可以将不同线型的图形对象用不同的颜色表示。

AutoCAD 2013提供了丰富的颜色方案供用户使用，其中最常用的颜色方案是采用索引颜色，即用自然数表示颜色，共有255种颜色，其中1~7号为标准颜色，它们分别是：1表示红色、2表示黄色、3表示绿色、4表示青色、5表示蓝色、6表示洋红、7

表示白色(如果绘图背景的颜色是白色，7号颜色则显示为黑色)。如图4.1-07所示。

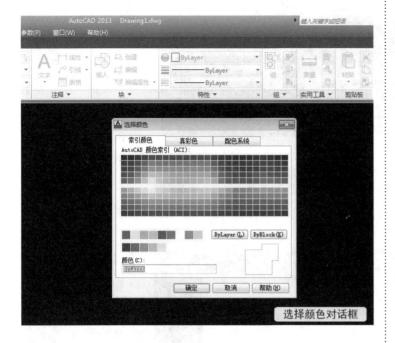

选择颜色对话框

小结：了解和熟悉AutoCAD 2013的特性功能，它不仅涉及图纸的虚线、实线、中心线等线型控制，还涉及图纸显示的对象颜色和最终打印输入的样式。这对以后具体图纸的操作和打印输入具有重要的意义。

◀ 图4.1-07 【选择颜色】对话框

4.1.3　AutoCAD 2013特性功能的基本设置

1.AutoCAD 2013线型设置

(01)线型的概念。线型是由虚线、点和空格组成的重复图案，线型可以显示为直线或曲线。可以通过图层将线型指定给对象，也可以在【特性】工具栏中，为对象指定明确的线型。在开始创建图形之前，通常会先加载好需要用到的线型，以备之后选用。

(02)线型的加载。默认情况下，绘制的对象采用当前图层所设置的线型。若要使用其他种类线型，则必须改变当前线型设置。本案例以加载【中心线】线型为例演示加载线型步骤。①打开软件后，点击【常用】选项卡【特性】工具栏的【线型】按钮或者执行快捷键LT，如图4.1-08、图4.1-09所示。②在弹出的下拉菜单中选择【其他】选项或者执行快捷键LT+ Space操作

▲ 图4.1-08 工具栏加载线型

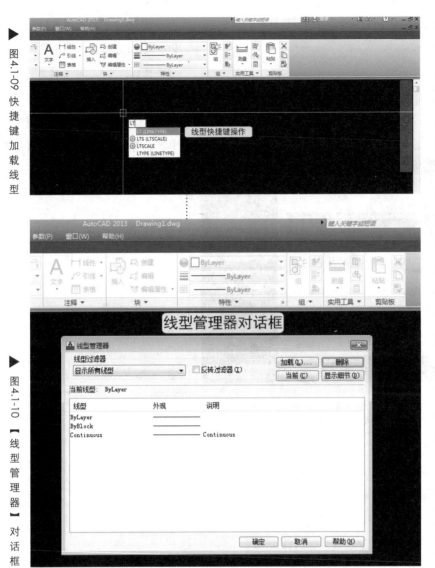

► 图4.1-09 快捷键加载线型

► 图4.1-10 【线型管理器】对话框

后，就会弹出【线型管理器】对话框，如图4.1-10所示。在弹出的【线型管理器】对话框中点击【加载】按钮，就会弹出【加载或重载线型】对话框，如图4.1-11所示。③在【可用线型】命令面板位置处选择Center线型，如图4.1-12所示。点击【确定】按钮完成加载操作后，在【线型管理器】对话框中就显示了已经加载好的【中心线】线型样式，如图4.1-13所示。④显示加载线型。操作完成后，点击【常用】选项卡【特性】工具栏中【线型】按钮，在弹出的下拉菜单中也可以看到加载好的【中心线】线型，如图4.1-14所示。

► 图4.1-11 【加载或重载线型】对话框

◀ 图4.1-12 线型选择

◀ 图4.1-13 线型加载到线型管理器

◀ 图4.1-14 查看加载线型

(03)线型的清理。在图形绘制完毕后，可能有的线型已经加载好了，但是在图形中，并没有使用该线型。为了减小文件的占用空间，通常会将这些线型清除。①在清除之前，如果很清楚地知道哪些线型没有应用到图纸当中，可以直接将这些线型卸载或者删除。执行快捷键LT+Space操作，在弹出的【线型管理器】对话框中将其选中(可以利用Shift或Ctrl键多选)，然后点击【删除】按钮即可，如图4.1-15所示。这里需要注意的是ByLayer、ByBlock和Continuous这三种线型是不能卸载的。②利用【清理】命令清理多余线型。执行快捷键PURGE+ Space操作，在弹出的【清理】对话框中选中【查看能清理的项目】复选框。展开【线型】选项，即可看到可以清理的线型，如图4.1-16所示。

▲ 图4.1-15 删除线型

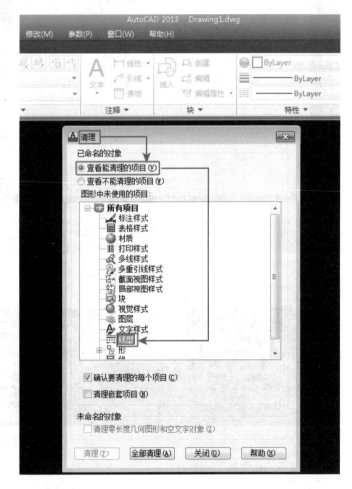

▶ 图4.1-16 【清理】对话框

　　如果要清理单个线型，选中相应的线型名称，点击左下角的
【清理】按钮，在弹出的【清理-确认清理】对话框中选择【清理
此项目】选项，如图4.1-17所示。

　　如果要一次性清理所有没用到的线型，可点击【线型】按钮选
项，再点击左下角的【全部清理】按钮，在弹出的【清理-确认清
理】对话框中选择【清理所有项目】选项即可，如图4.1-18所示。

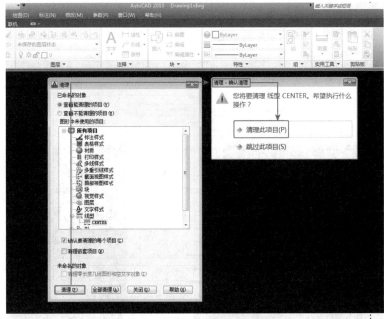

▲ 图4.1-17 清理对话框提示

▲ 图4.1-18 全部清理对话框提示

　　(04)线型的修改。选中需要修改线型的图形对象，在【常
用】选项卡【特性】工具栏中选择【线型】按钮，在弹出的下拉

菜单中选择【其他】选项。在弹出的【线型管理器】对话框中继续点击【加载】按钮，加载图形需要的线型类型。在该对话框中，用户可以加载一种或者更多种线型。

2.AutoCAD 2013线宽设置

(01)调用【线宽设置】对话框。点击【常用】选项卡【特性】工具栏中的【线宽】按钮，在弹出的下拉菜单中选择【线宽设置】选项，或者通过执行快捷键LW+Space操作，如图4.1-19、图4.1-20所示。

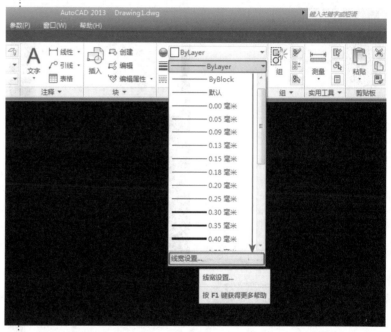

▶ 图4.1-19 工具栏选择线宽

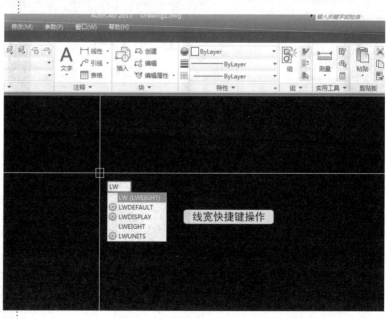

▶ 图4.1-20 快捷键选择线宽

(02)【线宽设置】对话框的介绍。点击【线宽设置】按钮或者执行快捷键后，就会弹出【线宽设置】对话框，如图4.1-21所示。列表框中列出了AutoCAD 2013提供的20余种线宽，用户可从中自由选择样式。还可以通过此对话框进行其他设置，如单位、显示比例等。

◀ 图4.1-21【线宽设置】对话框

3.AutoCAD 2013对象颜色设置

(01)颜色的概念和分类。通过使用颜色，可以直观地区分图形对象。图形的颜色可以通过图层指定，也可以单独指定。在AutoCAD 2013中提供了多种调色板，其中最常用的三种是【索引颜色】、【真彩色】和【配色系统】。

(02)【选择颜色】对话框的调用。点击【常用】选项卡【特性】工具栏中的【对象颜色】按钮，在弹出的下拉菜单中选择【选择颜色】选项，或者通过执行快捷键COL+ Space操作，如图4.1-22、图4.1-23所示。点击按钮或执行快捷键后，就会弹出【选择颜色】对话框，如图4.1-24所示。

◀ 4.1-22 工具栏选择对象颜色

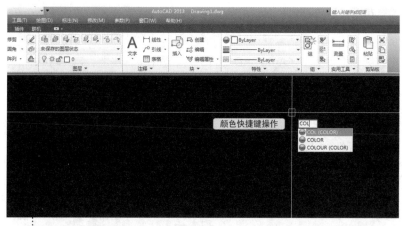

▶ 图4.1-23 快捷键选择对象颜色

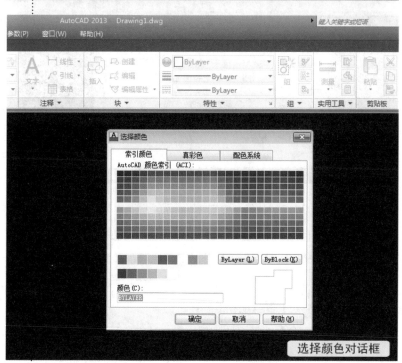

▶ 图4.1-24【选择颜色】对话框

(03)【选择颜色】对话框的介绍。①索引颜色(ACI)选项卡。ACI 颜色是AutoCAD 2013中使用的标准颜色。每种颜色都用它对应的ACI编号(1到255之间的整数)表示。编号1~7代表的是标准颜色【1-红、2-黄、3-绿、4-青、5-蓝、6-洋红、7-白/黑】，如图4.1-25所示。当打开【选择颜色】对话框后，默认的就是【索引颜色】选项卡。可以在256种颜色中，直接点击某个颜色，也可以在图4.1-25的【颜色】输入框位置处，直接输入该颜色的名称或编号，比如要使用绿色，可以输入绿或3。②真彩色选项卡。真彩色使用24位颜色定义显示1600多万种颜色。真彩色有两种颜色模式，分别是RGB或HSL模式。切换到【真彩色】选项卡，它默认使用的是HSL颜色模式，通过指定红、绿、蓝色调组合，颜色的饱和度、亮度来确定颜色，如图4.1-26所示。如果将颜色模式改成RGB，只能指定颜色的红、绿、蓝色调组合，不能设置饱和度、亮度等因素。③配色系统选项卡。在配色系统下拉列表中，用户可以选择自己需要的配色系统，然后选择需要的颜色即可。加载配色系统后，可以从配色系统中选择颜色，并将其应用到图形中，如图4.1-27所示。

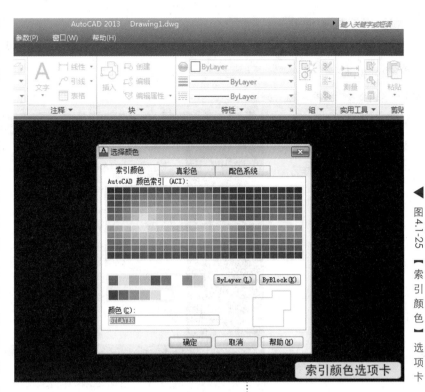

图4.1-25 【索引颜色】选项卡

图4.1-26 【真彩色】选项卡

小结：在具体设置
AutoCAD 2013 的特性功能
时，注意如何调用线型、线宽
和对象颜色的设置对话框，并
且要学会清理图形中加载的多
余线型。在实际的图纸操作
中，注意在对某个图形操作之
前，一定要先选中此图形。

▶ 图4.1-27 【配色系统】选项卡

(04)通过【特性】工具栏设置当前颜色。在绘制图纸的
过程中，所有对象都是使用当前颜色创建的，当前颜色就是
之后要创建的新对象的颜色。默认情况下不选择任何对象，
当前颜色将会在【特性】工具栏中的【对象颜色】按钮处显
示。如图4.1-28所示。

▶ 图4.1-28 选择颜色

4.1.4 AutoCAD 2013特性功能案例操作

在AutoCAD 2013图形界面中绘制任意一矩形，通过对此矩形的线型、线宽和对象颜色的设置来演示AutoCAD 2013特性功能的使用方法。

假定把矩形图形的特性功能设置为【线型：虚线样式】、【线宽：0.50mm(并且显示线宽样式)】和【对象颜色：灰色252】。

1.线型：虚线样式设置

(01)选择线型样式。通过菜单选项或者执行快捷键LT+SPACE调出【线型管理器】对话框。点击【加载】按钮，在弹出的【加载或重载线型】对话框中选择ISO dash线型样式，如图4.1-29所示。

图4.1-29 选择线型

(02)设置矩形线型样式。选择矩形图形，点击【常用】选项卡【绘图】工具栏中的【线型】按钮，在弹出的下拉菜单中就会显示刚刚加载的线型样式，如图4.1-30所示。当把鼠标放在要选择的线型样式位置时，矩形图形就会自动呈现加载的线型样式。

(03)矩形线型比例设置。矩形加载线型类型后就会变成虚线围绕的图形样式，但是虚线显示的全局比例太过于密集。在【线型管理器】对话框中选择加载的线型类型，点击【显示细节】按钮后，在【线型管理器】对话框下侧位置就会弹出【详细信息】命令面板，在【全

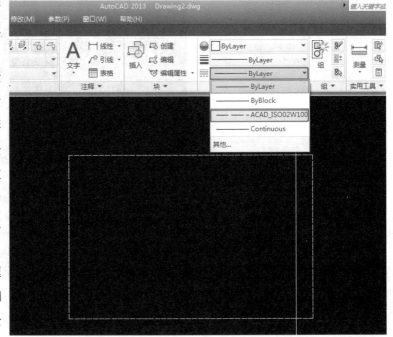

图4.1-30 工具栏加载线型

局比例因子】位置输入5，如图4.1-31所示。全局比例因子参数为1和5的效果对比，如图4.1-32所示。

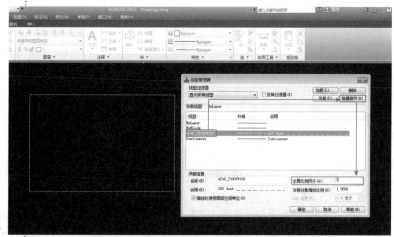

▶ 图4.1-31 设置线型的全局比例因子

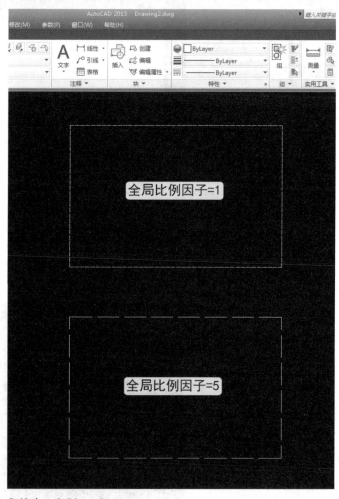

▶ 图4.1-32 设置线型比例前后效果

2.线宽：0.50mm设置

(01)矩形线宽0.50mm设置。选择矩形图形，点击【绘图】工

具栏【线宽】按钮，在弹出的下拉菜单中选择【0.50毫米】命令
选项，如图4.1-33所示。

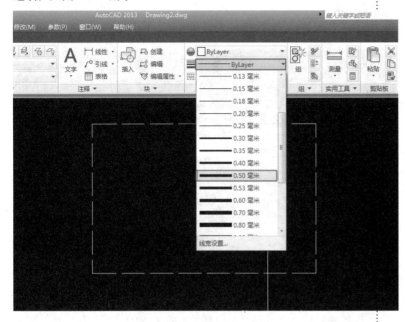

◀ 图4.1-33 工具栏选择线宽

(02)矩形显示线宽设置。执行快捷键命令LW+Space操
作，在弹出的【线宽设置】对话框中选中【显示线宽】复选
框，如图4.1-34所示。点击【确定】按钮后，矩形线宽显示效
果如图4.1-35所示。

◀ 图4.1-34 【线宽设置】对话框

小结：通过本章节的案例操作，更深入地了解和学习线型、线宽和对象颜色的特性功能以及它们的使用方法。并且注意在设置具体图形线型、线宽和对象颜色时的细节性问题，以达到快速而又准确地绘制图纸。

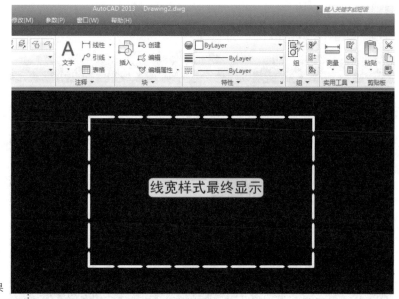

▶ 图4.1-35 显示线宽最终效果

3.对象颜色：灰色252设置

选择矩形图形，通过工具选项按钮或者执行快捷键调出【选择颜色】对话框，在【索引颜色】选项卡的【颜色】位置处输入252，如图4.1-36所示。点击【确定】按钮后，矩形颜色设置效果如图4.1-37所示。

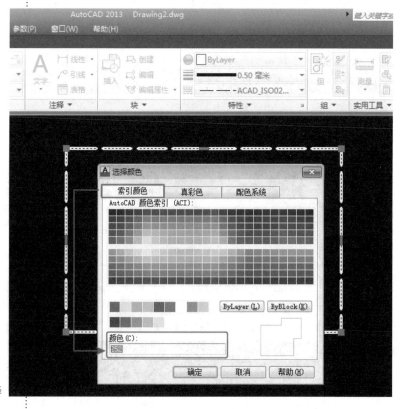

▶ 图4.1-36 灰色选择

图4.1-37 灰色效果显示

4.2 AutoCAD 2013填充与编辑图案

4.2.1 AutoCAD 2013图案填充介绍

在绘制图形时经常会遇到这种情况，比如绘制物体的剖面或断面时，需要使用某一种图案来充满某个指定区域，这个操作过程就叫作图案填充Hatch。图案填充经常用于在剖视图中表达对象的材料类型，从而增加了图形的可读性。

如图4.2-01、图4.2-02所示，为室内设计公司绘制的"地面铺贴图"和"电视墙结构详图"的图纸样式。在这两张图纸的创作中，都用到了AutoCAD 2013的图案填充操作。

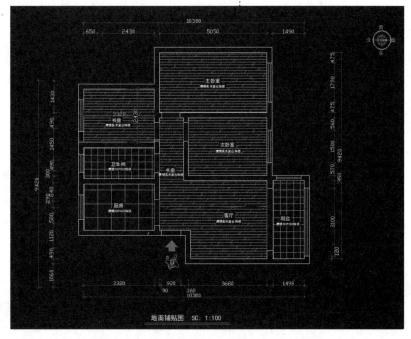

图4.2-01 地面铺贴图

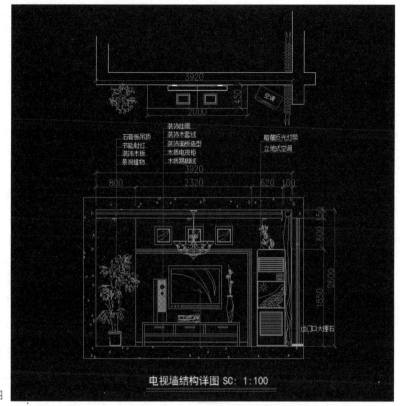

▶ 图4.2-02 电视墙结构详图

小结：通过了解图案填充的概念和作用，认识到图案填充在实际项目图纸操作中的重要性。它不仅在平面类型图纸中应用广泛，而且在施工立面、大小样结构图纸中也经常使用。所以要对图案填充的知识点认真学习，为后面的学习做好储备。

在AutoCAD 2013中，无论一个图案填充是多么复杂，系统都将其认为是一个独立的图形对象，可作为一个整体进行各种操作。但是，如果使用Explode命令将其分解，则图案填充将按其图案的构成分解成许多相互独立的直线对象。因此，分解图案填充将大大增加文件的数据量，建议用户除了特殊情况以外不要将其分解。

在AutoCAD 2013中绘制的填充图案可以与边界具有关联性Associative。一个具有关联性的填充图案是和其边界联系在一起的，当其边界发生改变时会自动更新以适合新的边界；而非关联性的填充图案独立于它们的边界。

这里需要注意的是，如果对一个具有关联性填充图案进行移动、旋转、缩放和分解等操作，该填充图案与原边界对象将不再具有关联性。如果对其进行复制或带有复制的镜像、阵列等操作，则该填充图案本身仍具有关联性，但复制则不具有关联性。

4.2.2 AutoCAD 2013图案填充类型及孤岛检测

1.图案填充的类型和调用

(01)图案填充的类型。图案填充的类型共分为四种，它们分别是【实体】、【图案】、【渐变色】和【用户定义】类型。下面将依次介绍每种图案填充类型的面板参数及其含义。

(02)调用图案填充对话框。点击【常用】选项卡【绘图】工具栏中【图案填充】按钮或者执行快捷键H+Space操作，如图4.2-03、图4.2-04所示。点击按钮或执行快捷键后，在AutoCAD 2013的工具栏位置就会弹出【图案填充创建】选项卡，如图4.2-05所示。

◀ 图4.2-03 工具栏选择图案填充

◀ 图4.2-04快捷键选择图案填充

◀ 4.2-05 图案填充创建选项卡

2.图案填充面板参数介绍

(01)【实体】图案填充类型。在弹出的【图案填充创建】选项卡中默认的显示界面就是【实体】图案填充类型的参数面板，如图4.2-06所示。

▲ 图4.2-06 实体图案填充类型

【实体】图案填充主要是用于填充实体颜色块及其相关的填充参数。【边界】工具栏的【拾取点】填充是针对插入块而言的，定义后就能确定插入块的位置。【选择】即边界填充，是通过对所填充区域的周围边界予以选择确认而进行的图案填充方法。【图案】工具栏用来选择填充的图案类型。在【特性】工具栏里，图案填充颜色为AutoCAD系统默认的ByLayer白色类型。

(02)【渐变色】图案填充类型。【渐变色】可以对填充区域进行渐变色填充，从该选项卡提供的渐变类型中选择要使用的一种渐变，既可以使用当前参数设置填充，也可以通过其他选项对渐变填充进行调整设置。其控制面板参数如图4.2-07所示。在【渐变色】填充的控制面板里，【边界】的选取样式也是分为【拾取点】和【选择】两种。【图案】工具栏里系统默认的有九种渐变色的填充样例。如图4.2-08所示。

▲ 图4.2-07 渐变色填充

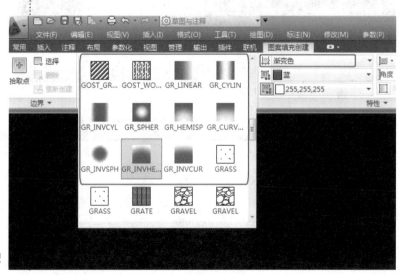

▶ 图4.2-08 渐变色填充类型

【特性】工具栏中，渐变色是分为单色填充和双色填充两种填充类型的。当以一种颜色填充时，可利用位于【渐变色 1】右侧的【渐变色角度】按钮对渐变颜色的变化角度进行调整，如果没有调整【渐变色角度】滑动框，渐变填充将朝左上方变化，可创建出光源在对象左边的图案。还可以用【渐变色角度】下方的【渐变明暗】滑动框调整所填充颜色的浓淡程度。

(03)【图案】填充类型。【图案】填充用于设置填充图案以及相关的填充参数。其控制面板参数如图4.2-09所示。

▲ 图4.2-09 图案填充类型

其中，【边界】选项组的【拾取点】和【选择】是用来选择和确定填充区域，可通过【图案】选项组选择填充的图案类型，通过【特性】选项组的【图案填充颜色】按钮设置填充的图案颜色，通过【图案填充颜色】按钮下侧的【背景色】按钮设置填充图案的背景色，通过【角度】按钮设置填充图案的旋转角度，通过【角度】按钮下侧的【填充图案比例】按钮设置填充图案的缩放比例。

(04)【用户定义】图案填充类型。在AutoCAD 2013的图案填充操作中，除了使用提供的预定义填充图案外，还可以设计并创建自己的自定义填充图案。下面将详细讲解自定义填充图案文件的调用和使用。①AutoCAD 2013自定义图案填充文件即.pat文件的调用。点击菜单栏的【工具】菜单选项，在弹出的下拉菜单中选择【选项】按钮，如图4.2-10所示。在弹出的【选项】对话框中点击【文件】选项

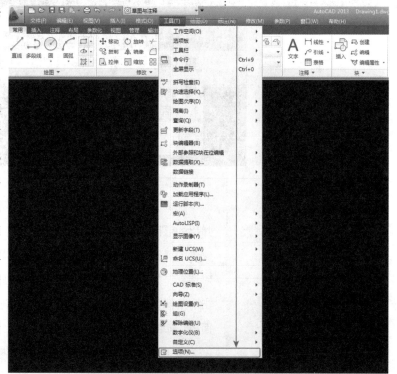

▲ 图4.2-10 选择【选项】按钮

卡，在【搜索路径、文件名和文件位置】选项位置处点击【支持文件搜索路径】按钮后，再点击【文件】选项卡右侧的【添加】按钮，最后点击【浏览】按钮选择电脑系统放置的.pat文件夹即可。如图4.2-11所示。②如何调用自定义填充图案。执行快捷键H+Space操作后，在弹出的【图案填充创建】选项卡中选择【用户定义】填充类型。选择完成后在【图案】工具栏位置处的下拉菜单中就能够看到已经调用的图案填充类型及样式，如图4.2-12所示。

▶ 图4.2-11 选择文件夹

▶ 图4.2-12 调用自定义图案类型

3.孤岛检测

孤岛是指在大的填充区域内不被填充的一个或多个区域。在弹出的【图案填充创建】选项卡中点击【选项】工具面板右下侧位置的【图案填充设置】按钮，就会弹出【图案填充和渐变色】对话框，如图4.2-13所示。在【图案填充和渐变色】对话框中点击右下侧位置的【更多选项】箭头按钮，就会弹出【孤岛】控制面板，如图4.2-14所示。

【孤岛检测】：用于指定是否把内部对象包括为边界对象。

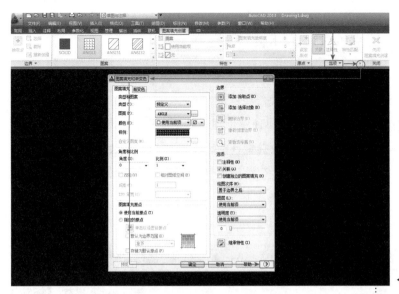

◀ 图4.2-13 图案填充和渐变色对话框

◀ 图4.2-14 孤岛对话框显示

其显示样式分为三种基本类型：

【普通】：遵循偶数次重叠区域不填充的规律；

【外部】：由外向内当探测到第二条边界时就停止填充；

【忽略】：所有边界都填充；

【边界保留】：该下拉列表框中包括多段线和面域两个选项，用于指定边界的保存形式；

【边界集】：该选项用于指定进行边界分析的范围，其默认小结：在图案填充时，要对图案填充的类型熟知，要对每种图案填充控制面板的常用参数理解。要对【孤岛】控制面板的参数大致了解，以达到在实际图纸操作中做到心中有数、操作熟练的目的。

项为当前视口，即在定义边界时，AutoCAD 2013分析所有在当前视口中可见的对象。

4.2.3 AutoCAD 2013编辑填充图案

1.利用对话框编辑填充图案

(01)在图形界面中创建任意矩形图形。点击【图案填充】按钮或者执行快捷键H+ Space操作，就会弹出【图案填充创建】选项卡，在选项卡中设置已经填充图案的【样式】、【颜色】、【图案填充颜色】、【角度】和【比例】等信息，如图4.2-15所示。

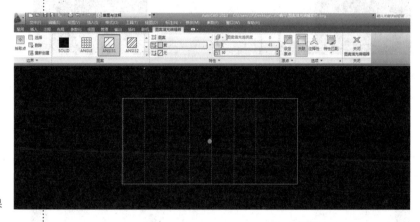

▶ 图4.2-15图案填充效果

(02)操作完成后，鼠标双击已经填充好的图案样例就会弹出【图案填充】对话框，在对话框中设置相应的样式参数即可，如图4.2-16所示。另外还可以通过执行快捷键MO+ Space操作调出【特性】对话框，在对话框中对填充图案的参数进行相应的设置，如图4.2-17所示。

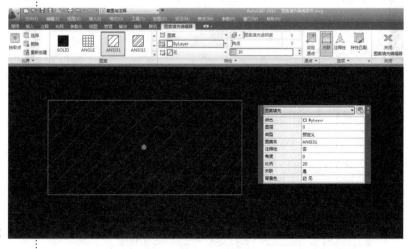

▶ 图4.2-16 编辑图案填充

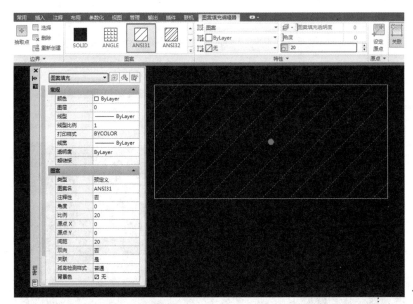

图4.2-17 【特性】对话框

2.利用夹点功能编辑填充图案

利用夹点功能也可以编辑填充的图案。当填充的图案是关联填充时，通过夹点功能改变填充边界后，AutoCAD会根据边界的新位置重新生成填充图案。

4.2.4 AutoCAD 2013图案填充案例操作

1.图案填充案例的项目背景

打开随书光盘【次卧室地面填充案例】文件，选择室内设计图纸案例中的次卧室作为图案填充的背景图纸。在次卧室的图纸结构中，可以清楚地看到次卧室空间的原始结构样式和平面图纸的布置样式，如图4.2-18所示。

小结：对填充的图案进行编辑时，可以通过点击已经填充的图案样例，在【图案填充】选项卡中进行相应控制参数的设置。还可以鼠标双击已经填充的图案样例，在弹出的快捷【图案填充】对话框中进行相应参数的设置。

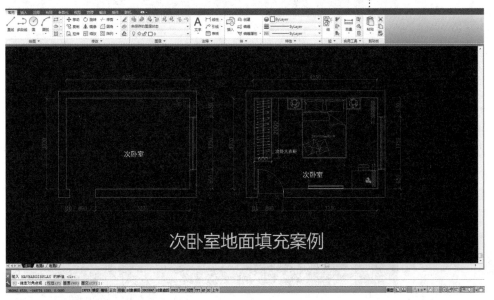

图4.2-18 次卧室结构图

根据项目的实际情况，次卧室的地面最终要铺设实木复合地板材质，那就要求绘制一张地面材质铺贴图。在绘制图纸的过程中就要用到AutoCAD 2013的图案填充命令，最终完成效果如图4.2-19所示。

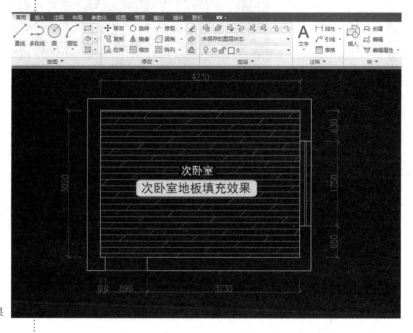

▶ 图4.2-19 次卧室地板填充效果

2.图案填充案例的操作流程

(01)用灰色实体线封闭空间。调AutoCAD 2013的直线命令，对次卧室的入户门位置予以实体线闭合。闭合完成后，把闭合的实体线颜色改为灰色样式即可，效果如图4.2-20所示。

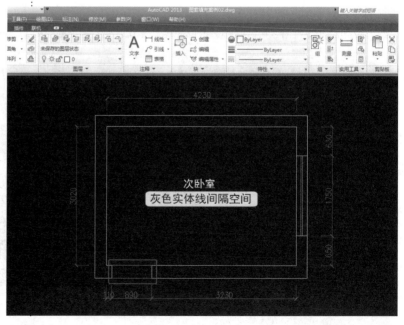

▶ 图4.2-20 绘制直线

(02)对填充的材质类型予以文字性说明。在实际项目中，次卧室、主卧室、客厅和餐厅等地面都是铺设实木复合地板材质的，卫生间、厨房和阳台都是铺设地砖材质的。文字标注效果如图4.2-21所示。(文字标注在后面的章节里会详细介绍。)

小结：在地面材质图纸的绘制过程中，要注意分为三个步骤来进行操作。首先用灰色实体线对每个空间区域予以间隔，然后用文字对每个空间的地面填充类型予以说明，最后执行图案填充操作即可。

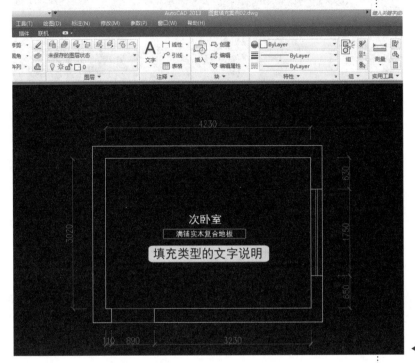

▶ 图4.2-21填充类型文字说明

(03)地板材质的图案填充。执行快捷键H+ Space操作，在弹出的【图案填充创建】选项卡中设置【图案：DOLMIT】、【颜色：252】和【比例：20】的参数，如图4.2-22所示。点击拾取次卧室任意空白位置处，地板的图案填充操作就完成了，最终效果如图4.2-23所示。

▲ 图4.2-22 图案填充编辑器设置

▶ 图4.2-23 地板填充最终效果

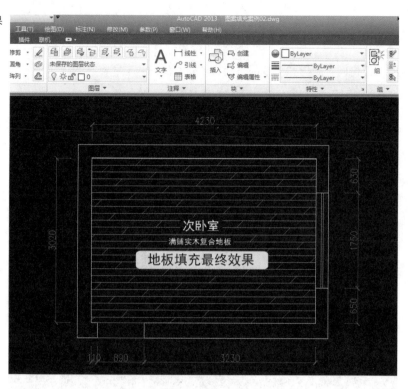

本章小结：

　　本章介绍了线型、线宽、颜色等概念以及它们的使用方法。绘制工程图纸时要用到各种类型的线型，AutoCAD 2013能够实现这样的要求。用AutoCAD绘出的图形一般没有反映出线宽信息，而是通过打印设置将不同的颜色设置成不同的输出线宽，即通过打印机或绘图仪输出到图纸上的图形是有线宽的。

　　本章还介绍了AutoCAD 2013的填充图案功能。当需要填充图案时，首先应该有对应的填充边界。可以看出，即使填充边界没有完全封闭，AutoCAD也会将位于间隙设置内的非封闭边界看成封闭边界给予填充。此外，用户还可以方便地修改已填充的图案，根据已有图案及其设置填充其他区域(即继承特性)。

第五章

AutoCAD 2013
文本标注和尺寸标注

5.1 AutoCAD 2013的文字标注

在我们的日常生活中离不开文字的表达和使用，同样在AutoCAD 2013的图纸绘制中文字仍然是一个很重要的部分。在每张工程图纸中除了表达对象形状的图形以外，还需要有必要的文字注释，例如标题栏、明细表、技术要求等，这些都需要输入各种文字和字符。AutoCAD 2013具有较好的文字处理功能，它不仅可以使图样中的文字符合各种制图标准，并且还可以自动生成各类数据表格。

5.1.1 AutoCAD 2013的文本样式

AutoCAD 2013图形中的所有文字都应具有与之相关联的文字样式。在输入文字时，用户是使用AutoCAD 2013提供的当前文字样式进行输入的，该样式已经设置了文字的字体、字号、倾斜角度、方向及其他特征，输入的文字将按照这些设置在屏幕上显示。当然，像其他的功能工具一样，AutoCAD 2013允许用户设置自己喜欢和需要的文字样式，并将其置为当前样式进行文字输入。

在文字输入之前，用户应该首先创建一个或多个文字样式，用于输入不同特性的文字。输入的所有文字都称为文本对象，要修改文本对象的某一特性时，不需要逐个修改，而只要对该文本的样式进行修改，就可以改变使用该样式书写的所有文本对象的特性。

1.调出文字样式对话框

选择菜单栏中的【格式】菜单选项，在弹出的下拉菜单中选择【文字样式】命令按钮，如图5.1-01所示。另外还可以通过执行快捷键ST+ Space调出【文字样式】对话框，如图5.1-02所示。

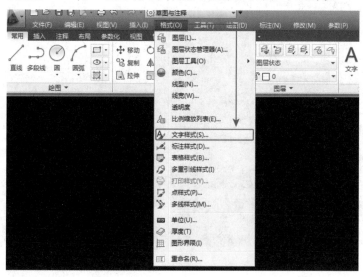

▶ 图5.1-01 菜单栏调出文字样式

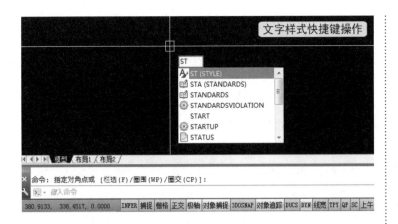

◀ 图5.1-02 快捷键调出文字样式

2.【文字样式】对话框介绍

点击按钮或者执行快捷键后，就会弹出【文字样式】对话框，如图5.1-03所示。在对话框中，【样式】列表框中列有当前已定义的文字样式，用户可从中选择对应的样式作为当前样式或进行样式修改。【字体】选项组用于确定所采用的字体。【大小】选项组用于指定文字的高度。【效果】选项组用于设置字体的某些特征，如字的宽高比(即宽度比例)、倾斜角度、是否倒置显示、是否反向显示以及是否垂直显示等。预览框组用于预览所选择或所定义文字样式的标注效果。【新建】按钮用于创建新样式。【置为当前】按钮用于将选定的样式设为当前样式。【应用】按钮用于确认用户对文字样式的设置。单击【文字样式】对话框右上角的关闭按钮，关闭对话框。

小结：在设置文字样式的具体字体样式时，这里需要注意的是要把【使用大字体】前面的对钩去掉，才能在【SHX字体】输入框位置的下拉菜单中选择日常用到的【黑体】、【宋体】、【楷体】等字体样式。

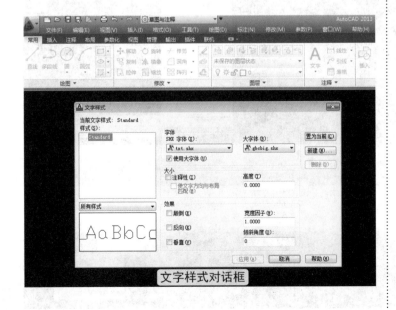

◀ 图5.1-03【文字样式】对话框

5.1.2 AutoCAD 2013的文字标注

AutoCAD 2013提供了两种文字的标注方式：单行文字标注和多行文字标注。所谓的单行输入，并不是用该命令每次只能输入一行文字，而是输入的文字，每一行单独作为一个实体对象来处理。相反，多行输入就是不管输入几行文字，AutoCAD 2013都把它作为一个实体对象来处理。

1.单行文字的标注

单行文字的每一行就是一个单独的整体，不可分解，只能具有整体特性，不能对其中的字符设置另外的格式。【单行文字】除了具有当前使用文字样式的特性外，还具有的特性包括：内容、位置、对齐方式、字高和旋转角度。

(01)点击菜单栏中【绘图】菜单选项，在弹出的下拉菜单中选择【文字】子菜单中的【单行文字】命令按钮，如图5.1-04所示。还可以通过点击【常用】选项卡【注释】工具面板中的【单行文字】按钮，如图5.1-05所示。

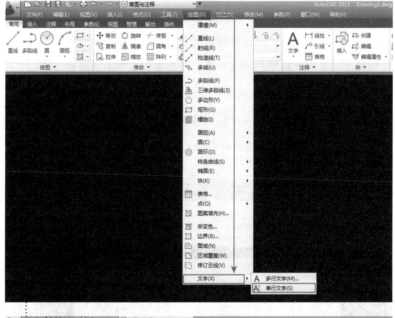

▶ 图5.1-04 菜单选择单行文字

▶ 图5.1-05 工具栏选择单行文字

(02)点击菜单栏或者工具栏按钮后，命令提示行就会提示【TEXT 指定文字的起点或 [对正(J) 样式(S)]】，如图5.1-06所示。如果输入J选择【对正】选项，可以用来指定文字的对齐方式；如果输入S选择【样式】选项，可以用来指定文字的当前输入样式。

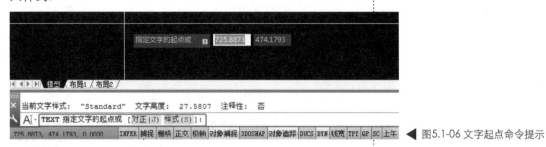

▲ 图5.1-06 文字起点命令提示

(03)指定文字的起点位置后，命令提示行就会提示【TEXT 指定高度】，如图5.1-07所示。继续点击鼠标确定文字高度后，命令提示行就会提示【TEXT 指定文字的旋转角度】，指定完成后就可以输入文本内容了。如图5.1-08所示。

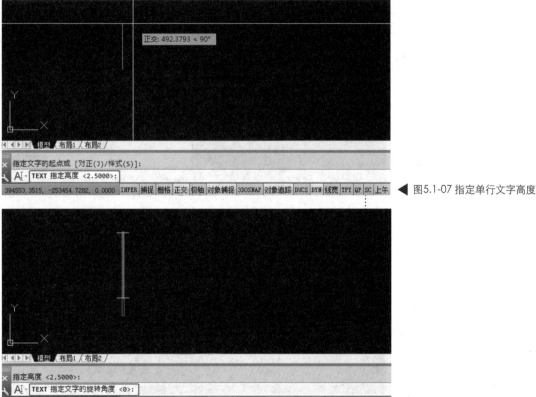

▲ 图5.1-07 指定单行文字高度

▲ 图5.1-08 指定单行文字角度

2.多行文字标注

多行文字可以包含任意多个文本行和文本段落，并可以对其中的部分文字设置不同的文字格式。整个多行文字作为一个对象处理，其中的每一行不再为单独的对象。但是多行文字可以使用Explode命令进行分解，分解之后的每一行将重新作为单个的单行文字对象。多行文字用于输入内部格式比较复杂的多行文字。

(01)点击菜单栏中【绘图】菜单选项，在弹出的下拉菜单中选择【文字】子菜单中的【多行文字】命令按钮，如图5.1-09所示。还可以通过点击【常用】选项卡【注释】工具面板中的【多行文字】按钮，如图5.1-10所示。

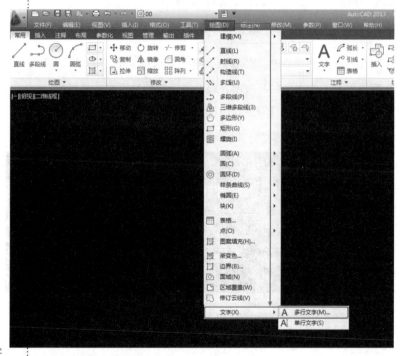

▶ 图5.1-09 菜单栏选择多行文字

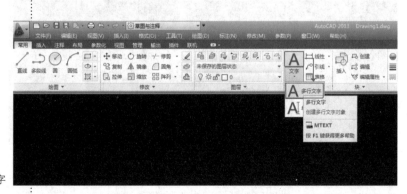

▶ 图5.1-10 工具栏选择多行文字

(02)点击菜单栏或者工具栏按钮后，命令提示行就会提示【MTEXT 指定第一角点】，如图5.1-11所示。点击确定【多行文字】的起始位置后，命令提示行就会提示【MTEXT 指定对角点或 [高度(H) 对正(J) 行距(L) 旋转(R) 样式(S) 宽度(W) 栏(C)]】，如图5.1-12所示。

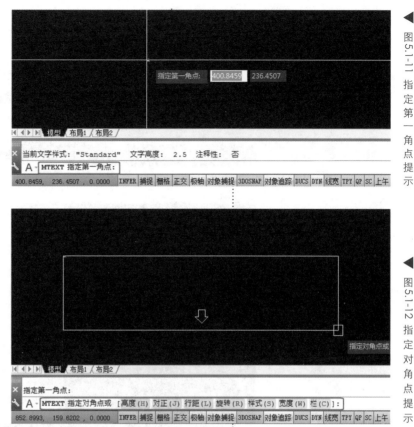

图5.1-11 指定第一角点提示

图5.1-12 指定对角点提示

(03)根据命令行提示，点击确认对角点位置后，就会弹出文字编辑器，如图5.1-13所示。文字编辑器由【文字格式】工具栏和【水平标尺】等组成，工具栏上有一些下拉列表框、按钮等。用户可通过该编辑器输入要标注的文字，并进行相关标注设置。 然后在水平标尺内就可以输入多行文字了。

◀ 图5.1-13 文字编辑器

小结：**在标注单行文字或者多行文字时，可以通过执行快捷键DT+ Space和T+ Space来操作。在绘制图纸的过程中，一般情况下采用的是多行文字来标注文字和样式的，并且通过文字编辑器对其进行相应的参数设置。**

5.1.3 AutoCAD 2013的文本编辑

与其他对象一样，可以对文字对象进行移动、复制、旋转、删除、阵列、镜像等编辑操作；也可以利用夹点对文字对象进行移动、旋转、比例变换及镜像等操作。文本编辑主要包含修改文字的内容和修改文字的特性两方面。

1.修改文字的内容

文字内容的修改主要是修改文字对象或属性定义。比如修改文字的描述对象，修改文字的大小、修改文字的颜色、修改文字的字体样式等方面。

(01)点击菜单栏中【修改】菜单选项，在弹出的下拉菜单中选择【对象】子菜单中的【文字】下拉菜单中的【编辑】命令按钮，如图5.1-14所示。

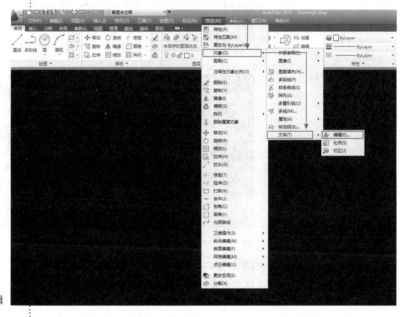

▶ 图5.1-14 菜单选择文字编辑

(02)点击命令按钮后，命令提示行就会提示【DDEDIT 选择注释对象或 [放弃(U)]】，然后点击需要修改的文字对象即可，如图5.1-15所示。

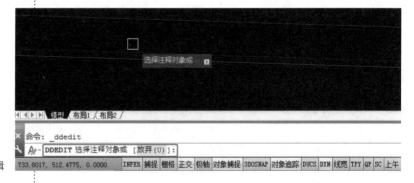

▶ 图5.1-15 快捷键选择文字编辑

(03)标注文字时使用的标注方法不同，选择文字后Auto-CAD 2013给出的响应也不相同。如果所选择的文字是单行标注的，选择文字对象后AutoCAD 2013会在该文字四周显示出一个方框，在该方框内只能对文字内容进行修改。如图5.1-16所示。

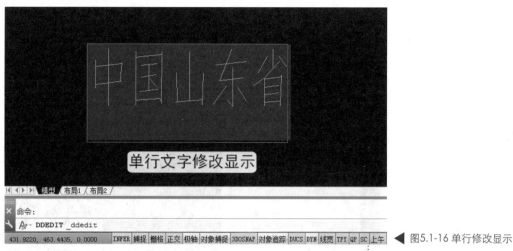

图5.1-16 单行修改显示

如果选择的文字是多行标注的，选择文字对象后AutoCAD 2013就会弹出【文字编辑器】选项卡，在此选项卡中，用户可以对所选文字进行较为全面的修改。如图5.1-17所示。

图5.1-17 多行修改显示

2.修改文字的特性

在AutoCAD 2013图纸操作过程中，可以通过调用【特性】对话框修改文字对象的内容、通用特性(颜色、线型等)、插入点、样式、对齐方式等特性。

(01)点击菜单栏中【修改】菜单选项，在弹出的下拉菜单中选择【特性】命令按钮，如图5.1-18所示。另外还可以通过执行快捷键CH调用【特性】对话框。

(02)点击按钮或执行快捷键后就会弹出【特性】对话框，然后鼠标点

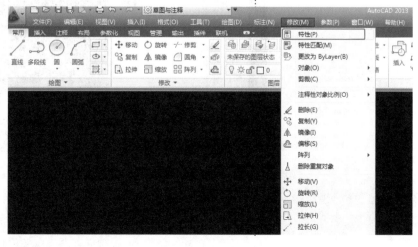

图5.1-18 选择【特性】按钮

135

小结：在进行文字的内容修改时，可以通过执行快捷键ED+Space操作，然后根据内容提示选择需要修改的文字对象即可。在文字的【特性】对话框中，可以修改文字的线宽、文字样式、高度、行间距等特性内容。

击选择需要修改的文字对象即可。选择单行文字和多行文字后的显示对话框如图5.1-19、图5.1-20所示。

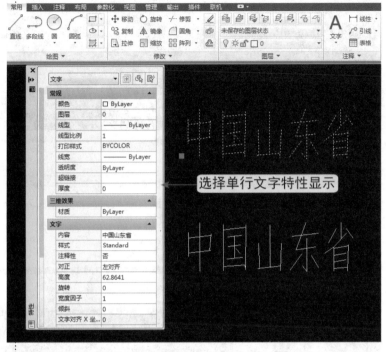

▶ 图5.1-19 单行文字【特性】对话框

▶ 图5.1-20 多行文字【特性】对话框

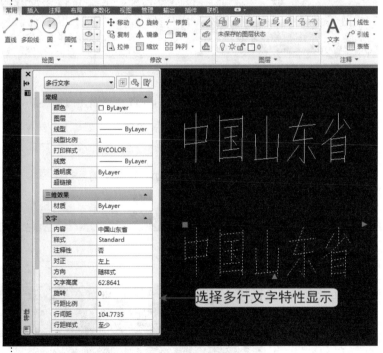

🔺 5.1.4 AutoCAD 2013的表格创建

在使用AutoCAD 2013的表格功能时，用户可以基于已有的表格样式，通过指定表格的相关参数(如行数、列数等)将表格插入到图形中，也可以通过快捷菜单编辑表格。同样，插入表格时，如果当前已有的表格样式不符合要求，则应首先定义表格样式。

1.创建表格

(01)点击菜单栏中的【绘图】菜单选项，在弹出的下拉菜单中选择【表格】按钮，如图5.1-21所示。或者点击【常用】选项卡【注释】工具栏中的【表格】按钮，如图5.1-22所示。

◀ 图5.1-21 菜单选择表格

◀ 图5.1-22 工具栏选择表格

(02)点击菜单栏或者工具栏按钮后，在AutoCAD 2013的操作界面中就会弹出【插入表格】对话框，如图5.1-23所示。在此对话框用于选择表格样式，设置表格的有关参数。

【表格样式】选项用于选择所使用的表格样式。

【插入选项】选项组用于确定如何为表格填写数据。预览框用于预览表格的样式。

【插入方式】选项组设置将表格插入到图形时的插入方式。

【列和行设置】选项组则用于设置表格中的行数、列数以及行高和列宽。

【设置单元样式】选项组分别设置第一行、第二行和其他行的单元样式。

▶ 图 5.1-23 【插入表格】对话框

插入表格对话框

▶ 图 5.1-24 表格的文字输入

表格文字编辑器

通过【插入表格】对话框确定表格数据后，单击【确定】按钮。然后根据提示确定表格的位置，即可将表格插入到图形，且插入后AutoCAD弹出【文字编辑器】选项卡，并将表格中的第一个单元格醒目显示，此时就可以向表格输入文字，如图5.1-24所示。

2.定义表格样式

(01)调用表格样式对话框。点击菜单栏中的【格式】菜单选项，在弹出的下拉菜单中选择【表格样式】按钮，如图5.1-25所示。还可以通过点击【插入表格】对话框【表格样式】下拉列表框位置的【启动"表格样式"对话框】按钮，如图5.1-26所示。

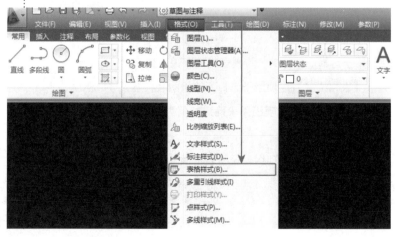

▶ 图5.1-25 菜单选择表格样式

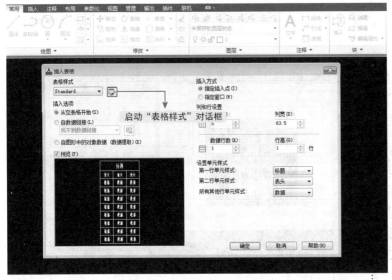

▤ 图5.1-26 选择表格样式

(02)表格样式对话框。点击操作后，就会弹出【表格样式】
对话框，如图5.1-27所示。在此对话框中，【样式】列表框中列
出了满足条件的表格样式；【预览】图片框中显示出表格的预
览图像；【置为当前】和【删除】按钮分别用于将在【样式】
列表框中选中的表格样式置为当前样式、删除选中的表格样
式；【新建】和【修改】按钮分别用于新建表格样式、修改已
有的表格样式。

▤ 图5.1-27 【表格样式】对话框

(03)在弹出的【表格样式】对话框中继续点击【新建】按
钮，AutoCAD 2013就会弹出【创建新的表格样式】对话框，如
图5.1-28所示。通过对话框中的【基础样式】下拉列表选择基础
样式，并在【新样式名】文本框中输入新样式的名称。

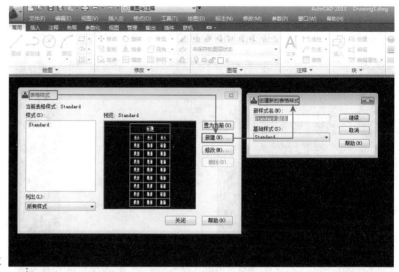

▶ 图5.1-28 创建新的表格样式

(04)在【创建新的表格样式】对话框中，选择好【基础样式】并填写【新样式名】后，点击【继续】按钮，AutoCAD 2013弹出【新建表格样式】对话框，如图5.1-29所示。

▶ 图5.1-29 【新建表格样式】对话框

对话框中，左侧有【起始表格】和【常规】表格方向下拉列表框和【预览图像框】三部分。其中，【起始表格】用于使用户指定一个已有表格作为新建表格样式的起始表格。【常规】表格方向列表框用于确定插入表格时的表方向，有【向下】和【向上】两个选择，【向下】表示创建由上而下读取的表，即标题行和列标题行位于表的顶部，【向上】则表示将创建由下而上读取的表，即标题行和列标题行位于表的底部；图像框用于显示新创建表格样式的表格预览图像。

　　【新建表格样式】对话框的右侧有【单元样式】选项组，用户可以通过对应的下拉列表确定要设置的对象，即在【数据】、【标题】和【表头】之间进行选择，如图5.1-30所示。

▲ 图5.1-30 单元格式下拉列表

　　选项组中，【常规】、【文字】和【边框】三个选项卡分别用于设置表格中的基本内容、文字和边框。 完成表格样式的设置后，点击【确定】按钮，AutoCAD 2013返回到【表格样式】对话框，并将新定义的样式显示在【样式】列表框中。单击该对话框中的【确定】按钮关闭对话框，完成新表格样式的定义。

5.2 AutoCAD 2013的尺寸标注

5.2.1 尺寸标注的概念和类型

　　在图形设计中，尺寸标注是绘图设计工作中的一项重要内容，因为绘制图形的根本目的是反映对象的形状，而图形中各个对象的真实大小和相互位置只有经过尺寸标注后才能确定。AutoCAD 2013包含了一套完整的尺寸标注命令和实用程序，可以轻松完成图纸中要求的尺寸标注。例如，使用AutoCAD 2013中的【直

小结：AutoCAD 2013具有强大的图形功能，但是其表格功能相对较弱，而在实际工作中，往往需要制作各种表格，如工程数量表、工程数据表等。AutoCAD 2013支持对象链接与嵌入，可以插入Word或者Excel表格。

径】、【半径】、【角度】、【线性】、【圆心标记】等标注命令，可以对直径、半径、角度、直线及圆心位置等进行标注。

1.尺寸标注的组成和规则

(01)尺寸标注的组成。在AutoCAD 2013中，完整的尺寸标尺一般是由尺寸线、尺寸界线、箭头和文字组成的，如图5.2-01所示。这里需要注意的是，在尺寸里"箭头"是一个广义的概念，也可以用斜线、圆点等样式代替箭头。

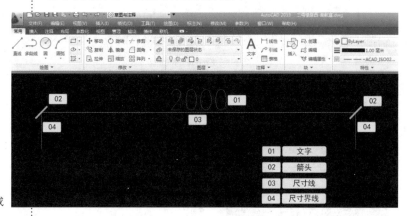

▶ 图5.2-01 尺寸标注的组成

(02)尺寸标注的规则。在AutoCAD 2013中，绘制的图形进行尺寸标注时应遵循以下规则：

物体的真实大小应以图样上所标注的尺寸数值为依据，与图形大小及绘图的准确度无关。

图样中的尺寸以毫米为单位时，不需要标注计量单位的代号或名称。

图样中所标注的尺寸为该图样所表示的物体的最后完工尺寸，否则应另加说明。

一般物体的每一尺寸只标注一次，并应标注在最后反映该结构最清晰的图形上。

2.尺寸标注的类型

长度型尺寸标注：长度型、水平型、垂直型、旋转型、基线型、连续型、两点对齐型。

角度型尺寸标注：标注角度尺寸。

直径型尺寸标注：标注直径尺寸。

半径型尺寸标注：标注半径尺寸。

快速尺寸标注：成批快速标注尺寸。

坐标型尺寸标注：标注相对于坐标原点的坐标。

中心标记：标注圆或圆弧的中心标记。

尺寸和形位公差标注。

5.2.2 创建与设置标注样式

在AutoCAD 2013中，使用标注样式可以控制标注的格式和外观，建立强制执行的绘图标准，并有利于对标注格式及用途进行修改。本小节将着重介绍使用【标注样式管理器】对话框创建标注样式的方法。

1.新建标注样式

(01)标注样式管理器。点击菜单栏中的【格式】菜单选项，在弹出的下拉菜单中选择【标注样式】按钮选项，如图5.2-02所示。另外还可以通过执行快捷键D+Space来调出【标注样式管理器】对话框。

(02)标注样式管理器介绍。点击按钮或执行快捷键后，就会弹出【标注样式管理器】对话框，如图5.2-03所示。

> 小结：一个完整的尺寸标注一般是由尺寸线、尺寸界线、文字和箭头四部分组成的。在实际的图纸操作过程中，长度型尺寸标注是最常用的，它一般是对建筑的内部结构和各种布置图纸的尺寸说明。

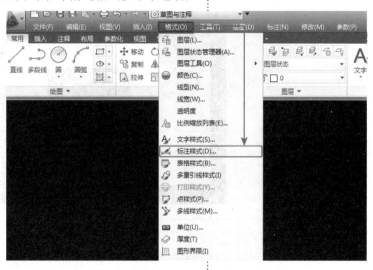

图5.2-02 菜单选择标注样式

◀ 图5.2-03 标注样式管理器

在对话框中，【样式】列表框用于列出已有标注样式的名称。【预览】图片框用于预览在【样式】列表框中所选中标注样式的标注效果。【置为当前】按钮把指定的标注样式置为当前样式。【修改】按钮则用于修改已有标注样式。

(03)创建新标注样式对话框。在【标注样式管理器】对话框中点击【新建】按钮选项，就会弹出【创建新标注样式】对话框，如图5.2-04所示。

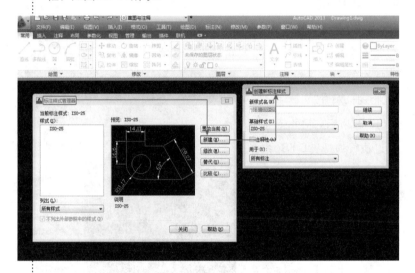

▶ 图5.2-04 创建新标注样式

通过对话框中的【新样式名】文本框指定新样式的名称；通过【基础样式】下拉列表框确定基础用来创建新样式的基础样式；通过【用于】下拉列表框，可确定新建标注样式的适用范围。在下拉列表框中有【所有标注】、【线性标注】、【角度标注】、【半径标注】、【直径标注】、【坐标标注】和【引线和公差】等选项，分别用于使新样式适于对应的标注，如图5.2-05所示。

▶ 图5.2-05 新标注样式类型

(04)确定新样式名称和有关设置后，点击【继续】按钮，
AutoCAD 2013就会弹出【修改标注样式】对话框，如图5.2-06
所示。在【修改标注样
式】对话框中，分别有
【线】、【符号和箭
头】、【文字】、【调
整】、【主单位】、【换
算单位】和【公差】7个
选项卡按钮，下面将依次
介绍其作用和功能。

2.【线】选项卡

在【线】选项卡中可
以设置【尺寸线】和【尺
寸界线】的格式与属性，
如图5.2-07所示。

　　【超出标记】用来
控制在使用倾斜、建筑
标记、积分箭头或无箭头
时，尺寸线延长到尺寸界
线外面的长度；【基线间
距】用来控制使用基线型
尺寸标注时，两条尺寸线
之间的距离；【超出尺寸
线】用来控制尺寸界线超
出尺寸线的长度；【起点
偏移量】用来控制标注的
起点位置距离尺寸界线最
下侧的距离。

3.【符号和箭头】选
项卡

在【符号和箭头】
选项卡中，可以设置
【箭头】、【圆心标
记】、【折断标注】、
【弧长符号】、【半径折弯标注】和【线性折弯标注】的格式

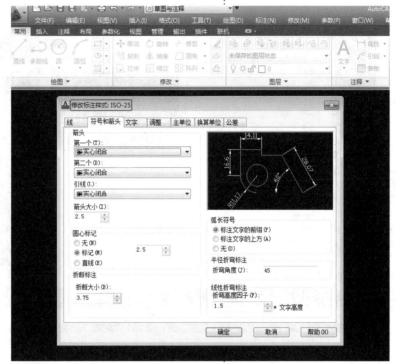

◀ 图 5.2-06 修改标注样式

◀ 图 5.2-07 【线】选项卡

与位置，如图5.2-08所示。

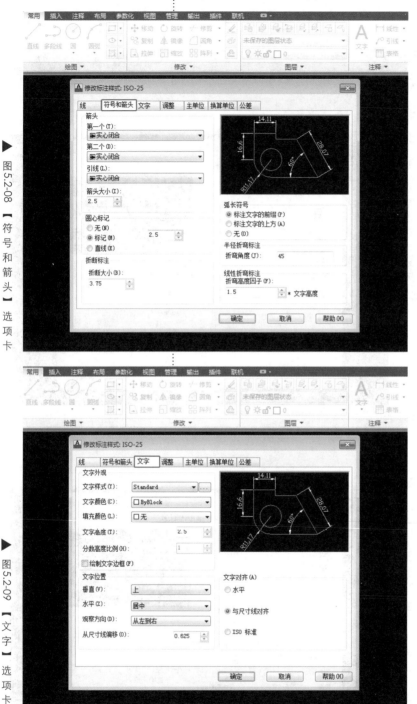

▶ 图 5.2-08 【符号和箭头】选项卡

▶ 图 5.2-09 【文字】选项卡

【箭头】用来确定尺寸线两端的箭头样式；【圆心标记】用来确定当对圆或圆弧执行圆心标记操作时，圆心标记的类型与大小。【折断标注】用来确定在尺寸线或延伸线与其他线重叠处打断尺寸线或延伸线时的尺寸。

【弧长符号】用来设置圆弧标注长度尺寸。【半径标注折弯】用于标注尺寸的圆弧的中心点位于较远位置时。【线性折弯标注】用于线性折弯标注设置。

4. 【文字】选项卡

在【修改标注样式】对话框中，使用【文字】选项卡用于设置尺寸文字的外观、位置以及对齐方式等，如图5.2-09所示。【文字外观】用来设置尺寸文字的样式等。【文字位置】用来设置尺寸文字的位置。【文字对齐】用来确定尺寸文字的对齐方式。

5. 【调整】选项卡

此选项卡用于控制尺寸文字、尺寸线以及尺寸箭头等的位置征，如图5.2-10所示。
【调整选项】用来确定
当尺寸界线之间没有足
够的空间同时放置尺寸
文字和箭头时，应首先
从尺寸界线之间移出尺
寸文字和箭头的哪一部
分。【文字位置】用来
确定当尺寸文字不在默
认位置时，应将其放在
何处。【标注特征比
例】用来设置所标注尺
寸的缩放关系。【优
化】用来设置标注尺寸
时是否进行附加调整。

▲ 图5.2-10 【调整】选项卡

6. 【主单位】选项卡

此选项卡用于设置主单位的格式、精度以及尺寸文字的前缀
和后缀，如图5.2-11所示。【线性标注】用于设置线性标注的格
式与精度。【角度标注】用于确定标注角度尺寸时的单位、精度
以及消零否。

◀ 图5.2-11 【主单位】选项卡

7.【换算单位】选项卡

【换算单位】选项卡用于确定是否使用换算单位以及换算单位的格式,如图5.2-12所示。【显示换算单位】:用于确定是否在标注的尺寸中显示换算单位。【换算单位】用来确定换算单位的单位格式、精度等设置。【消零】用来确定是否消除换算单位的前导或后续零。【位置】用来确定换算单位的位置。

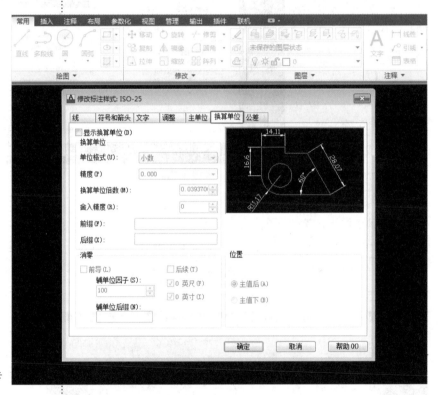

▶ 图5.2-12 【换算单位】选项卡

小结:在设置【新建标注样式】对话框的七个选项卡时,注意各个选项卡中重要参数的含义和作用。在实际图纸绘图的过程中,【线】、【符号和箭头】、【文字】和【主单位】四个选项卡是经常用到的,注意其相应的参数设置。

8.【公差】选项卡

使用【公差】选项卡设置是否标注公差,以及以何种方式进行标注。这里设置的公差在标注时所有尺寸都会使用该公差值,因此实用性不大,除非只有一个尺寸,如图5.2-13所示。【公差格式】用来确定公差的标注格式。【换算单位公差】用来确定当标注换算单位时换算单位公差的精度与消零否。

设置【修改标注样式】对话框参数后,单击对话框中的【确定】按钮后,返回到【标注样式管理器】对话框,单击对话框中的【关闭】按钮关闭对话框,完成尺寸标注样式的设置。

▶ 图5.2-13 【公差】选项卡

5.2.3 尺寸标注类型

1.线性标注

(01)线性标注介绍。【线性标注】指标注图形对象在水平方向、垂直方向或指定方向的尺寸，又分为水平标注、垂直标注和旋转标注三种类型。水平标注用于标注对象在水平方向的尺寸，即尺寸线沿水平方向放置；垂直标注用于标注对象在垂直方向的尺寸，即尺寸线沿垂直方向放置；旋转标注则标注对象沿指定方向的尺寸。

(02)在AutoCAD 2013中，点击菜单栏中的【标注】菜单选项，在弹出的下拉菜单中选择【线性】命令按钮，如图5.2-14所示。或者点击【常用】选项卡【注释】工具栏中的【线性】按钮，如图5.2-15所示。

▶ 图5.2-14 菜单选项线性标注

▶ 图5.2-15 工具栏选择线性标注

(03)点击菜单栏或者工具栏按钮后，命令提示行就会提示
【DIMLINEAR 指定第一个尺寸界线原点或 <选择对象>】，如图
5.2-16所示。点击确定第一个尺寸界线原点后，命令提示行就会提示
【DIMLINEAR 指定第二条尺寸界线原点】，如图5.2-17所示。

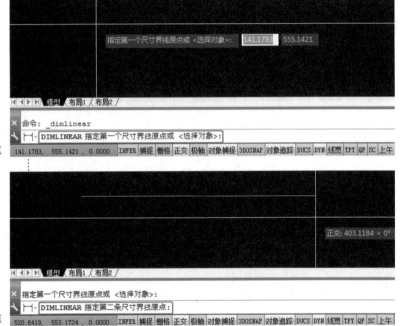

▶ 图5.2-16指定第一个尺寸界线原点

▶ 图5.2-17 指定第二条尺寸界线原点

(04)指定第二条尺寸界线原点后，拖动鼠标向上下侧位置移
动，命令提示行就会提示【DIMLINEAR指定尺寸线位置或 [多行文字
(M) 文字(T) 角度(A) 水平(H) 垂直(V) 旋转(R)]】，如图5.2-18所示。点

▶ 图5.2-18 指定尺寸线位置

击确认尺寸线位置后，效果如图5.2-19所示。

2.对齐标注

(01)对齐标注是指所标注尺寸的尺寸线与两条尺寸界线起始点间的连线平行。点击菜单栏中的【标注】菜单选项，在弹出的下拉菜单中选择【对齐】按钮，如图5.2-20所示。或者点击【常用】选项卡【注释】工具栏中的【对齐】按钮，如图5.2-21所示。

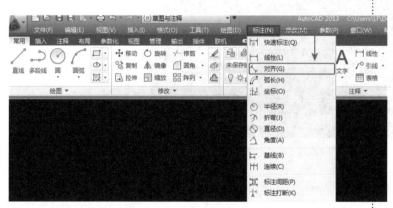

◀ 图5.2-20 菜单选择对齐标注

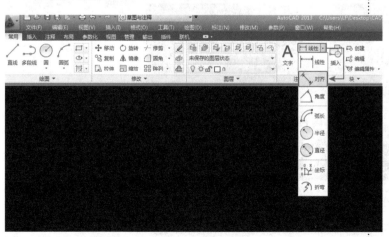

◀ 图5.2-21 工具栏选择对齐标注

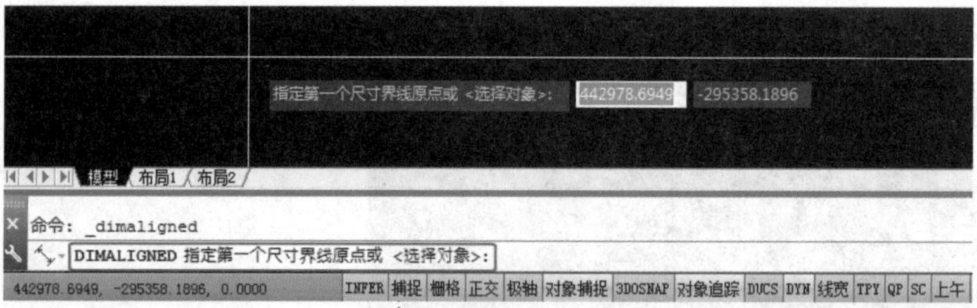

图 5.2-22 指定第一个尺寸界线原点

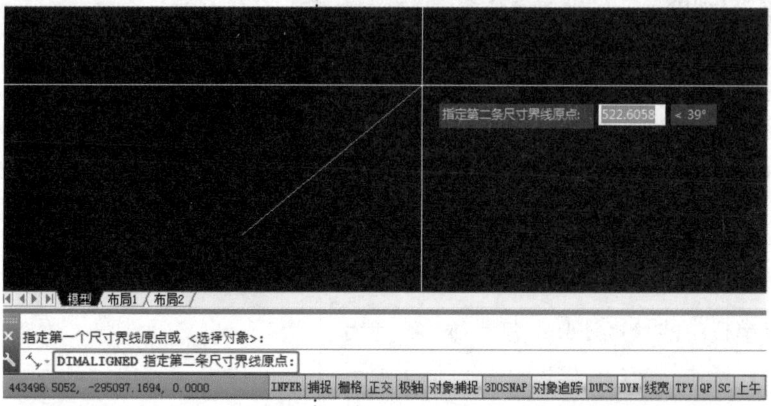

图 5.2-23 指定第二个尺寸界线原点

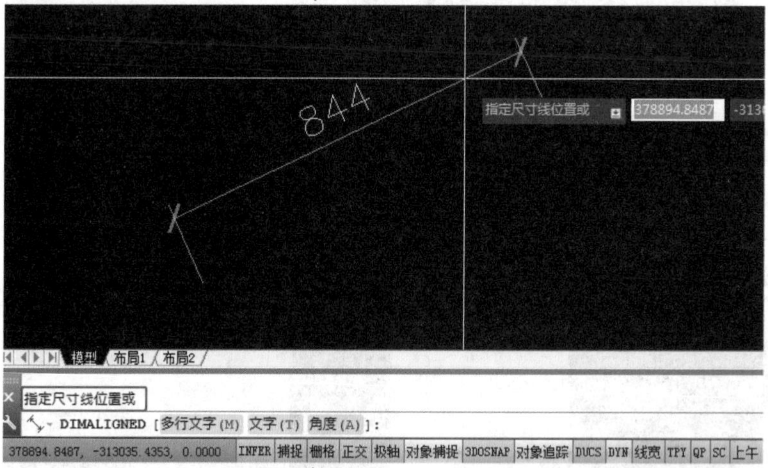

图 5.2-24 指定尺寸线位置

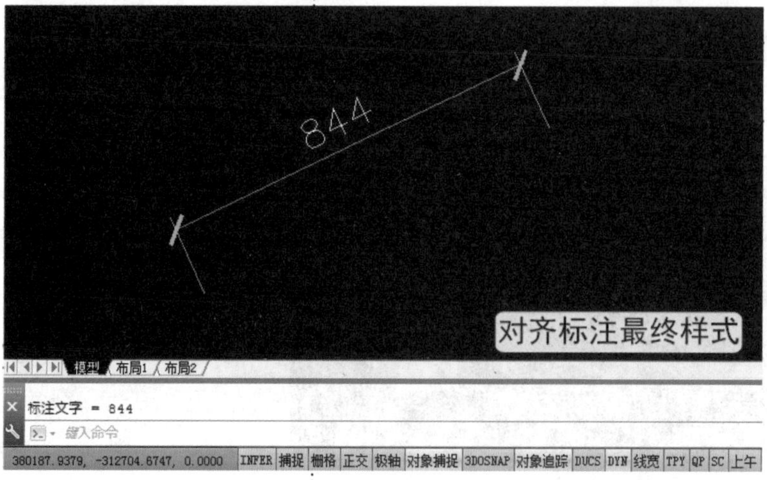

图 5.2-25 对齐标注最终样式

（02）点击菜单栏或者工具栏按钮后，命令提示行就会提示【DIMALIGNED指定第一个尺寸界线原点或 <选择对象>】，如图5.2-22所示。点击确定第一个原点位置后，命令提示行就会提示【DIMALIGNED指定第二条尺寸界线原点】，如图5.2-23所示。

（03）点击确定第二条尺寸界线原点位置后，命令提示行就会提示【DIMALIGNED指定尺寸线位置或 [多行文字(M) 文字(T) 角度(A)]】，如图5.2-24所示。点击确认尺寸线位置后，对齐标注就绘制完成了，如图5.2-25所示。

（04）线性标注是对垂直或者水平的直线进行标注的标注样式，对齐标注对所有角度的直线进行标注的标注样式，所以线性标注是对齐标注的一种特殊样式。线性标注和对齐标注的区别如图5.2-26所示。

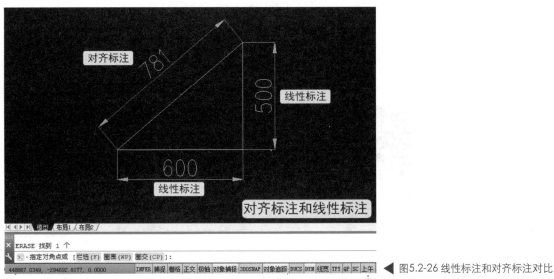

图5.2-26 线性标注和对齐标注对比

3.角度标注

(01)角度标注是用来标注角度尺寸的。点击菜单栏中的【标注】菜单选项，在弹出的下拉菜单中选择【角度】命令按钮，如图5.2-27所示。还可以点击【常用】选项卡【注释】工具栏的【角度】按钮，如图5.2-28所示。

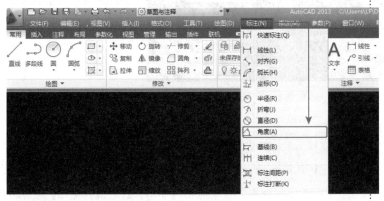

图5.2-27 菜单选择角度标注

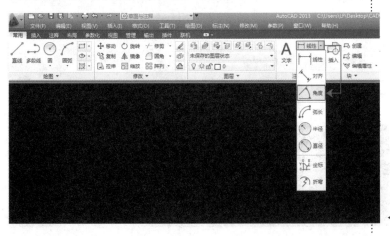

图5.2-28 工具栏选择角度标注

153

(02)点击菜单选项或者工具栏按钮后，命令提示行就会提示【DIMANGULAR 选择圆弧、圆、直线或 <指定顶点>】，如图5.2-29所示。鼠标点击选择需要标注的图形（标注的图形不一样，命令行提示也不一样）后，根据提示进行下一步的操作即可。

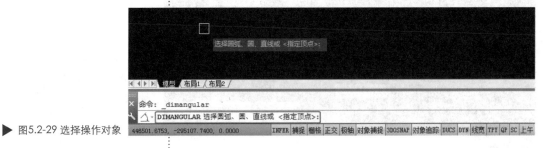

▶ 图5.2-29 选择操作对象

在命令行提示的选项中，【标注圆上某段圆弧的包含角】选项标注圆上某段圆弧的包含角。【标注圆弧的包含角】选项是用于标注圆弧的包含角尺寸。【标注两条不平行直线之间的夹角】选项是标注两条直线之间的夹角。【根据三个点标注角度】是选项则根据给定的三点标注出角度。【圆】、【圆弧】、【直线】和【三点】最终标注如图5.2-30所示。

图5.2-30 各种图形的度标注样式

4.直径标注

(01)直径标注为圆或圆弧标注直径尺寸。选择菜单栏中的【标注】菜单选项，在弹出的下拉菜单中选择【直径】命令按钮，如图5.2-31所示。或者点击【常用】选项卡【注释】工具栏中的【直径】按钮，如图5.2-32所示。

▶ 图5.2-31 菜单选择直径标注

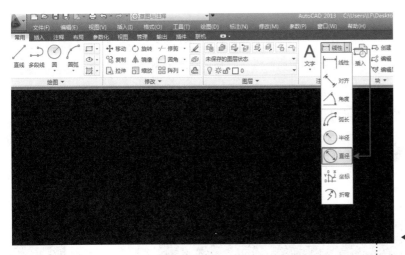

▼ 图5.2-32 工具栏选择直径标注

(02)点击菜单选项或者工具栏按钮后，命令提示后就会提示
【DIMDIAMETER 选择圆弧或圆】，如图5.2-33所示。点击需要标
注直径的圆或者圆弧后，命令提示行就会提示【DIMDIAMETER指
定尺寸线位置或 [多行文字(M) 文字(T) 角度(A)]】，根据命令行提
示点击确认尺寸线位置即可，如图5.2-34所示。

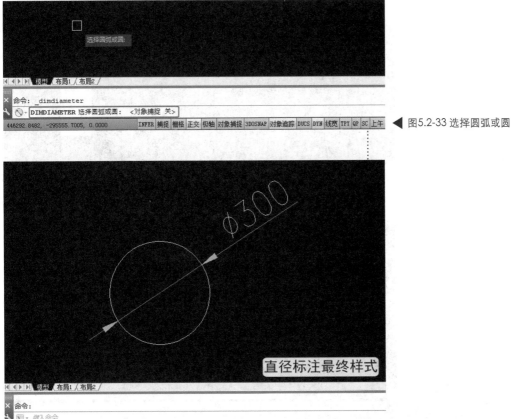

▼ 图5.2-33 选择圆弧或圆

▼ 图5.2-34 直径标注最终样式

5.半径标注

(01)半径标注为圆或圆弧标注半径尺寸。选择【菜单栏】中的【标注】菜单选项，在弹出的下拉菜单中选择【半径】命令按钮，如图5.2-35所示。或者点击【常用】选项卡【注释】工具栏中的【半径】按钮，如图5.2-36所示。

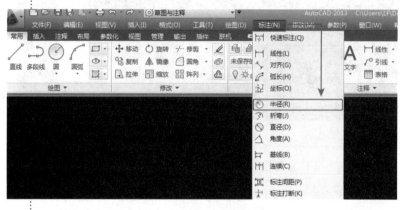

▶ 图5.2-35 菜单选择半径标注

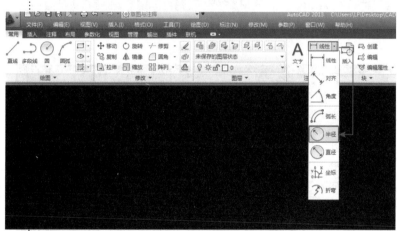

▶ 图5.2-36 工具栏选择半径标注

(02)点击菜单选项或者工具栏按钮后，命令提示后就会提示【DIMRADIUS 选择圆弧或圆】，如图5.2-37所示。

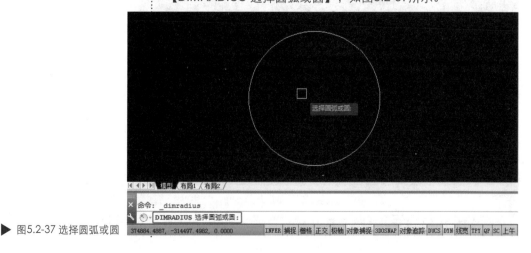

▶ 图5.2-37 选择圆弧或圆

点击需要标注半径的圆或者圆弧后，命令提示行就会提示【指定尺寸线位置或［多行文字(M) 文字(T) 角度(A)]】，如图5.2-38所示。最终根据命令行提示点击确认尺寸线位置即可。

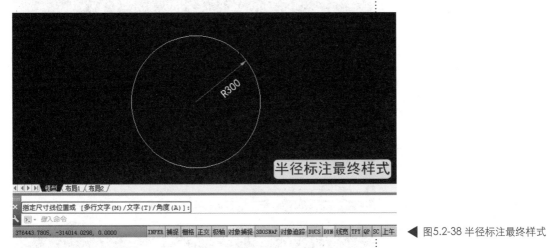

◀ 图5.2-38 半径标注最终样式

6.弧长标注

(01)弧长标注为圆弧标注长度尺寸。选择菜单栏中的【标注】菜单选项，在弹出的下拉菜单中选择【弧长】命令按钮，如图5.2-39所示。或者点击【常用】选项卡【注释】工具栏中的【弧长】按钮，如图5.2-40所示。

(02)点击菜单选项或者工具栏按钮后，命令提示后就会提示【DIMARC 选择弧线段或多段线圆弧段】，如图5.2-41所示。点击需要标注弧长的图形后，命令提示行就会提示【DIMARC 指定弧长标注位置或［多行文字(M) 文字(T) 角度(A) 部分(P) 引线(L)]】，最终根据命令行提示点击确认弧长标注的位置

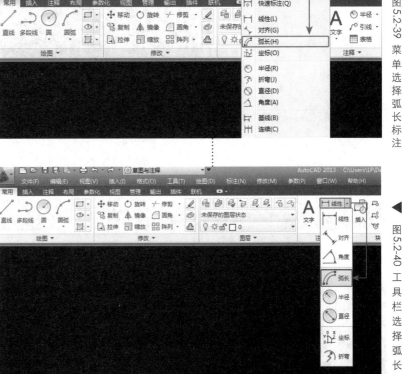

◀ 图5.2-39 菜单选择弧长标注

◀ 图5.2-40 工具栏选择弧长标注

即可。最终效果如图5.2-42所示。

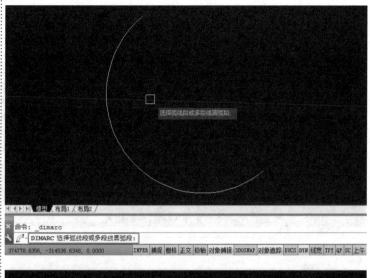

▶ 图5.2-41 选择对象

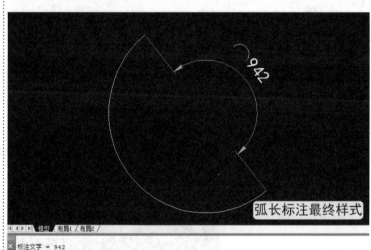

▶ 图5.2-42 弧长标注样式

7.折弯标注

(01)折弯标注为圆或圆弧创建折弯标注。选择菜单栏中的【标注】菜单选项，在弹出的下拉菜单中选择【折弯】命令按钮，如图5.2-43所示。或者点击【常用】选项卡【注释】工具栏中的【折弯】按钮，如图5.2-44所示。

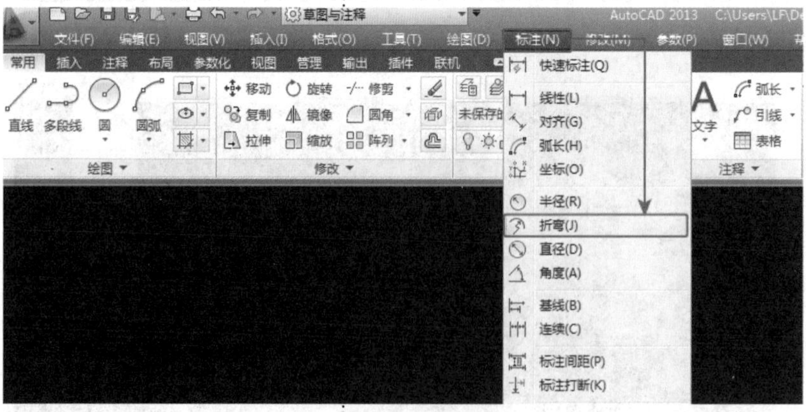

▶ 图5.2-43 菜单选择折弯标注

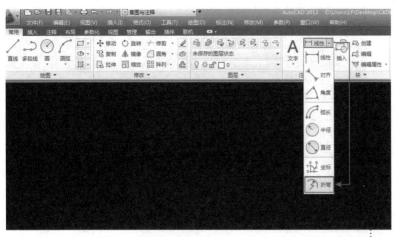

▶ 图5.2-44 工具栏选择折弯标注

(02)点击菜单选项或者工具栏按钮后，命令提示后就会提示

【DIMJOGGED 选择圆弧或圆】，如图5.2-45所示。点击需要标注的图形后，命令提示行就会提示【DIMJOGGED 指定图示中心位置】，如图5.2-46所示。

(03)鼠标在任意位置指定图示位置后，命令提示行就会提示【DIMJOGGED 指定尺寸线位置或[多行文字(M) 文字(T) 角度(A)]】，如图5.2-47所示。点击确认尺寸线位置后，命令提示行就会提示【DIMJOGGED 指定折弯位置】，如图5.2-48所示。

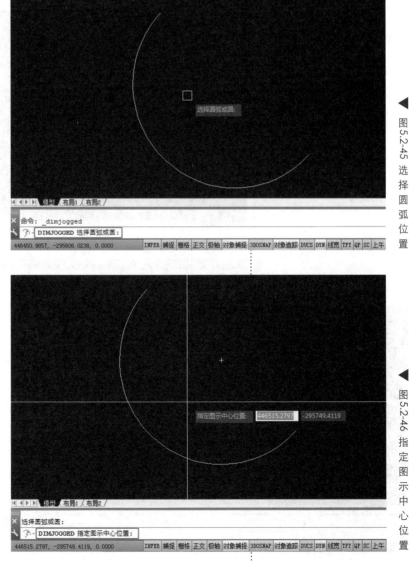

▶ 图5.2-45 选择圆弧位置

▶ 图5.2-46 指定图示中心位置

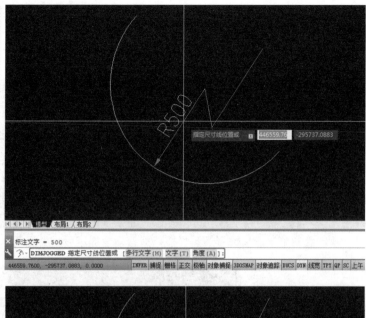

▶ 图5.2-47 指定尺寸线位置

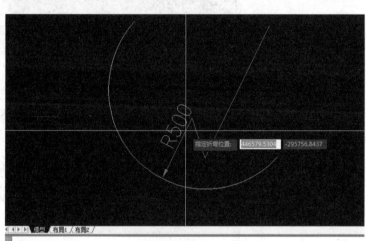

▶ 图5.2-48 指定折弯位置

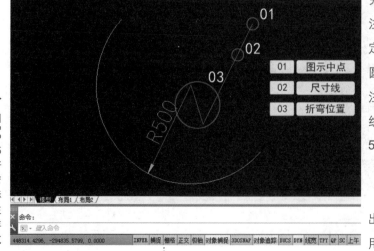

▶ 图5.2-49 折弯标注样式

(04)根据命令行提示指定折弯位置后，至此折弯标注绘制完毕。该标注方式与半径标注方法基本相同，但需要指定一个位置代替圆或圆弧的圆心。在绘制完成的折弯标注图形中，图示中点、尺寸线和折弯位置具体标示如图5.2-49所示。

8.连续标注

(01)连续标注是指在标注出的尺寸中，相邻两尺寸线共用同一条尺寸界线。它可以创建一系列端对端放置的标注，每个连续标注都从前一个标注的第二个尺寸界线处开始，如图5.2-50所示。制作连续标注的前提条件是在图形中至少存在一个线型标注样式，然后从线型标注的第二个尺寸界线开始进行连续标注。

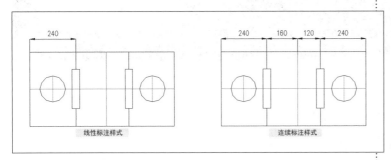

▲ 图5.2-50 连续标注样式

　　(02)创建线性标注样式。打开随书光盘【连续标注案例】文件。首先用线性标注标注出第一段线的标注样式，如图5.2-51所示。

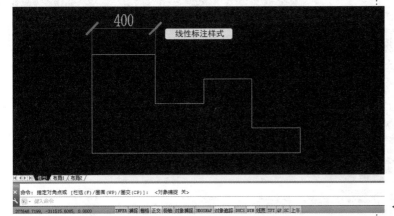

▲ 图5.2-51第一段线的线性标注

　　(03)选择菜单栏中的【标注】菜单选项，在弹出的下拉菜单中选择【连续】命令按钮，如图5.2-52所示。或者点击【注释】选项卡【标注】工具栏中的【连续】按钮，如图5.2-53所示。

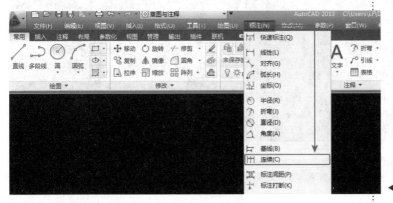

▲ 图5.2-52 菜单选择连续标注

▶ 图5.2-53 工具栏选择连续标注

(04)点击菜单选项或者工具栏按钮后，命令提示后就会提示【DIMCONTINUE 指定第二条尺寸界线原点或 [放弃(U) 选择(S)]】，如图5.2-54所示。在此命令提示下，依次对需要标注的线段进行连续标注操作，最后按Enter或者Space键确认，连续标注最终效果如图5.2-55所示。

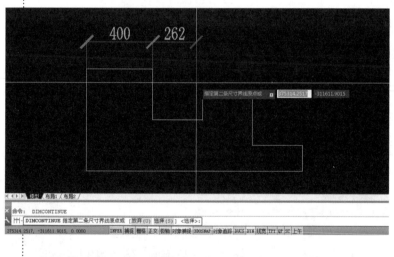

▶ 图5.2-54 指定第二条尺寸界线原点

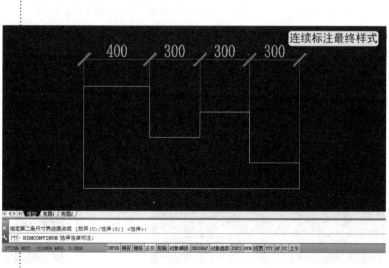

▶ 图5.2-55 连续标注最终样式

9.基线标注

(01)基线标注是指各尺寸线从同一条尺寸界线处引出。当以同一个面或线为基准，标注多个图形的位置或尺寸时，在先用【DLI=线性标注】、【DAL=对齐标注】、【DAN=角度标注】等标注完一个尺寸后，并以该标注为基准，再调用【基线标注】命令继续标注其他图形的位置或尺寸。效果如图5.2-56所示。

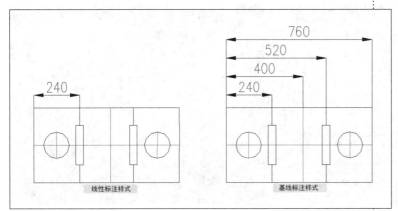

▶ 图5.2-56 基线标注样式

(02)打开随书光盘【连续标注案例】文件，用【线性标注】标注第一段线的标注样式。选择菜单栏中的【标注】菜单选项，在弹出的下拉菜单中选择【基线】命令按钮，如图5.2-57所示。或者点击【注释】选项卡【标注】工具栏中的【基线】按钮，如图5.2-58所示。

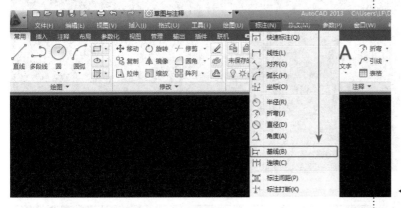

▶ 图5.2-57 菜单选择基线标注

▶ 图5.2-58 工具栏选择基线标注

(03)点击菜单选项或者工具栏按钮后，命令提示后就会提示【DIMBASELINE 指定第二条尺寸界线原点或 [放弃(U) 选择(S)]】，如图5.2-59所示。在此命令提示下，依次对需要标注的线段进行基线标注操作，最后按Enter键或Space键确认，基线标注最终效果如图5.2-60所示。

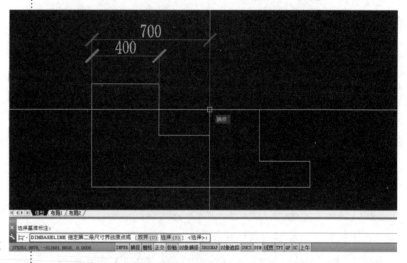

▶ 图5.2-59 指定基线界线原点

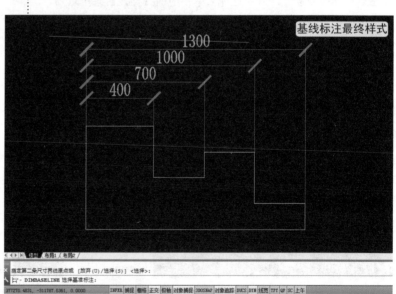

▶ 图5.2-60 基线标注最终样式

10.圆心标记

(01)圆心标记为圆或圆弧的圆心标记中心十字线。选择菜单栏中的【标注】菜单选项，在弹出的下拉菜单中选择【圆心标记】按钮，如图5.2-61所示。或者点击【注释】选项卡【标注】工具栏中的【圆心标记】命令按钮，如图5.2-62所示。

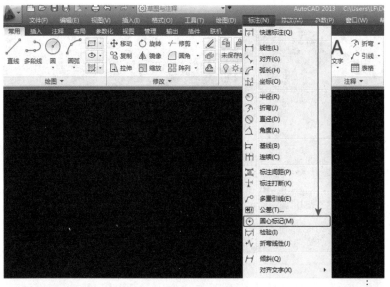

◀ 图5.2-61 菜单选择圆心标记

◀ 图5.2-62 工具栏选择圆心标记

(02)点击菜单选项或者工具栏按钮后，命令提示后就会提示【DIMCENTER 选择圆弧或圆】，如图5.2-63所示。点击选择需要【圆心标记】的图形，最终标记如图5.2-64所示。

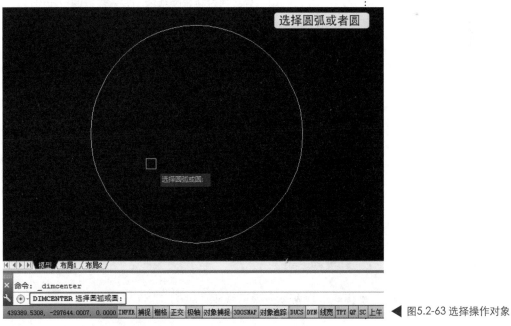

◀ 图5.2-63 选择操作对象

小结：在AutoCAD 2013中，尺寸标注是十分重要的知识点，同时也是初学者的一个难点。熟练掌握尺寸标注，需要对每种类型尺寸标注的功能和作用有一个比较熟悉的了解。在此基础上掌握尺寸标注的步骤和知识要点。

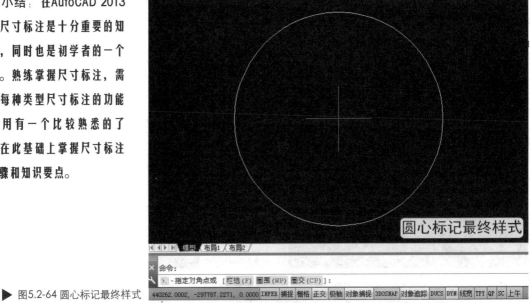

▶ 图5.2-64 圆心标记最终样式

5.2.4 引线标注类型

在AutoCAD 2013中，引线标注包含基本的快速引线标注和多重引线标注两种类型。利用【快速引线标注】命令可快速生成引线及注释，而且可以通过命令优化对话框进行用户自定义，由此可以消除不必要的命令提示，取得最高的工作效率。

1.快速引线标注样式

在AutoCAD 2013默认系统中，【快速引线标注】命令没有按钮和菜单选项，只能通过执行快捷键的方式进行调用和设置。

(01)调用【引线设置】对话框。执行快捷键LE+ Space操作，命令提示行就会提示【QLEADER 指定第一个引线或 [设置(S)]】，如图5.2-65所示。右击操作，在弹出的下拉菜单中选择【设置】按钮，就会弹出【引线设置】对话框，如图5.2-66所示。

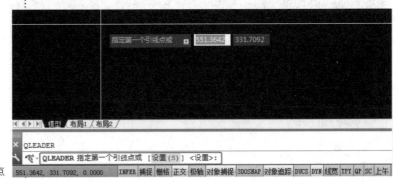

▶ 图5.2-65 指定第一个引线点

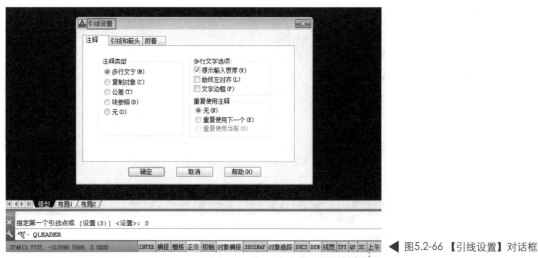

◀ 图5.2-66【引线设置】对话框

（02）【引线设置】对话框性能参数介绍。【引线设置】对话框可以用来创建引线和引线注释。在对话框中有【注释】、【引线和箭头】和【附着】三个选项卡。

【注释】选项卡。其参数面板如图5.2-67所示。【注释类型】选项组用来设置引线注释类型。【多行文字选项】选项组只有选定了多行文字注释类型时该选项才可用。【重复使用注释】选项组用来设置重新使用引线注释的选项。

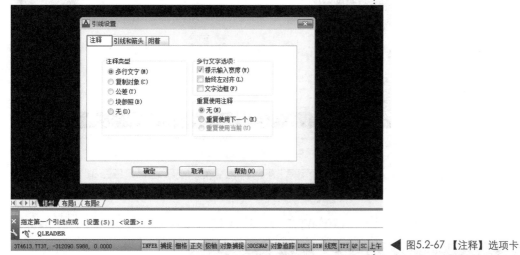

◀ 图5.2-67【注释】选项卡

【引线和箭头】选项卡。主要用于设置引线和箭头的样式等信息，如图5.2-68所示。【引线】选项组用来设置引线格式。【点数】选项组用来设置引线的点数，提示输入引线注释之前，QLEADER命令将提示指定这些点。【箭头】选项组用来定义引线箭头。【角度约束】选项组用来设置第一条与第二条引线的角度约束。

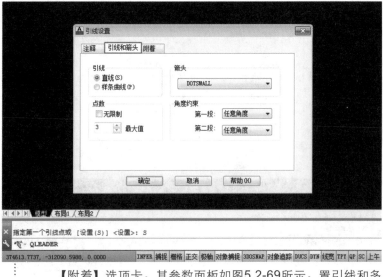

▶ 图5.2-68 【引线和箭头】选项卡

【附着】选项卡。其参数面板如图5.2-69所示。置引线和多行文字注释的附着位置。只有在【注释】选项卡中选中【多行文字】单选按钮时，此选项卡才可用。

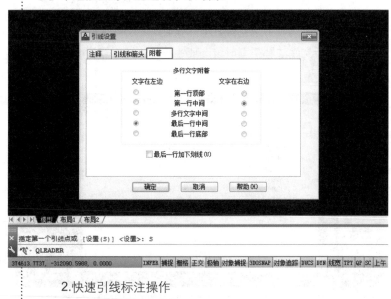

▶ 图5.2-69 【附着】选项卡

2.快速引线标注操作

(01)打开AutoCAD 2013软件，执行快捷键LE+ Space操作，命令提示行就会提示【QLEADER 指定第一个引线点或 [设置(S)]】，如图5.2-70所示。鼠标点击确定第一个引线点后，命令提示行就会提示【QLEADER 指定下一点】，如图5.2-71所示。

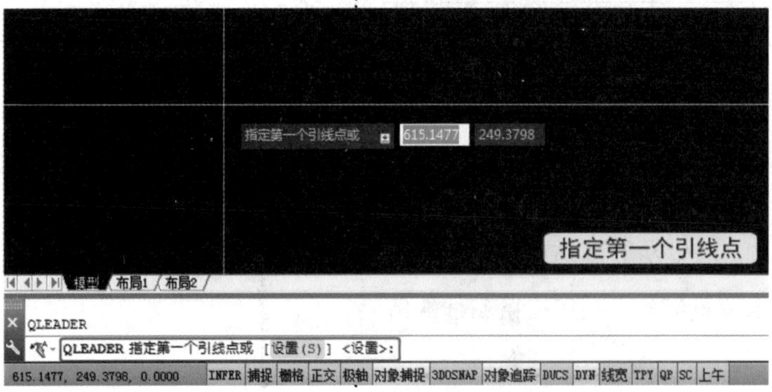

▶ 图5.2-70 指定第一个引线点

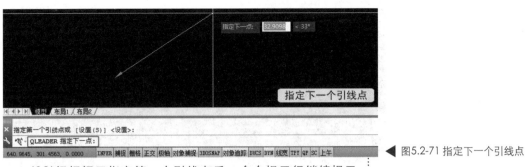

▶ 图5.2-71 指定下一个引线点

(02)根据提示指定第二个引线点后，命令提示行继续提示
【QLEADER 指定下一点】，如图5.2-72所示。继续点击确认第
三个引线点，命令提示行提示【QLEADER 指定文字宽度】，如
图5.2-73所示。

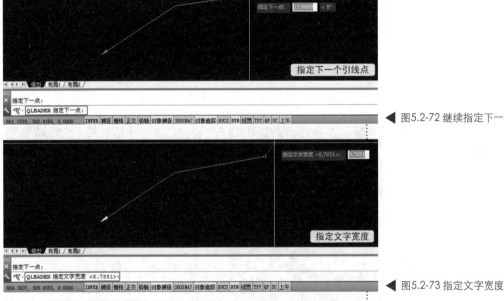

▶ 图5.2-72 继续指定下一个引线点

▶ 图5.2-73 指定文字宽度

(03)点击确认文字的宽度位置后，命令提示行就会提示
【QLEADER 输入注释文字的第一行 <多行文字(M)>】，在动态输入位
置输入文字，如图5.2-74所示。输入文本后按Enter键确认，命令提示行
就会提示【QLEADER 输入注释文字的下一行】，如图5.2-75所示。

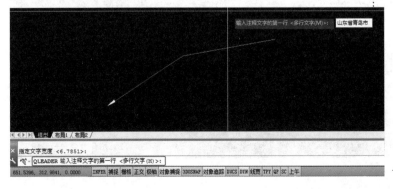

▶ 图5.2-74 输入第一行文字

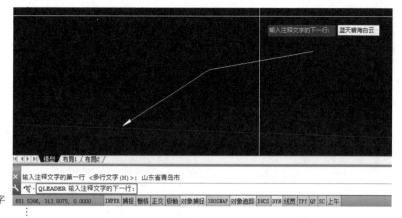

▶ 图5.2-75 输入第二行文字

(04)输入第二行文字后按Enter键确认，提示行继续提示
【QLEADER 输入注释文字的下一行】，根据提示可以继续输
入文字内容。输入完毕后按键盘Esc键结束引线标注命令，如图
5.2-76所示。如果需要修改已经注释的文本内容，双击文本内容
后AutoCAD 2013就会弹出【文字编辑器】对话框，对输入的内
容进行相应的设置即可，如图5.2-77所示。

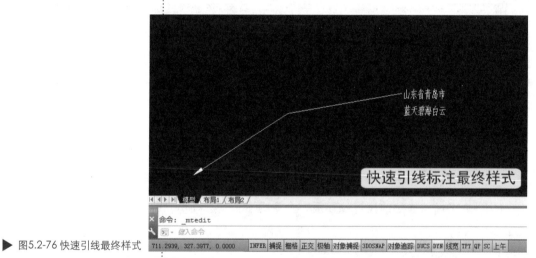

▶ 图5.2-76 快速引线最终样式

▶ 图5.2-77 文字编辑器

3.多重引线标注样式

(01)调用多重引线样式管理器。多重引线样式可以控制多重引线外观，指定基线、引线、箭头和内容的格式，还可以创建、修改和删除多重引线样式。选择菜单栏中的【格式】菜单选项，在弹出的下拉菜单中选择【多重引线样式】命令按钮，如图5.2-78所示。还可以点击【注释】选项卡【引线】工具栏中的【斜箭头】按钮，如图5.2-79所示。

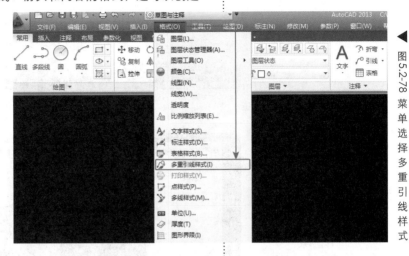

▶ 图 5.2-78 菜单选择多重引线样式

(02)【多重引线样式管理器】对话框。点击菜单选项或者工具栏按钮后，就会弹出【多重引线样式管理器】对话框，如图5.2-80所示。在对话框中，【当前多重引线样式】用来显示当前多重引线样式的名称。【样式】用来显示多重引线列表，当前样式会被高亮显示。【列出】用来其下拉列表框用于确定要在【样式】列表框中列出哪些多重引线样式。【预览】主要用于预览在【样式】列表框中所选中的多重引线样式的标注预览效果。【置为当前】主要将选中的多重引线样式设为当前样式。

【新建】主要用于创建新

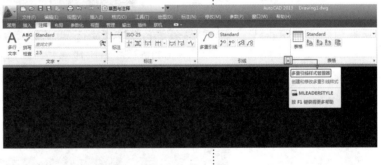

▶ 图 5.2-79 工具栏选择多重引线样式

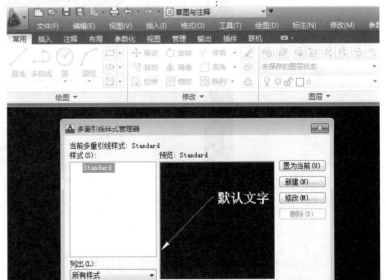

多重引线样式管理器

▶ 5.2-80 多重引线样式管理器

的多重引线样式。

(03)创建新多重引线样式。单击【新建】按钮，就会弹出【创建新多重引线样式】对话框，如图5.2-81所示。用户可以通过对话框中的【新样式名】文本框指定新样式的名称；通过【基础样式】下拉列表框选择用于创建新样式的基础样式。

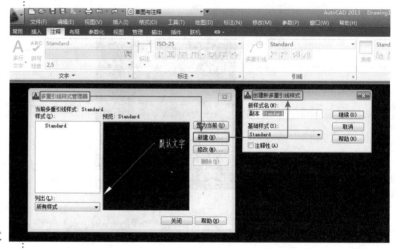

▶ 图5.2-81 创建新多重引线样式

(04)修改多重引线样式。确定新样式名称和相关设置后，单击【继续】按钮，AutoCAD 2013就会弹出【修改多重引线样式】对话框，如图5.2-82所示。对话框中有【引线格式】、【引线结构】和【内容】3个选项卡，下面依次介绍这些选项卡。

▶ 图5.2-82 【修改多重引线样式】对话框

【引线格式】选项卡。主要用于设置引线的格式，其参数面板如图5.2-83所示。【常规】选项组用于设置引线的外观。【箭头】选项组用于设置箭头的样式与大小。【引线打断】选项用于设置引线打断时的距离值。【预览框】用于预览对应的引线样式。

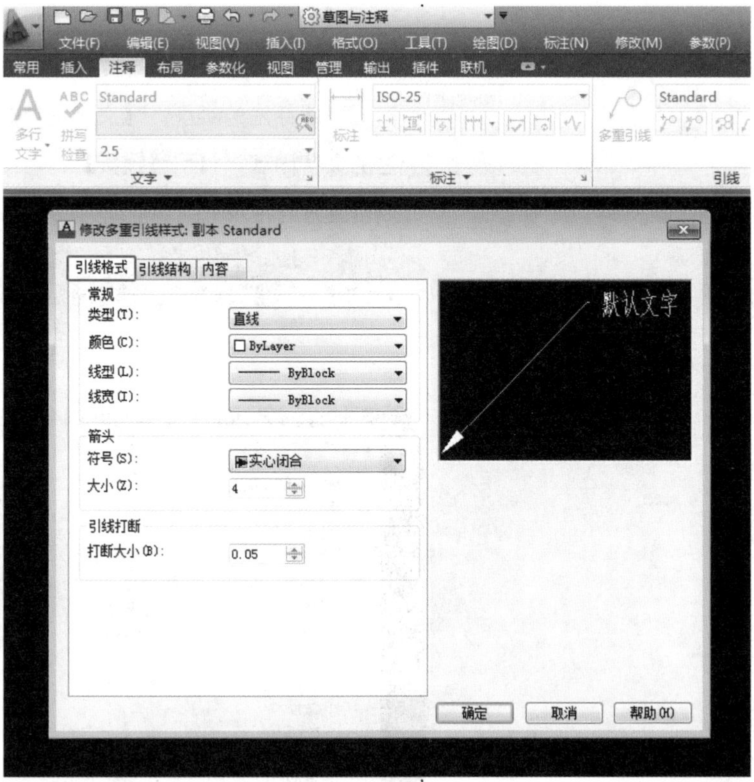

图 5.2-83 【引线格式】选项卡

【引线结构】选项卡。主要用于设置引线的结构，其参数面板如图5.2-84所示。【约束】选项组用于控制多重引线的结构。【基线设置】选项组用于设置多重引线中的基线。【比例】选项组用于设置多重引线标注的缩放关系。

图5.2-84 【引线结构】选项卡

【内容】选项卡。主要用于设置多重引线标注的内容，其参数面板如图5.2-85所示。【多重引线类型】下拉列表框用于设置多重引线标注的类型。【文字选项】选项组用于设置多重引线标注的文字内容。【引线连接】选项组一般用于设置标注出的对象沿垂直方向相对于引线基线的位置。

▶ 图5.2-85【内容】选项卡

4.多重引线标注操作

(01)选择菜单栏中的【标注】菜单选项，在弹出的下拉菜单中选择【多重引线】命令按钮，如图5.2-86所示。或者点击【常用】选项卡【注释】工具栏中的【多重引线】按钮，如图5.2-87所示。

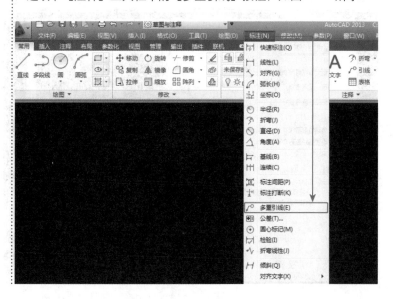

▶ 图5.2-86 菜单选择多重引线

◀ 图5.2-87 工具栏选择多重引线

(02)点击菜单选项和工具栏按钮后，命令提示行就会提示【MLEADER 指定引线箭头的位置或 [引线基线优先(L) 内容优先(C) 选项(O)]】，如图5.2-88所示。在命令提示选项中，【引线基线优先】和【内容优先】选项分别用于确定将首先确定引线基线的位置还是标注内容；【选项】用于多重引线标注的设置。

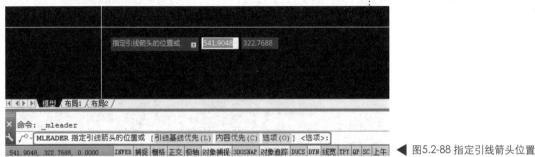

◀ 图5.2-88 指定引线箭头位置

(03)点击确定引线箭头位置后，命令提示行提示【MLEADER 指定引线基线的位置】，如图5.2-89所示。拖动鼠标确定引线基线位置后，命令提示行继续提示【MLEADER 指定引线基线的位置】，如图5.2-90所示。

(04)第二次确定指定基线位置后，在弹出的提示框内输入文本内容，最终在操作界面的任意位置处点击确认，最终效果如图5.2-91所示。如果修改文本内容，双击文本内容后

▲ 图5.2-89 指定引线基线位置

▲ 图5.2-90 确认基线位置

小结：引线标注的类型分为【快速引线标注】和【多重引线标注】，在室内设计图纸的绘制过程中，【快速引线标注】因为能够快速地对图形物体进行标注和注释，因此在实际的操作过程中使用比较频繁。

AutoCAD 2013就会弹出文字编辑器，在对话框内对文本内容进行相应的设置即可，如图5.2-92所示。

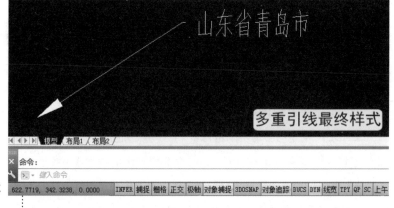

▶ 图5.2-91 多重引线最终样式

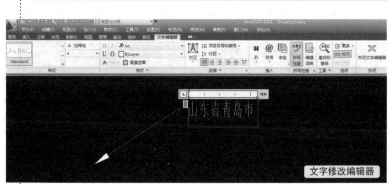

▶ 图5.2-92 文字编辑器

5.2.5 编辑标注对象

1.编辑标注

执行键盘快捷键DIMEDIT或者DED即可对已有标注进行编辑，按Enter或者Space键确认，就会弹出【输入标注编辑类型】对话框，如图5.2-93所示。【默认】选项会按默认位置和方向放置尺寸文字。【新建】选项用于修改尺寸文字。【旋转】选项可将尺寸文字旋转指定的角度。【倾斜】选项可使非角度标注的尺寸界线旋转一角度。

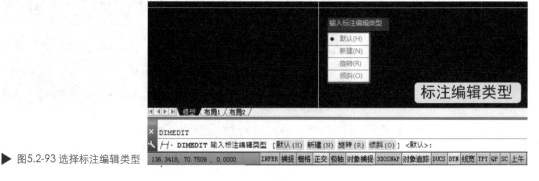

▶ 图5.2-93 选择标注编辑类型

2.编辑标注文字

(01)编辑文字内容。执行快捷键ED+ Space操作，命令提示行提示【DDEDIT 选择注释对象或 [放弃(U)]】，如图5.2-94所示。点击需要修改的文字对象，就会弹出文字编辑器，在对话框中对文字对象的属性进行相应的修改，如图5.2-95所示。

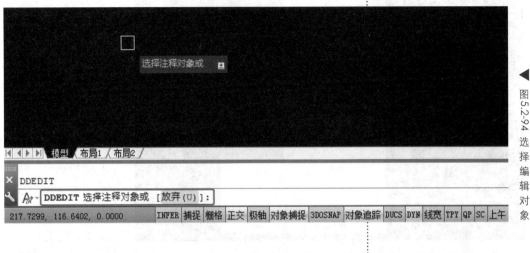

▲ 图5.2-94 选择编辑对象

▲ 图5.2-95 文字编辑器

（02）编辑文字位置。执行快捷键DIMTEDIT + Space操作，命令提示行提示【DIMTEDIT 选择标注】，提示后选择需要修改的文字即可，如图5.2-96所示。还可以点击菜单栏中的【标

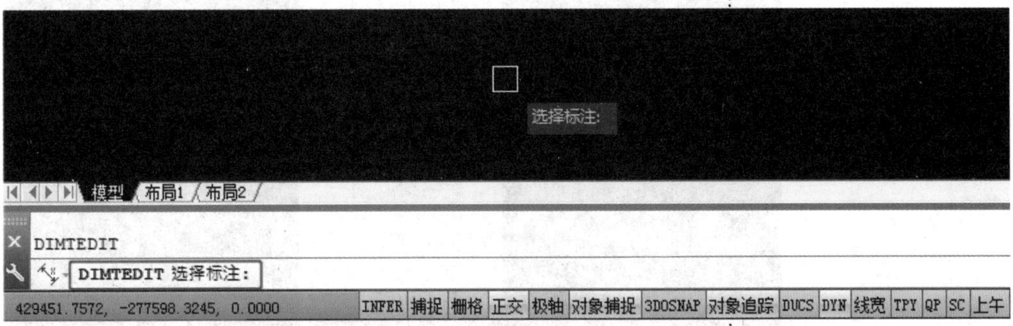

▲ 图5.2-96 选择操作对象

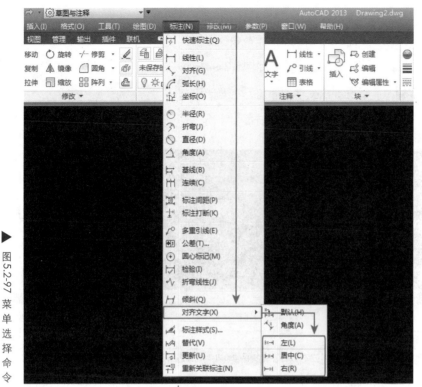

▶ 图5.2-97 菜单选择命令

注】菜单选项，在弹出的下拉菜单中选择【对齐文字】命令按钮，利用【对齐文字】里面的子命令对文字位置进行编辑，如图5.2-97所示。

3.替代标注、更新标注和重新关联标注

(01) 替代标注。选择菜单栏中的【标注】菜单选项，在弹出的下拉菜单中选择【替代】命令按钮，如图5.2-98所示。或者点击【注释】选项卡【标注】工具栏中的【替代】按钮，如图5.2-99所示。

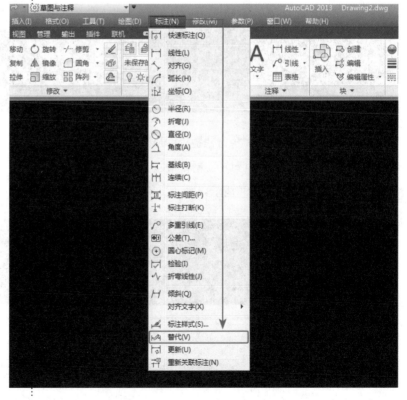

▶ 图5.2-98 菜单选择替代

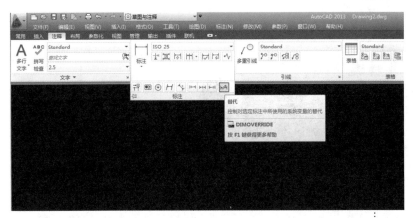

图5.2-99 工具栏选择替代

通常情况下，尺寸标注和标注样式是关联的，当标注样式修改后，尺寸标注会自动更新。但如果希望对新尺寸标注采用一些特殊设置，则可以创建替代标注样式，然后再进行标注。这样即使改变了标注样式，采用替代标注样式的尺寸样式也不会随之改变。

(02) 更新标注。选择菜单栏中的【标注】菜单选项，在弹出的下拉菜单中选择【更新】命令按钮，如图5.2-100所示。或点击【注释】选项卡【标注】工具栏中的【更新】按钮也可以更新标注，如图5.2-101所示。

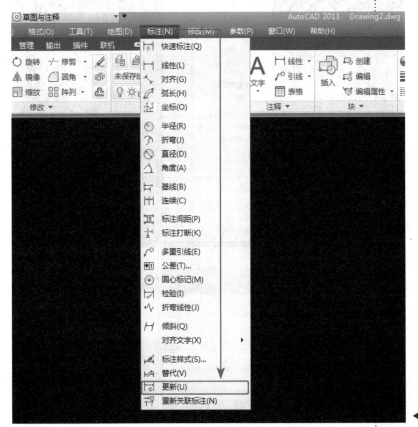

图5.2-100 菜单选择更新

▶ 图5.2-101 工具栏选择更新

(03) 重新关联标注。选择菜单栏中的【标注】菜单选项，在弹出的下拉菜单中选择【重新关联标注】命令按钮，如图5.2-102所示。或者点击【注释】选项卡【标注】工具栏中的【重新关联】按钮，如图5.2-103所示。

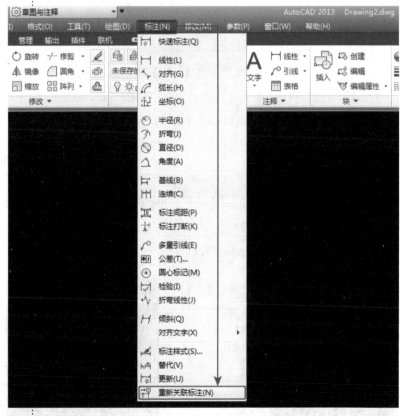

▶ 图5.2-102 菜单选择关联标注

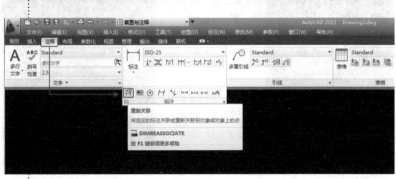

▶ 图5.2-103 工具栏选择关联标注

尺寸关联是指所标注尺寸与被标注对象有关联关系。如果标注的尺寸值是按自动测量值标注，且尺寸标注是按尺寸关联模式标注的，那么改变被标注对象的大小后相应的标注尺寸也将发生改变。

小结：在图形的操作过程中，经常会遇到需要修改标注样式或者文字内容的情况，可以通过快捷键或者工具按钮来进行修改，也可以通过【标注样式管理器】对话框对其进行修改。修改的过程中，通过【替代】和【关联】对修改的内容进行实时的观察和操作。

本章小结：

本章介绍了AutoCAD 2013的标注文字功能、表格功能和标注尺寸功能。

文字是工程图中必不可少的内容。AutoCAD 2013提供了用于标注文字的DTEXT命令和MTEXT命令。通过前面的介绍可以看出，由MTEXT命令引出的在位文字编辑器与一般文字编辑器有相似之处，不仅可用于输入要标注的文字，而且还可以方便地进行各种标注设置、插入特殊符号等，同时还能够随时设置所标注文字的格式，不再受当前文字样式的限制。因此，建议读者尽可能用MTEXT命令标注文字。

利用AutoCAD 2013的表格功能。用户可以基于已有的表格样式，通过指定表格的相关参数(如行数、列数等)将表格插入到图形中；可以通过快捷菜单编辑表格。同样，插入表格时，如果当前已有的表格样式不符合要求，则应首先定义表格样式。

与标注文字一样，如果AutoCAD提供的尺寸标注样式不满足标注要求，那么在标注尺寸之前，应首先设置标注样式。当以某一样式标注尺寸时，应将该样式置为当前样式。AutoCAD将尺寸标注分为线性标注、对齐标注、直径标注、半径标注、连续标注、基线标注和引线标注等多种类型。标注尺寸时，首先应清楚要标注尺寸的类型，然后执行对应的命令，再根据提示操作即可。

第六章

AutoCAD 2013
视图控制、精确绘图与块

6.1 AutoCAD 2013的图形控制

🔺 6.1.1 AutoCAD 2013的图形显示缩放

图形显示缩放只是将AutoCAD 2013图形界面中的对象放大或缩小其视觉尺寸，它只是更改了视图的显示比例。就像用放大镜或缩小镜(如果有的话)观看图形一样，从而可以放大图形的局部细节，或缩小图形观看全貌。执行显示缩放后，对象的实际尺寸仍保持不变。 在AutoCAD 2013的操作过程中，启动视图显示缩放的方法有以下几种。

1.执行快捷键实现缩放

执行快捷键ZOOM或者Z命令后按键盘Enter或者Space键确认，如图6.1-01所示。命令提示行就会提示【ZOOM ［全部(A) 中心(C) 动态(D) 范围(E)上一个(P) 比例(S) 窗口(W) 对象(O)]】，根据提示选择相应选项并按Enter或者Space键确认即可，如图6.1-02所示。

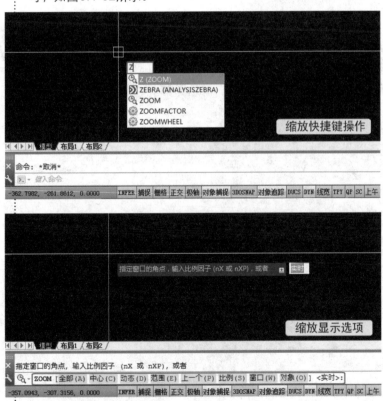

▶ 图6.1-01 缩放快捷键

▶ 图6.1-02 输入选项显示

2.利用菜单栏实现缩放

AutoCAD 2013提供了用于实现缩放操作的菜单命令按钮，利用它可以快速执行缩放操作。点击菜单栏中的【视图】菜单选项，在弹出的下拉菜单中选择【缩放】命令按钮，在其子菜单中显示了各种缩放类型的命令选项。如图6.1-03所示。

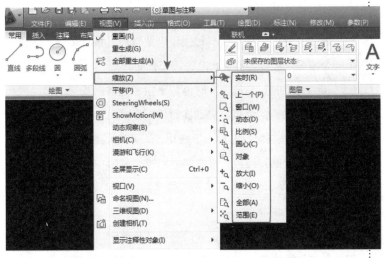

▲ 图6.1-03 菜单选择缩放

3.利用工具栏实现缩放

点击【视图】选项卡【二维导航】工具栏中【范围】按钮右侧的下拉箭头，在弹出的下拉菜单中选择相应的命令选项，如图6.1-04所示。

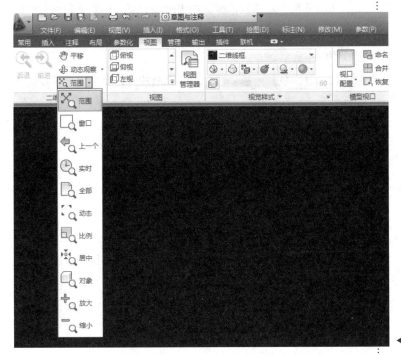

▲ 图6.1-04 工具栏选择缩放

(01)【范围】缩放：系统将尽可能大地显示当前绘图区域中的所有对象。与全部缩放模式不同的是，范围缩放使用的显示边界只是图形范围而不是图形界限。

(02)【窗口】缩放：如果要查看特定区域内的图形，可采用窗口缩放，即通过指定边界来放大显示区域。

(03)缩放【上一个】：此选项只显示在ZOOM命令的提示中和标准工具栏中，缩放工具栏上没有此选项。该选项缩放以显示上一个视图．最多可恢复此前的10个视图。

(04)【实时】缩放：实时缩放是指通过向上或向下移动鼠标对视图进行动态的缩放。启动实时缩放模式后，十字光标将变成"x"之后，按住鼠标左键上下拖动，即可放大或缩小视图。

(05)【全部】缩放：系统将显示整个图形中的所有对象。在平面视图中，AutoCAD 将图形缩放到图形界限或当前图形范围两者中较大的区域中。

(06)【动态】缩放：进入动态缩放模式时，绘图区域中将出现颜色不同的线框，其中蓝色的虚线框表示图纸边界。

(07)【比例】缩放：以一定的比例来缩放视图。它要求用户输入一个数字作为缩放的比例因子，该比例因子适用于整个图形。

(08)【居中】缩放：在图形中指定一点，然后指定一个缩放比例因子或者指定高度值来显示一个新视图，而选择的点作为该新视图的中心点。

(09)【对象】缩放：选择该模式缩放时，命令提示行就会提示选择需要缩放的物体，然后点击此物体即可完成缩放操作。

(10)【放大】缩放：系统将整个视图放大1倍，即默认比例因子为2。

(11)【缩小】缩放：系统将整个视图缩小1倍，即默认比例因子为0.5。

6.1.2 AutoCAD 2013的图形显示移动

图形显示移动是指移动整个图形，就像是移动整个图纸以便使图纸的特定部分显示在绘图窗口。执行显示移动后，图形相对于图纸的实际位置并不发生变化。在编辑对象时，如果当前视口中不能全部显示图形，可以适当平移视图。

1.执行快捷键实现移动

打开AutoCAD 2013软件后，按键盘快捷键PAN，如图6.1-05所示。按键盘Enter或者Space键确认，屏幕上的鼠标形态就转化为手样式，同时命令提示行提示按Esc 或 Enter 键退出，或单击

小结：再用AutoCAD 2013设计图纸时，缩放命令的使用次数非常多而且频繁。在图纸绘制的过程中，因为要从图库中调用各种家具的CAD文件，所以就可能造成图纸界面中CAD文件摆放比较乱，可以用缩放命令观察整张图纸以正确操作。

右键显示快捷菜单，如图6.1-06所示。

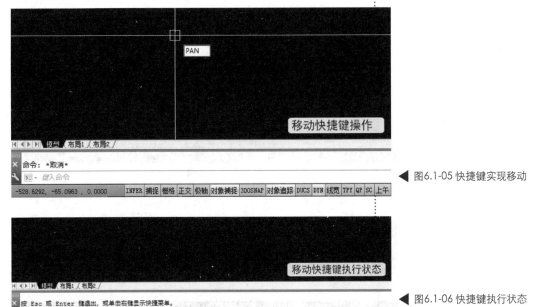

◀ 图6.1-05 快捷键实现移动

◀ 图6.1-06 快捷键执行状态

2.利用菜单栏实现移动

AutoCAD 2013提供了用于实现移动操作的菜单命令按钮。点击菜单栏中【视图】菜单选项，在弹出的下拉菜单中选择【平移】命令按钮，选择后就会显示平移子菜单中的相应命令选项。如图6.1-07所示。

(01)【实时】移动：在该模式下，光标变成一只小手形状后，按住鼠标左键进行拖动，窗口内的图形就可以按光标移动的方向移动。

(02)【点】移动：该模式通过指定基点和位移值来移动视图。

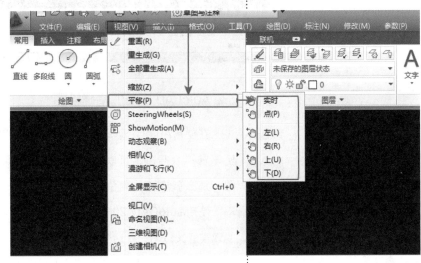

▲ 图6.1-07 菜单选择移动

(03)【左右上下】移动：选择【视图】菜单上【平移】子菜单中的【左】命令按钮，可使视图向左侧移动一定的距离，而执行其他的三个命令，可使视图向相应的方向移动固定的距离。

小结：在执行快捷键操作时，可以不用输入【平移】命令的快捷键全称，仅仅输入P确认即可。按Esc键或Enter键即可推出平移模式，用户可在绘图区域的任意位置右击确认。在弹出的快捷菜单中执行【退出】命令，也可以退出平移模式。

3.利用工具栏实现移动

点击【视图】选项卡【二维导航】工具栏中【平移】按钮，如图6.1-08所示。此时向某一方向拖动鼠标，就会使图形向该方向移动；按Esc键或Enter键可结束【平移】命令的执行；如果右击操作，AutoCAD 2013就会弹出快捷菜单供用户选择。如图6.1-09所示。

▶ 图6.1-08 工具栏选择移动

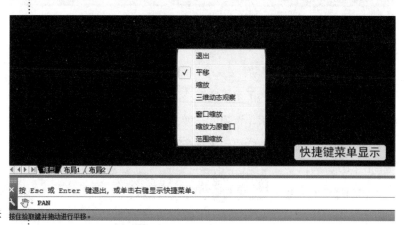

▶ 图6.1-09 快捷菜单显示

6.2 AutoCAD 2013的精确绘图

在使用AutoCAD 2013绘制项目图纸时，如果对图形尺寸比例要求不太严格，可以大致输入图形的尺寸。如果不是绘制草图，那么就应该使用快速精确绘图，以提高绘图的精确度和效率，使用AutoCAD 2013的精确绘图在实际项目操作中具有很强的现实意义。

精确绘图工具是指能够帮助用户快速准确地定位某些特殊点(如端点、中点、圆心等)和特殊位置(如水平位置、垂直位置等)的工具(如捕捉、栅格、正交、对象捕捉等)，这些工具都集中在AutoCAD 2013的状态栏位置处，如图6.2-01所示。

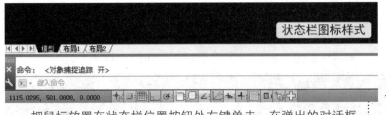

◀ 图6.2-01 状态栏图标样式

　　把鼠标放置在状态栏位置按钮处右键单击，在弹出的对话框中点击【使用图标】按钮，如图6.2-02所示。点击按钮后状态栏样式就由图标样式转化为文字样式了，如图6.2-03所示。

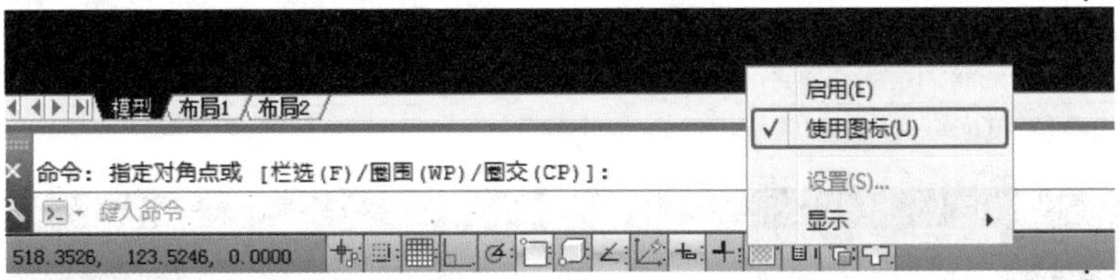

◀ 图6.2-02 菜单选择显示

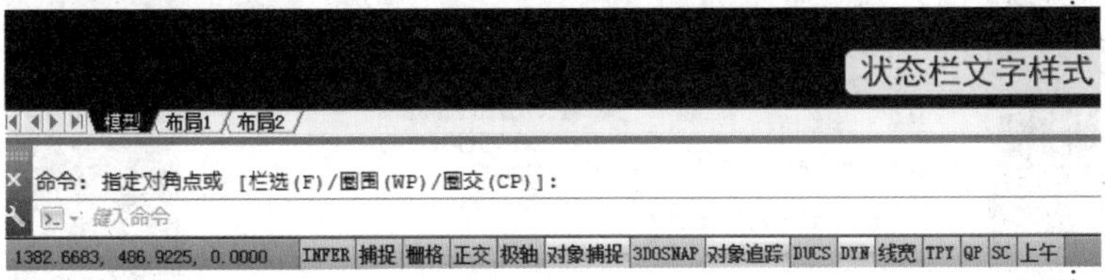

◀ 图6.2-03 状态栏文字样式

6.2.1 栅格捕捉和栅格显示

　　1.栅格捕捉和栅格显示介绍

　　【栅格捕捉】：使光标在绘图窗口按指定的步距移动，就像在绘图屏幕上隐含分布着按指定行间距和列间距排列的栅格点，这些栅格点对光标有吸附作用，即能够捕捉光标，使光标只能落在由这些点确定的位置上，从而使光标只能按指定的步距移动。

　　【栅格显示】：在屏幕上显示分布一些按指定行间距和列间距排列的栅格点，就像在屏幕上铺了一张坐标纸。用户可根据需要设置是否启用栅格捕捉和栅格显示功能，还可以设置对应的间距。

　　2.栅格捕捉和栅格显示设置

　　(01)栅格捕捉和栅格显示的开启和关闭。在状态栏位置处，单击【捕捉】和【栅格】按钮，使之处于按下状态即打开【栅格捕捉】和【栅格显示】功能。如果按钮已经处于开启状态，单击按钮就可以关闭【栅格捕捉】和【栅格显示】。如图6.2-04所示为开启命令状态。

▲ 图6.2-04 开启栅格和捕捉

　　(02)栅格捕捉和栅格显示参数设置。把鼠标放置在状态栏

【栅格捕捉】或【栅格显示】位置处右击，在弹出的对话框中选择【设置】按钮，如图6.2-05所示。在弹出【草图设置】的对话框中切换到【捕捉和栅格】选项卡，如图6.2-06所示。

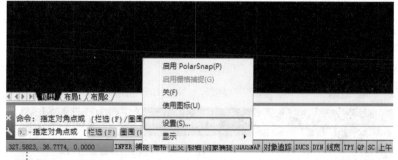

▶ 图6.2-05 选择【设置】按钮

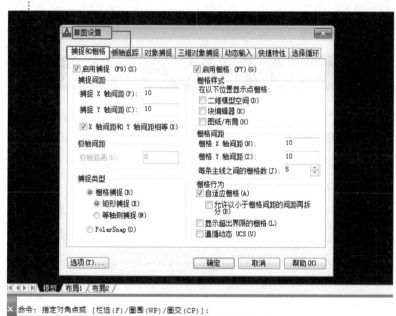

▶ 图6.2-06 【草图设置】对话框

小结：在操作过程中可以通过执行快捷键F9打开【栅格捕捉】，执行快捷键F7打开【栅格显示】。在调用【草图设置】对话框时，也可以通过选择菜单栏的【工具】菜单选项，在弹出的下拉菜单中选择【绘图设置】命令按钮调用。

在【捕捉和栅格】对话框中，【启用捕捉】和【启用栅格】复选框分别用于启用捕捉和栅格功能。【捕捉间距】和【栅格间距】选项组分别用于设置捕捉间距和栅格间距。用户可通过此对话框进行其他设置。

6.2.2 正交模式和极轴追踪

1.AutoCAD 2013的正交模式

(01)正交模式的概念和意义。在创建或移动图形对象时，使用正交模式可以将光标限制在水平或垂直轴上。当打开正交模式时，通常不管鼠标放在什么位置，只能向水平垂直的方向绘制直线或者移动图形。当关闭正交模式时，绘制的直线或者移动的图形就可以360角度操作。

（02）正交模式的开启和关闭。点击状态栏位置的【正交模式】按钮就可以打开或者关闭正交命令，如图6.2-07所示。也可以通过执行快捷键F8打开或关闭正交命令。

▲ 图6.2-07 开启正交模式

利用正交功能，用户可以方便的绘制与当前坐标系统的X轴或Y轴平行的线段(对于二维绘图而言，就是水平线或垂直线)。如图6.2-08所示为正交模式开启的状态下复制对象；如图6.2-09所示为正交模式关闭的状态下复制对象。

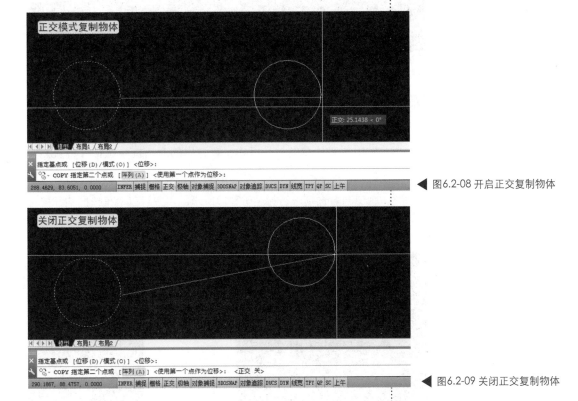

▲ 图6.2-08 开启正交复制物体

▲ 图6.2-09 关闭正交复制物体

2.AutoCAD 2013的极轴追踪

(01)极轴追踪的概念。当AutoCAD 2013提示用户指定点的位置时(如指定直线的另一端点)，拖动光标使其接近预先设定的方

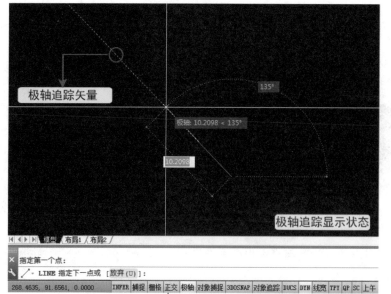

向(即极轴追踪方向)。操作时会自动将橡皮筋线吸附到该方向，同时沿该方向显示极轴追踪矢量，并浮出一小标签，如图6.2-10所示。

(02)极轴追踪的开启与关闭。点击AutoCAD 2013状态栏位置的【极轴】按钮，就可以开启或者关闭【极轴追踪】功能，另外也可以通过执行快捷键F10开启或关闭

▶ 图6.2-10 极轴追踪显示

【极轴追踪】按钮，如图6.2-11所示。

▶ 图6.2-11 开启极轴追踪

(03)极轴追踪性能参数设置。把鼠标放置在状态栏【极轴】按钮位置处右键单击操作，在弹出的对话框中选择【设置】按钮，如图6.2-12所示。在弹出的【草图设置】对话框中选择【极轴追踪】选项卡，如图6.2-13所示。用户可以根据绘图的需要设置相关参数即可。

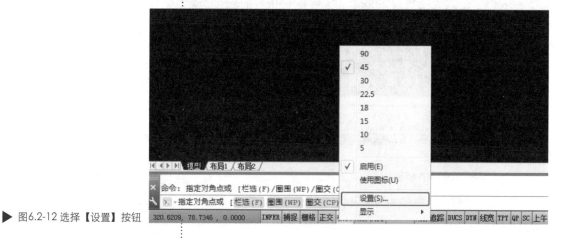

▶ 图6.2-12 选择【设置】按钮

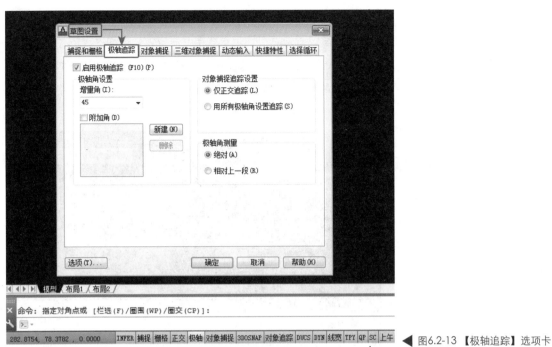

◀ 图6.2-13 【极轴追踪】选项卡

(04)极轴追踪应用操作。根据【极轴追踪】的命令特点，在AutoCAD 2013的操作界面中绘制一条与X轴成30度夹角，且长度为1000mm的直线。

设置增量角度。在弹出的【草图设置】对话框中切换到【极轴追踪】选项卡，选中【启用极轴追踪】复选框，并设置其【增量角】为30度角参数，如图6.2-14所示。

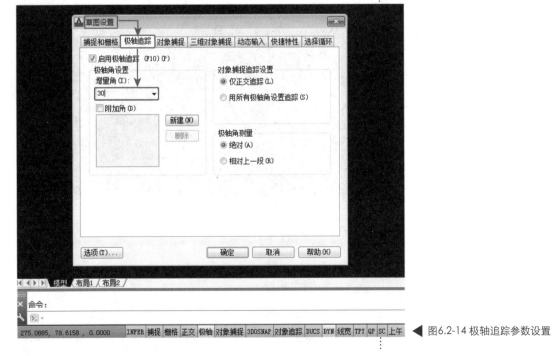

◀ 图6.2-14 极轴追踪参数设置

极轴界面显示特点。通过执行【直线(L)】命令，在图形界面的任意位置处点击确定直线第一点位置。拖动鼠标进行移动，当光标跨过0度角或者30度角时，AutoCAD 2013将显示对齐路径和增量角度提示，如图6.2-15所示。虚线代表的是对齐路径，蓝色实底显示的是增量角度提示。

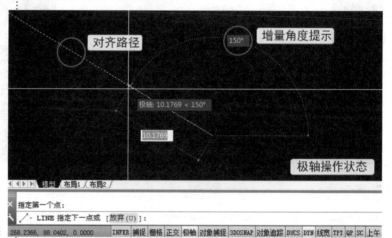

▶ 图6.2-15 极轴操作状态

小结：在实际图纸绘制过程中，可以设置任意角度的增量角，也就是说可以用极轴追踪的方法绘制任意角度的斜线。而正交模式只能绘制水平和垂直的线。极轴和正交只能选择其中的一个功能打开，在绘制户型图纸时常用正交模式。

绘制直线。当显示极轴追踪矢量时，输入线段的长度1000mm并按Enter确认，效果如图6.2-16所示。AutoCAD 2013就在屏幕上绘制出了与【X轴】方向成30度角且长度为1000mm的一段直线。当光标从该角度移开时，对齐路径和工具栏提示消失。

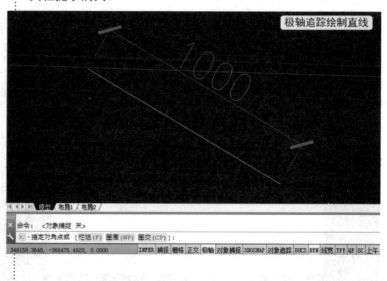

▶ 图6.2-16 绘制直线

6.2.3 对象捕捉

1.对象捕捉的概念

对象捕捉可称为对象自动捕捉，又称为隐含对象捕捉。对象捕捉是指鼠标等定点设备在屏幕上取点时，精确地将指定点放置到对象确切的特征几何位置处。利用自动捕捉功能，可以快速、准确地捕捉到某些特殊点位置(如端点、中点、交点、圆心等)，从而精确地绘制图形。

2.对象捕捉的开启和关闭

点击AutoCAD 2013状态栏位置的【对象捕捉】按钮，就可以开启或者关闭【对象捕捉】功能，另外也可以通过执行快捷键F3开启和关闭【对象捕捉】命令，如图6.2-17所示。

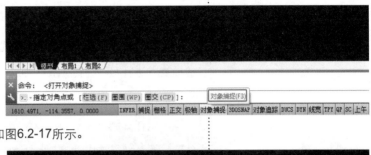

图6.2-17 开启对象捕捉

3.对象捕捉的参数设置

把鼠标放置到AutoCAD 2013状态栏【对象捕捉】按钮位置处右击操作，在弹出的菜单栏中选择【设置】按钮，如图6.2-18所示。在弹出的【草图设置】对话框中选择【对象捕捉】选项卡，并选中【启用对象捕捉】复选框即可，如图6.2-19所示。

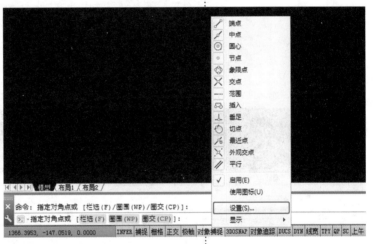

图6.2-18 选择【设置】按钮

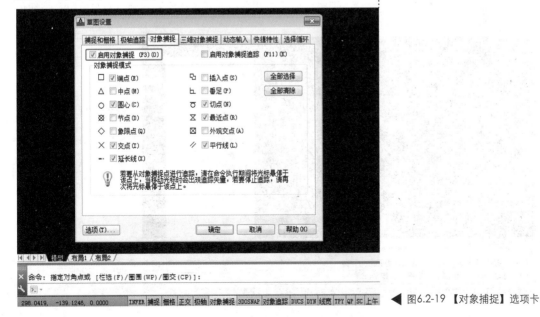

图6.2-19 【对象捕捉】选项卡

小结：若要从对象捕捉点进行追踪，将光标悬停于该点上，当移动光标时会出现追踪适量轴线。另外，还可以在图形界面的任意位置按住Shift键后右击，在弹出的菜单选项中对自动捕捉的类型进行选择设置。

利用【对象捕捉】选项卡设置默认捕捉模式并启用对象捕捉功能后，在绘图过程中每当AutoCAD 2013提示用户确定点时，如果使光标位于对应点的附近，AutoCAD 2013会自动捕捉到这些点。

6.2.4 对象捕捉追踪

1.对象捕捉追踪的概念

对象捕捉追踪是对象捕捉和极轴追踪的综合运用，即从对象的捕捉点进行极轴追踪。要使用【捕捉追踪】，必须首先打开对象捕捉功能并且设置一个或者多个对象捕捉模式。使用对象捕捉追踪可以捕捉到指定对象点以及指定角度线的延长线上的任意点位置。对象捕捉追踪必须配合对象捕捉和对象追踪一起使用，即同时打开状态栏上的【对象捕捉】和【对象追踪】按钮。

2.对象捕捉追踪的开启和关闭

点击状态栏位置的【对象追踪】按钮，就可以打开或者关闭对象追踪功能，如图6.2-20所示。另外还可以通过执行快捷键F11打开或者关闭对象追踪功能。

▶ 图6.2-20 开启对象追踪

3.对象捕捉追踪的参数设置

把鼠标放置在状态栏【对象捕捉】或者【对象追踪】按钮位置处右击，在弹出的菜单选项中选择【设置】按钮，如图6.2-21所示。在弹出的【草图设置】对话框中切换到【对象捕捉】选项卡，选中【启用对象捕捉追踪】复选框即可，如图6.2-22所示。

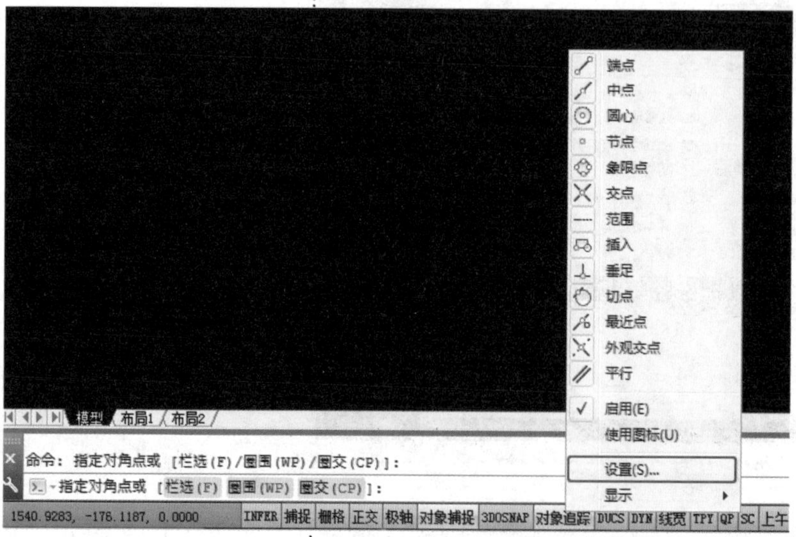

▶ 图6.2-21 选择设置按钮

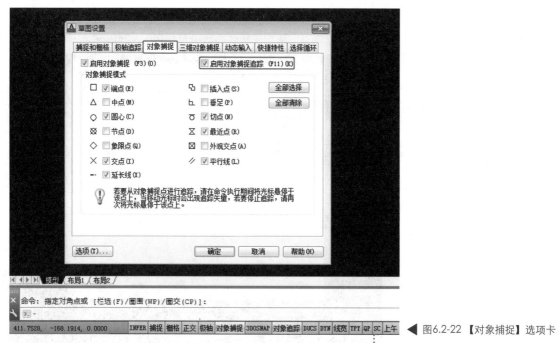

◀ 图6.2-22 【对象捕捉】选项卡

4.对象捕捉追踪应用操作

绘制一条水平线，两侧端点位置分别取名为1和2，利用AutoCAD 2013的对象捕捉和对象追踪功能绘制一条与水平线成45度夹角，且与端点1垂直相交点为止的垂直线段。

(01)选择命令按钮。通过上述绘制条件的要求分析，需要点击选择状态栏位置的【极轴】、【对象捕捉】和【对象追踪】功能选项，如图6.2-23所示。

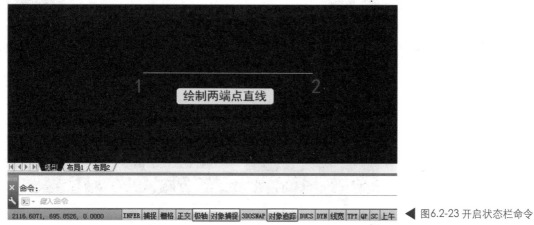

◀ 图6.2-23 开启状态栏命令

(02)极轴、对象捕捉和对象追踪参数设置。鼠标放置在状态栏【极轴】按钮位置处右击，在弹出的菜单选项中选择【设置】

按钮，在弹出的对话框中分别切换到【极轴追踪】和【对象捕捉】选项卡，相应面板的参数设置如图6.2-24所示。

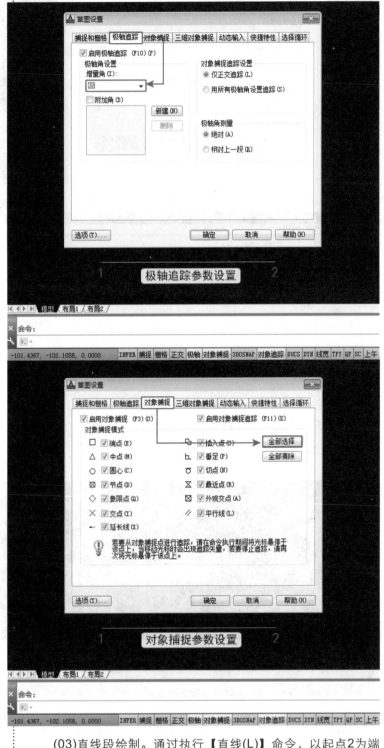

(03)直线段绘制。通过执行【直线(L)】命令，以起点2为端点绘制直线，将光标移动到端点2处获取该点，然后沿着垂直对齐

路径向上侧方向移动，直至出现极轴追踪矢量为止【极轴135，垂直端点90】，定位要绘制的直线端点3，如图6.2-25所示。

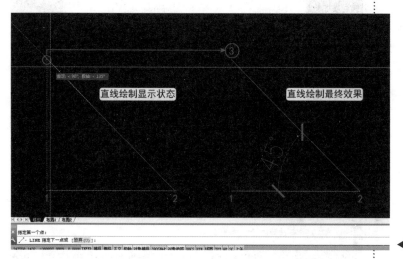

◀ 图6.2-25 绘制最终效果

小结：AutoCAD 2013中的自动追踪包括两种追踪选项：极轴追踪和对象捕捉追踪。可以通过状态栏上的【极轴】或【对象追踪】按钮打开或关闭自动追踪。这里需要注意的是必须设置对象捕捉，才能从对象的捕捉点进行追踪。

6.2.5 动态输入

1.动态输入功能介绍

动态输入可以使用户在指针位置处显示标注输入和命令行提示等信息。动态输入在光标附近提供了一个命令界面，以帮助用户专注于绘图区域。

2.动态输入的开启或者关闭

鼠标点击状态栏位置的DYN按钮，就可以打开或者关闭动态输入功能，如图6.2-26所示。另外还可以通过执行快捷键F12打开或者关闭该功能选项。

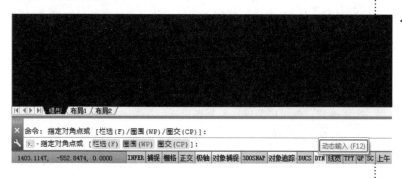
◀ 图6.2-26 开启动态输入

3.动态输入的参数设置

鼠标放置在状态栏DYN按钮位置处右击，在弹出的菜单选项中选择【设置】命令按钮，在弹出的对话框中切换到【动态输入】选项卡，如图6.2-27所示。在【动态输入】选项卡的参数界面中，可以进行相应参数的设置。

小结：【动态输入】最明显的显示样式就是十字光标位置处的输入框，动态显示输入的坐标值、长度值、角度值等，一般是操作过程中需要输入数值时用到。因为【动态输入】显示的是人机交互的信息，所以在操作图纸的过程中非常方便和快捷。

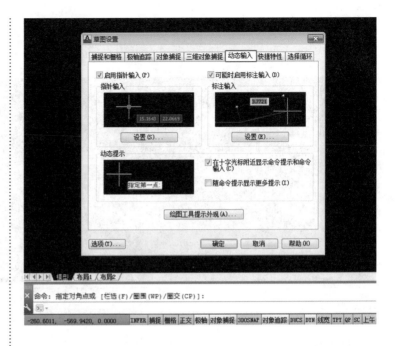

▶ 图6.2-27 【动态输入】选项卡

6.3 AutoCAD 2013块及属性

6.3.1 AutoCAD 2013块的基本概念和特点

1.块的基本概念

块是图形对象的集合，是一组对象的总称。通常用于绘制复杂、重复的图形。一旦将一组对象组合成块，就可以根据绘图需要将其插入到图中的任意指定位置，而且还可以按不同的比例和旋转角度插入。块是由多个图形对象组成的一个复杂集合。它的基本功能就是为了方便用户重复绘制相同图形，用户可以为所定义的块赋予一个名称，在同一文件中的不同地方方便地插入已定义好的块文件，并通过块上的基准点来确定块在图面上插入的位置。当块作为文件保存下来时，还可以在不同的文件中方便地插入。在插入块的同时可以对插入的块进行缩放和旋转操作，通过上述操作，就可以方便地反复使用同一个复杂图形。

2.块的基本特点

(01)便于创建图块库。如果把绘图过程中经常使用的图形定义成块并保存在磁盘上，就形成一个图块库。当需要某个图块时，把它插入图中，即可把复杂的图形变成几个简单拼凑而成的图块，避免了大量的重复工作，大大提高了绘图的效率和质量。

(02)节省磁盘空间。图形中的实体都有其特征参数，如图层、位置坐标、线型等。保存所绘制的图形，实质上是将图中所有的实体特征参数存储在磁盘上。当使用Copy命令复制多个图形时，图中所有特征参数都被复制了，因此会占用很大的磁盘空间。而利用插入块功能则既能满足工程图纸的要求，又能减少存储空间。

(03)便于修改图形。在工程项目中经常会遇到修改图形的情况，当块作为外部引用插入时，修改一个早已定义好的图块，AutoCAD就会自动地更新图中已经插入的所有该图块。

(04)便于携带属性。在绘制某些图形时，除了需要反复使用某个图形外，还需要对图形进行文字说明，而且说明还会有变化，如零件的表面粗糙度值、形位公差数值等。AutoCAD提供了属性功能来满足这一需要，即属性是从属于块的文字信息，它是块的一个组成部分。对于这些需要对图形进行文字说明的块，我们可以把它做成属性块。

6.3.2　AutoCAD 2013块操作

能否准确地建立一个块，是考验一名技术人员能否正确使用块的标准。正确地建立块，可以加快人们利用计算机绘图的速度。在绘图时，必须要有前瞻性，要能预见什么样的结构会重复出现。对于重复出现的结构，我们应该首先建立好块。在块的建立过程中，比较直观、方便的方法是利用对话框建立块。

1.如何创建块

(01)菜单栏选择创建块。点击菜单栏中【绘图】菜单选项，在弹出的下拉菜单中选择【块】子菜单中的【创建】按钮即可，如图6.3-01所示。

(02)工具栏选择创建块。点击【常用】选项卡【块】工具面板中的【创建】按钮，也可以在AutoCAD 2013中创建新的块，如图6.3-02所示。

小结：用AutoCAD 2013绘图的最大优点就是AutoCAD 2013具有库的功能且能重复使用图形的部件。利用AutoCAD 2013提供的块、写入块和插入块等操作就可以把用AutoCAD 2013绘制的图形作为一种资源保存起来，在一个图形文件或者不同的图形文件中重复使用。

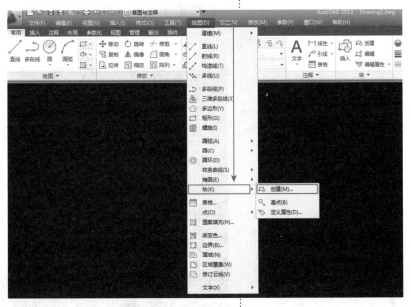

图6.3-01 菜单创建块

▲ 图6.3-02 工具栏创建块

(03)执行快捷键创建块。选择需要创建块的图形对象后，执行键盘快捷键B+ Space操作也可以创建新的块，如图6.3-03所示。

(04)【块定义】面板。通过菜单栏、工具栏和执行快捷键操作后，在AutoCAD 2013的图形界面中就会弹出【块定义】对话框，如图6.3-04所示。在【块定义】对话框中，【名称】文本框用于确定块的名称。【基点】选项组用于确定块的插入基点位置。【对象】选项组用于确定组成块的对象。

【设置】选项组用于进行相应设置。通过【块定义】对话框完成对应的设置后，单击【确定】按钮，即可完成块的创建。

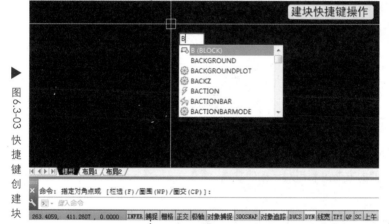

► 图 6.3-03 快捷键创建块

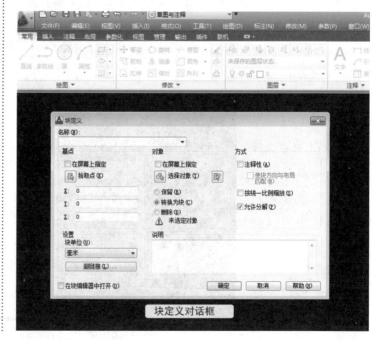

► 图6.3-04 【块定义】对话框

2.如何创建外部块

所谓的外部块即块的数据可以是以前定义的内部块，或是整个图形，或是选择的对象，它保存在独立的图形文件中，可以被所有图形文件所访问。执行快捷键WB后按Enter键确认，就会弹出【写块】对话框，如图6.3-05所示。

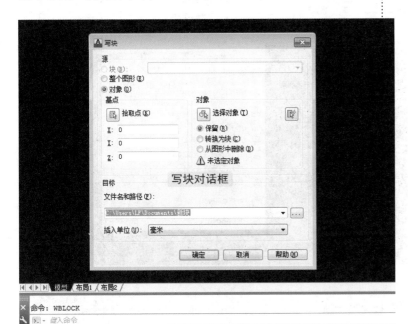

◀ 图6.3-05 【写块】对话框

在对话框中，【源】选项组用于确定组成块的对象来源。【基点】选项组用于确定块的插入基点位置；【对象】选项组用于确定组成块的对象。只有在【源】选项组中选中【对象】单选按钮后，这两个选项组才有效。【目标】选项组确定块的保存名称、保存位置。用WBLOCK命令创建块后，该块以.DWG格式保存，即以AutoCAD 2013图形文件格式保存。

3.如何插入块

当块保存在所指定的位置后，即可在其他文件中使用该图块了。图块的重复使用是通过插入图块的方式实现的。在AutoCAD 2013中最常用的插入图块的方式是用插入图块对话框，调出该对话框的方法有以下几种。

(01)菜单栏或工具栏插入块。点击菜单栏中的【插入】菜单选项，在弹出的下拉菜单中选择【块】命令按钮，如图6.3-06所示。点击【常用】选项卡【块】工具栏中的【插入】按钮，如图6.3-07所示。

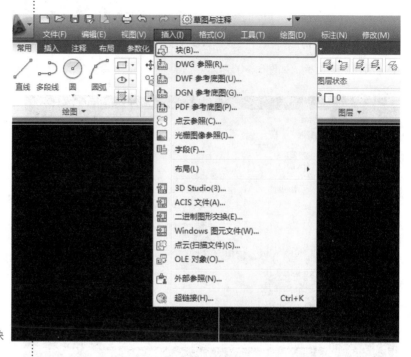

▶ 图6.3-06 菜单插入块

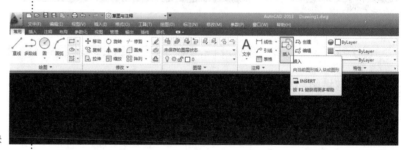

▶ 图6.3-07 工具栏插入块

(02)执行快捷键插入块。在AutoCAD 2013中执行键盘快捷键INSERT后按Enter或者Space键确认，如图6.3-08所示。

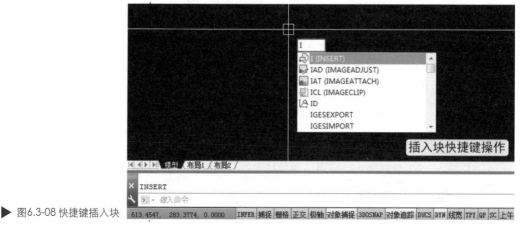

▶ 图6.3-08 快捷键插入块

(03)【插入】对话框参数面板。通过菜单栏、工具栏和执行快捷键后就会弹出【插入】对话框，如图6.3-09所示。【名称】下拉列表框确定要插入块或图形的名称。【插入点】选项组确定块在图形中的插入位置。【比例】选项组确定块的插入比例。【旋转】选项组确定块插入时的旋转角度。【块单位】文本框显示有关块单位的信息。

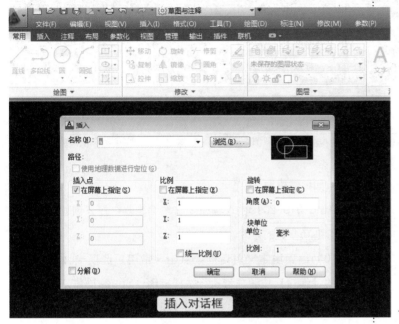

◀ 图6.3-09 【插入】对话框

(04)设置插入基点。前面曾介绍过，用WBLOCK命令创建的外部块以AutoCAD图形文件格式【.DWG格式】保存。实际上，用户可以用INSERT命令将AutoCAD图形文件插入到当前图形。

但是，当将某一图形文件以块的形式插入时，AutoCAD默认将图形的坐标原点作为块上的插入基点，这样往往会给绘图带来不便。为此，AutoCAD允许用户为图形重新指定插入基点。

点击菜单栏中的【绘图】菜单选项，在弹出的下拉菜单中选择【块】子菜单中的【基点】命令，如图6.3-10所示。另外还可以通过执行快捷键

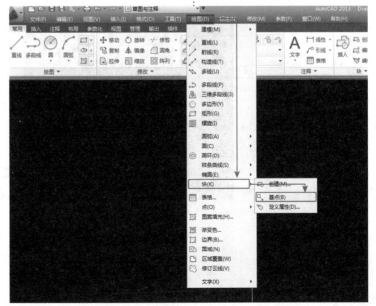

◀ 图6.3-10 选择【基点】按钮

BASE操作，点击按钮或者执行快捷键后，命令提示行就会提示【BASE 输入基点】,如图6.3-11所示。在此提示下指定一点，即可为图形指定新基点。

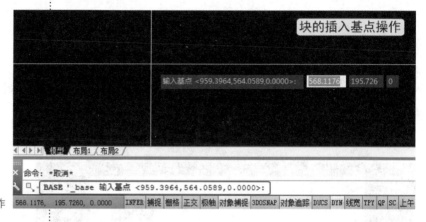

▶ 图6.3-11 块的插入基点操作

4.如何编辑块

AutoCAD 2013的块编辑即在块编辑器中打开创建的块，对其进行各项参数的修改。

(01)编辑块定义对话框。点击【常用】选项卡【块】工具栏中的【编辑】按钮或者执行快捷键BE+Space操作，就会弹出【编辑块定义】对话框，如图6.3-12所示。

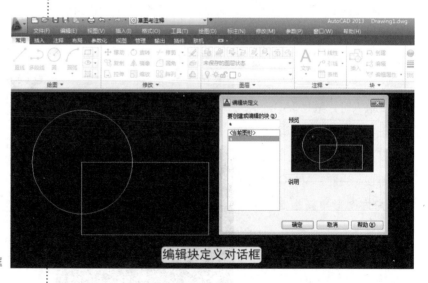

▶ 图6.3-12 【编辑块定义】对话框

(02)块编辑器。在弹出的【编辑块定义】对话框中，选择需要编辑的块名称后双击操作，就会弹出【块编辑器】对话框，如图6.3-13所示。(注意：此时的绘图背景为黄颜色。)

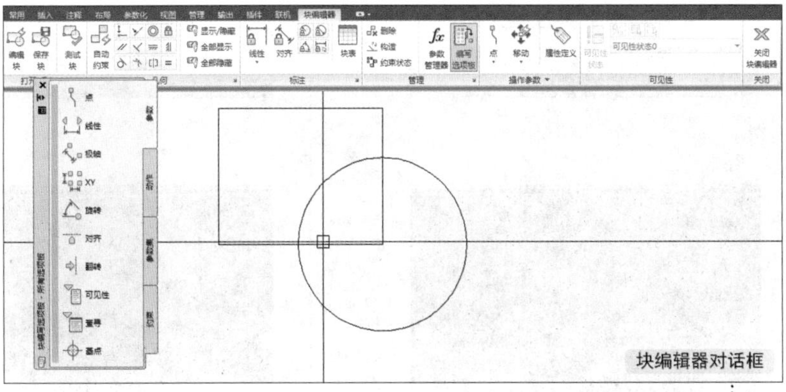

图6.3-13 块编辑器状态

此时显示的要编辑的块，用户可直接对其进行编辑。编辑块后，单击对应工具栏上的【关闭块编辑器】按钮，就会弹出【块-未保存更改】对话框，如图6.3-14所示。如果选择【将更改保存到】选项，则会关闭块编辑器，并确认对块定义的修改。一旦利用块编辑器修改了块，当前图形中插入的对应块均自动进行对应的修改。

小结：**在AutoCAD 2013的块操作中，包含了对内部块的创建、外部块的创建、块的插入以及块的编辑等。在对块的每一项操作中注意编辑对话框的调用和参数的各项设置，达到操作流畅、制图准确的目的。**

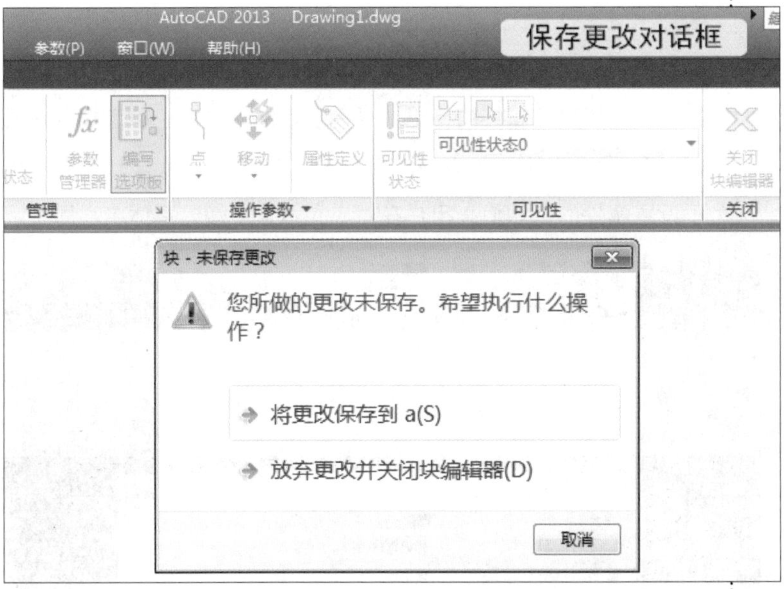

图6.3-14 保存提示对话框

6.3.3 AutoCAD 2013块属性

AutoCAD中的块属性使块的功能发挥至极限，是块的最有力的补充。

1.定义块的属性

(01)调用属性定义对话框。点击菜单栏中【绘图】菜单选项，在弹出的下拉菜单中选择【块】子菜单中的【定义属性】按钮，如图6.3-15所示。另外还可以执行快捷键ATT+ Space

操作，调出属性定义对话框。

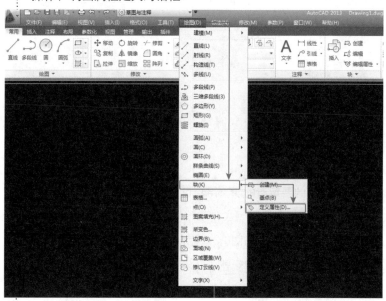

▶ 图6.3-15 定义块属性

(02)属性定义对话框。点击菜单按钮或者执行快捷键后，就会弹出【属性定义】对话框，如图6.3-16所示。对话框中，【模式】选项组用于设置属性的模式。【属性】选项组中，【标记】文本框用于确定属性的标记；【提示】文本框用于确定插入块时AutoCAD提示用户输入属性值的提示信息；【默认】文本框用于设置属性的默认值，用户在对应文本框中输入具体内容即可。

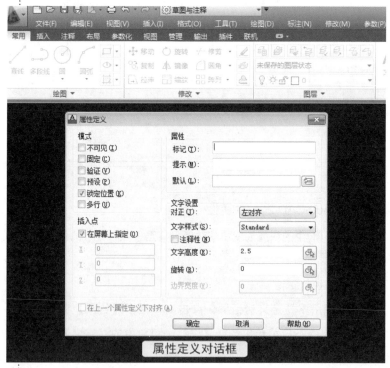

▶ 图6.3-16 【属性定义】对话框

【插入点】选项组确定属性值的插入点，即属性文字排列的参考点。【文字设置】选项组确定属性文字的格式。

确定了【属性定义】对话框中的各项内容后，单击对话框中的【确定】按钮，AutoCAD完成一次属性定义，并在图形中按指定的文字样式、对齐方式显示出属性标记。用户可以用上述方法为块定义多个属性。

2.修改块的属性

执行快捷键DDED+ Space操作后，命令提示行就会提示【DDEDIT 选择注释对象或 [放弃(U)]】，如图6.3-17所示。在该提示下选择属性定义标记后，AutoCAD 2013就会弹出【编辑属性定义】对话框，如图6.3-18所示。可通过此对话框修改属性定义的属性【标记】、【提示】和【默认值】等。

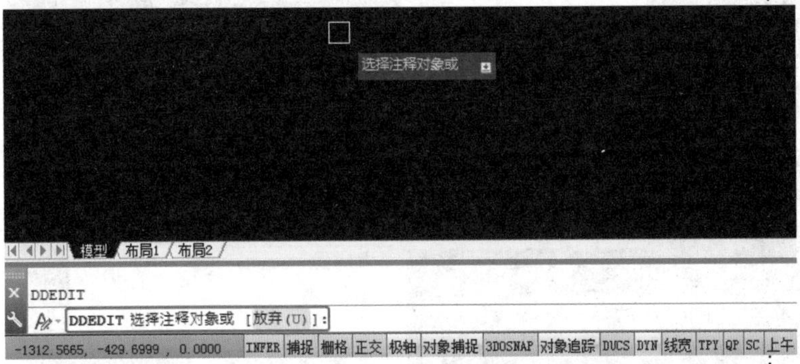

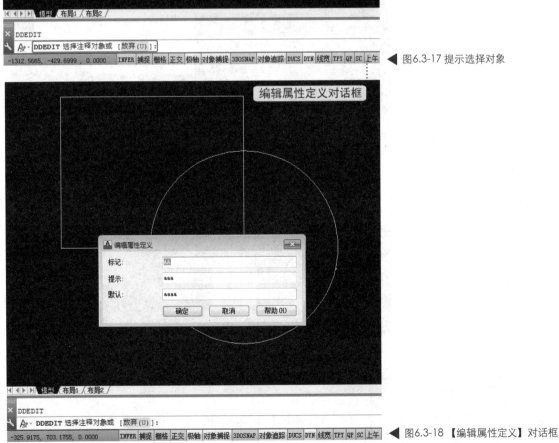

◀图6.3-17 提示选择对象

◀图6.3-18 【编辑属性定义】对话框

3.块的属性显示控制

（01）点击菜单栏中【视图】菜单选项，在弹出的下拉列表中选择【显示】子菜单中的【属性显示】命令按钮，如图6.3-19所示。另外还可以执行快捷键ATTDISP+Space操作。

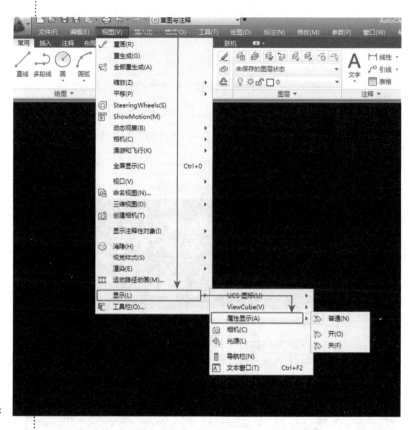

▶ 图6.3-19 菜单选择属性显示

(02)执行快捷键后，命令提示行就会提示【ATTDISP 输入属性的可见性设置 [普通(N)] [开(ON)] [关(OFF)]】，如图6.3-20所示。

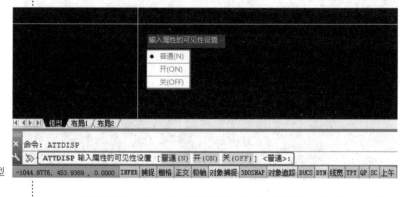

▶ 图6.3-20 属性显示类型

【普通(N)】选项表示将按定义属性时规定的可见性模式显示

各属性值;

【开 (ON)】选项将会显示出所有属性值,与定义属性时规定的属性可见性无关;

【关(OFF)】选项则不显示所有属性值,与定义属性时规定的属性可见性无关。

4.利用对话框编辑块的属性

(01)执行命令操作。执行快捷键EATTEDIT+ Space操作,命令提示行就会提示【EATTEDIT 选择块】,如图6.3-21所示。

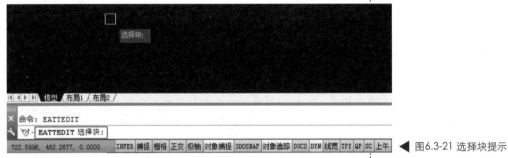

◀ 图6.3-21 选择块提示

(02)增强属性编辑器。在此提示下选择块后,就会弹出【增强属性编辑器】对话框,如图6.3-22图所示(在绘图窗口双击有属性的块,也会弹出此对话框)。对话框中有【属性】、【文字选项】和【特性】三个选项卡和其他一些项。

◀ 图6.3-22 增强属性编辑器

【属性】选项卡可显示每个属性的标记、提示和值,并允许小结：属性是从属于块的文字信息，是块的组成部分。用户可以为块定义多个属性，并且可以控制这些属性的可见性。在AutoCAD 2013中对块经行定义和创建后，可以通过快捷键X对其经行分解操作。

用户修改值；

【文字选项】选项卡用于修改属性文字的格式；

【特性】选项卡用于修改属性文字的图层以及它的线宽、线型、颜色及打印样式等。

 本章小结：

本章首先介绍了图形显示比例和显示位置的控制。然后介绍了用于准确、快速地确定一些特殊点。在本章的最后介绍了块的操作及其属性。

完成前面章节的绘图练习时可能已经遇到了一些问题：因为不能准确地确定点，所以绘制的直线没有准确的与圆相切、或两个圆不同心、或阵列后得到的阵列对象相对于阵列中心偏移等。利用AutoCAD提供的对象捕捉功能，就能够避免这些问题的发生。

在完成本书后续章节的绘图练习时，当需要确定特殊点时，切记要利用对象捕捉、极轴追踪或对象捕捉追踪等功能确定这些点，不要再凭目测去拾取点。凭目测确定的点一般均存在误差。例如，凭目测绘出切线后，即使在绘图屏幕显示的图形似乎满足相切要求，但用ZOOM命令放大切点位置后，就会发现所绘直线并没有与圆真正相切。

本章还介绍了正交功能和栅格显示、栅格捕捉功能，这些功能也可以提高绘图的效率与准确性。块是图形对象的集合，通常用于绘制复杂、重复的图形。一旦将一组对象定义成块，就可以根据绘图需要将其插入到图中的任意指定位置，即将绘图过程变成了拼图，从而能够提高绘图效率。属性是从属于块的文字信息，是块的组成部分。

第七章

AutoCAD 2013
室内设计平面图纸的绘制

7.1 AutoCAD 2013平面图纸概述

7.1.1 平面图纸的重要作用

室内设计平面图纸与建筑平面图纸类似，是将住宅结构利用水平剖切的方法，俯视得到的平面图，如图7.1-01所示。其作用是详细说明住宅建筑内部结构，装饰材料，平面形状，位置以及大小等，同时还表明室内空间的构成，各个主体之间的布置形式以及各个装饰结构之间的相互关系等。

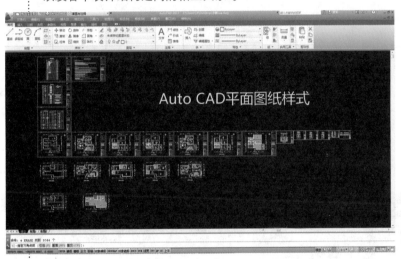

▶ 图7.1-01 平面图样式

对于家居装饰装修的工程技术人员而言，接触较多的图纸就是AutoCAD平面图纸。它是以家居设计图样为主，侧重于户型的装饰设计施工图样，重点是室内家具陈设和各种设施的制作施工图样，如各卧室、卫生间、厨房的平面图、立面图和室内各种局部施工详图等，因此可作为施工的重要依据。

按照施工对象与施工工艺的不同，对图纸的绘制并不是一成不变的。一套完整的平面图纸绘制包括原始结构图、平面布置图、顶面布置图、顶面尺寸图、地面材质图、电位控制图、强弱电布置图以及给排水布置图，此外还包括各墙面装饰的立面布置图，施工工艺的节点图等。

7.1.2 平面图纸的绘制流程

一般情况下，平面图纸的绘制开始于原始结构测量尺寸之后进行的。经过实地的原始尺寸测量后，首先绘制的就是原始结构图纸，在原始结构图纸中要清楚地展现房屋的原始结构、原始设备布局等。然后根据业主的要求和基本的设计原则，对结构中不合理的地方进行改造，对不合理的区域进行重新布局等。接下来就要绘制平面布置图，对整体的结构图纸进行家具、电器等具体布置和空间的合理分配，如图7.1-02所示。

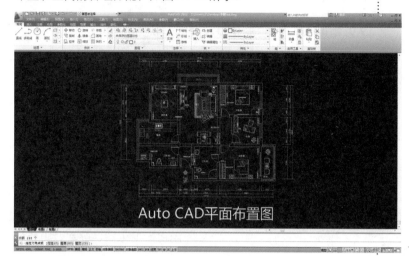

◀ 图7.1-02 平面布置图

原始结构图和平面布置图绘制完成后，就要开始绘制顶面布置图。顶面布置图要清楚地展示出顶面的基本结构和结构之间的空间关系，并且在顶面布置图纸中还要清楚地表达各层级吊顶的设计高度和主体房屋总高度信息，如图7.1-03所示。绘制完成后，就要在顶面布置图的基础上绘制顶面尺寸图。

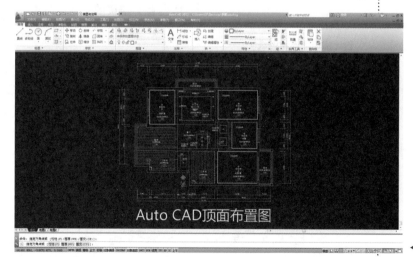

◀ 图7.1-03 顶面布置图

对房屋结构的顶面部分设计完成后，再进行的就是地面材质图的绘制，在图纸中清楚地表达出每个空间结构的地面铺贴材料类型，为地面空间部分的设计提供必要的图纸依靠。最后就要开始对房屋各个位置的强弱电和电位开关进行全面的布置。强弱电和电位控制主要根据业主的实际需要和生活需求，对空间结构中的插座和开关进行总体布局，达到优化结构、合理布局、简单方便的基本目的。

7.2 AutoCAD 2013原始结构图绘制

原始结构图是设计师对房屋结构进行实地测量之后，根据测量数据放样出的平面图纸，其中包括房屋整体结构、空间结构、门口、窗户的位置尺寸等。原始结构图是设计师绘制的第一张图纸，其他的平面图纸都是在原始结构图的基础上绘制完成的，其中包括平面布置图、顶面布置图、顶面尺寸图、地面材质图、强弱电分布图、电位控制图等。

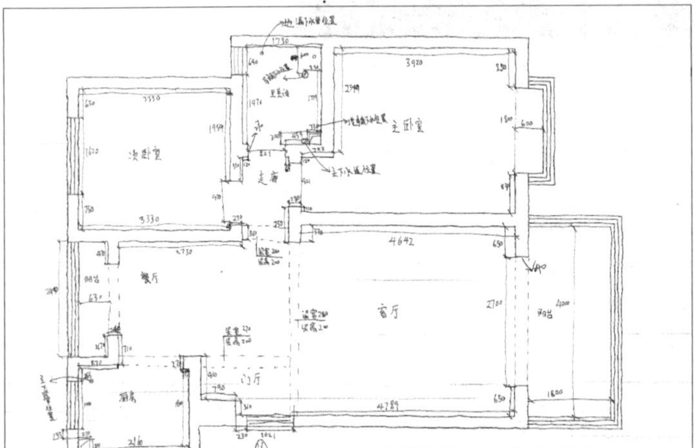

通常房屋结构是由客厅、厨房、卫生间、卧室、阳台等部分组成。本案例设计师量房时徒手绘制的草图结构，如图7.2-01所示。在徒手绘制的过程中，顶梁位置的结构尺寸，卫生间的下水管道位置、马桶下水位置、地漏位置、通气管道位置，厨房的主下水管道位置、烟道位置、燃气管道等细节位置一定要绘制表达清楚。

图7.2-01 设计师现场手绘图纸

设计师现场手绘图纸

7.2.1 结构图中墙体和梁的绘制

打开AutoCAD 2013软件后，首先对其操作环境进行设置，为图纸的操作提供环境和速度的支持。操作环境设置完成后，绘制图纸中的墙体和梁的结构位置，墙体的绘制包括对墙体的内侧线、墙体的外侧线以及窗户的绘制。再根据实际测量的尺寸数据，绘制梁的具体位置。

1.图纸操作环境设置

(01)打开AutoCAD 2013软件，在其状态栏位置依次选择【正交】、【对象捕捉】、【对象追踪】和DYN动态输入四个按钮选项，如图7.2-02所示。

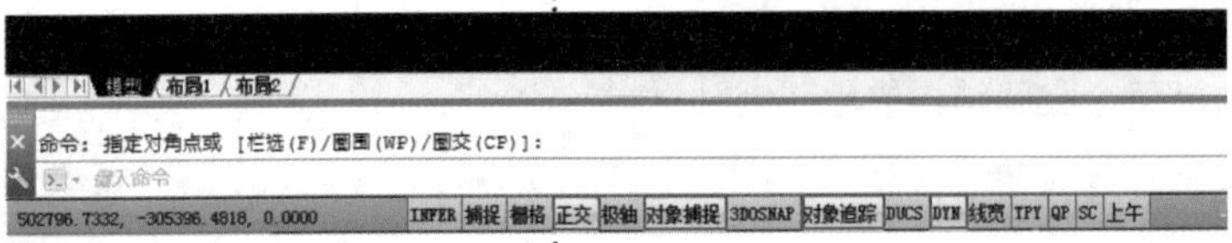

▲ 图7.2-02 状态栏按钮选择

(02)鼠标放置在【对象捕捉】按钮位置处右击，在弹出的对话框中选择【设置】按钮，如图7.2-03所示。在弹出的【草图设置】对话框中选择【对象捕捉】和【动态输入】选项卡，根据图纸需要选择具体捕捉模式即可，如图7.2-04所示。

小结：在图纸绘制之前需要对AutoCAD 2013的操作环境进行相应的设置，可以根据前面章节讲述的内容进行操作。主要是对【正交】、【对象捕捉】、【对象追踪】和【动态输入】的命令按钮的参数设置。

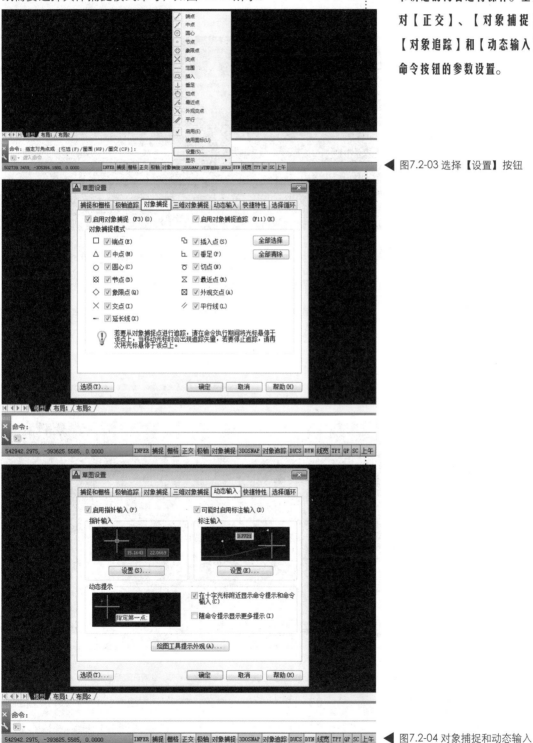

◀ 图7.2-03 选择【设置】按钮

◀ 图7.2-04 对象捕捉和动态输入

2.结构图中墙体的绘制

(01)起点直线绘制。仔细查看测量的手绘图纸，确定从图纸结构中的入户门位置开始，根据具体位置的具体尺寸执行【直线(L)】命令，依次绘制墙体的内侧直线位置，入户门左侧的230mm直线绘制如图7.2-05所示。

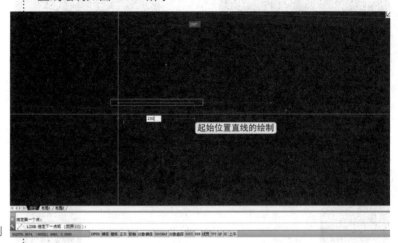

▶ 图7.2-05 直线的绘制

(02)墙体内侧线的绘制。在开启正交模式状态下，依次绘制其他直线段位置。注意在绘制的过程中，数据的输入一定要准确，避免出现大的数据误差而造成不必要的麻烦。图纸墙体内侧线绘制完成后效果如图7.2-06所示。

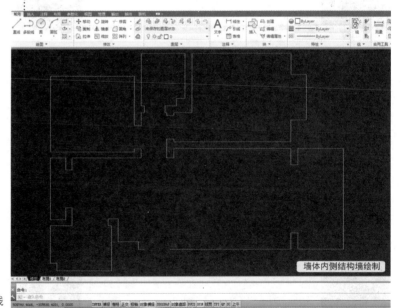

▶ 图7.2-06 墙体内侧线

(03)外侧墙体厚度偏移。在实际的图纸操作中，外围墙的厚度都是按照承重墙的厚度来处理的。选择内侧墙体直线，执行

【偏移(O)】距离240mm的操作，如图7.2-07所示。注意在【偏移(O)】直线的过程中，每个方向上的内侧墙体线偏移一次就可以了。

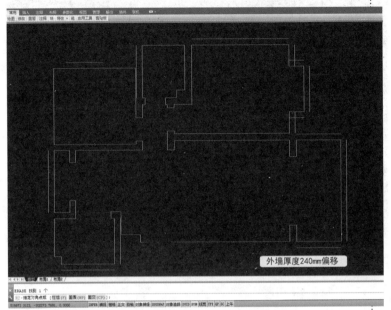

外墙厚度240mm偏移

▲ 图7.2-07 偏移墙体厚度

(04)墙体图形的整理。根据实际勘测的结果和数据，对相邻的【偏移(O)】出的两条直线执行【倒直角(F)】操作，如图7.2-08所示。继续通过执行【直线(L)】和【剪切(TR)】命令,对入户门位置结构进行最终确定，如图7.2-09所示。

小结：在按照徒手绘制的图纸进行AutoCAD图纸放样时，注意绘制直线的技巧和数据输入的准确性。一般情况下，因为现实条件的限制，最终绘制的图形都会出现或多或少的尺寸误差，只要是在允许的数据范围内都是可以接受的。

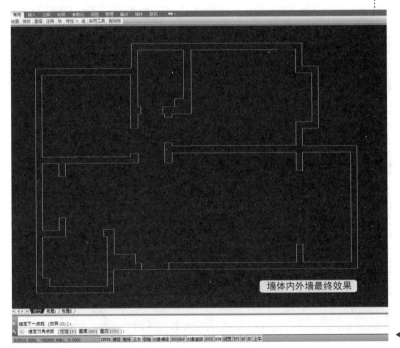

墙体内外墙最终效果

▲ 图7.2-08 墙体图形整理

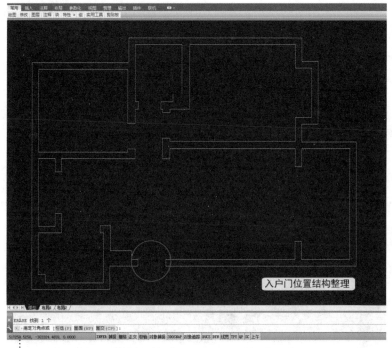

▶ 图7.2-09 入户门结构绘制

3.结构图中窗户的绘制

(01)窗户的界线绘制。根据徒手绘制的结构图纸,通过执行【延伸(EX)】和【直线(L)】命令确定每个窗户边界的具体位置,如图7.2-10所示。边界位置确定后,通过执行【偏移(O)】距离80mm的操作,绘制得到窗户的内部结构线,如图7.2-11所示。

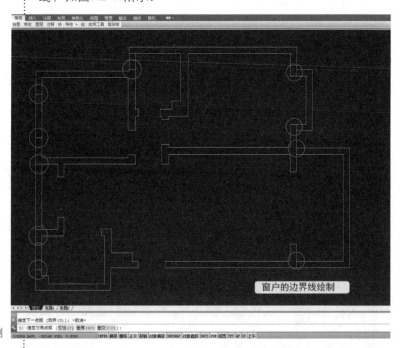

▶ 图7.2-10 窗户的边界绘制

(02)图形整理和确定。窗户的内部结构线绘制完成后，执行【倒直角(F)】命令，对图纸右侧的飘窗和阳台位置进行图形整理，最终效果如图7.2-12所示。选择每个窗户中间【偏移(O)】出的两条直线，通过【对象颜色】按钮将其改为【绿色】，如图7.2-13所示。

小结：在绘制窗户的边界直线时，可以用【直线(L)】去捕捉窗户边界的端点位置。【偏移(O)】得到窗户结构线后，需要对结构线进行颜色的修改，修改时可以通过执行【笔刷(MA)】命令进行线的特性匹配操作。

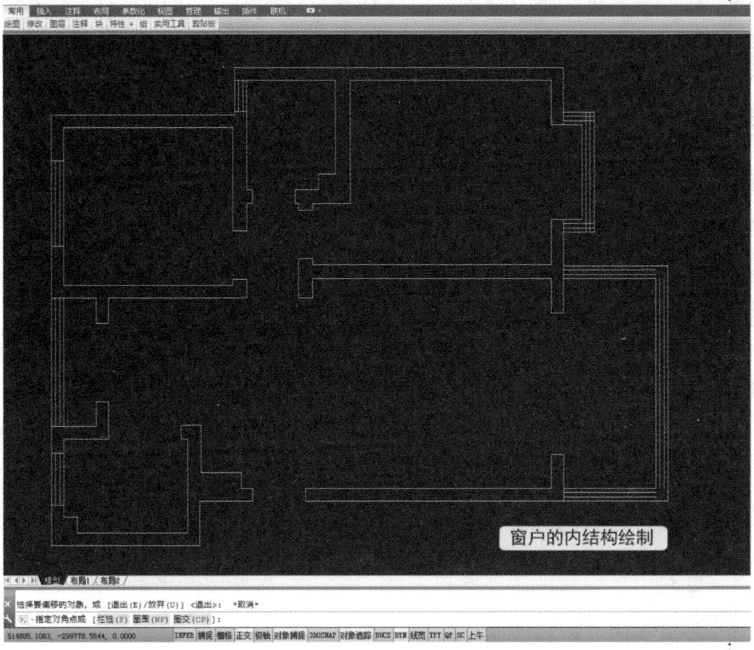

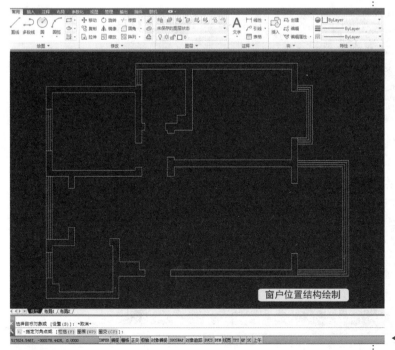

◀ 图7.2-11 窗户的结构线绘制

◀ 图7.2-12 窗户位置的图形整理

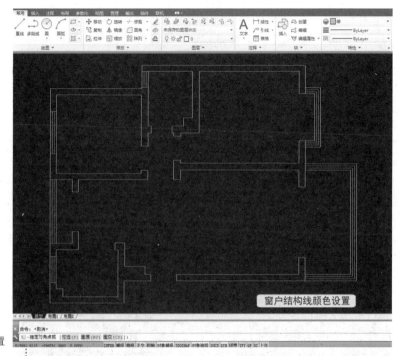

4.结构图中梁的绘制

在现场对原结构进行尺寸测量时，一定要特别注意房屋结构中顶梁的位置和结构，除了要精确测量出梁的高度和宽度外，还要对顶梁位置的建筑结构详细了解，为后面顶面布置图的绘制做好坚实的准备和数据存储。

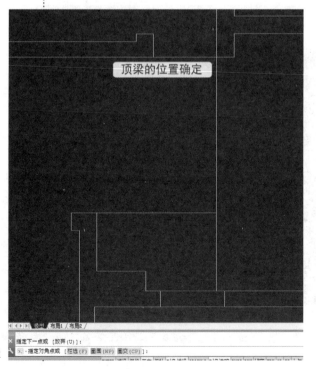

(01)梁位置的直线绘制。仔细查看房屋顶梁位置的结构特点，通过执行【直线(L)】命令对顶梁位置进行确认，如图7.2-14所示。位置线绘制完成后，通过执行【偏移(O)】命令得到梁的宽度线，结构中三处位置梁

▶ 图7.2-14 确定顶梁的位置

的宽度分别是270mm、280mm和240mm，效果最终如图7.2-15所示。

（02）顶梁的线型确认。在图纸的信息表达中，梁结构因为不是承重墙体部分，因此用灰色虚线表示。选择梁位置的结构线，通过【常用】选项卡【特性】工具面板的

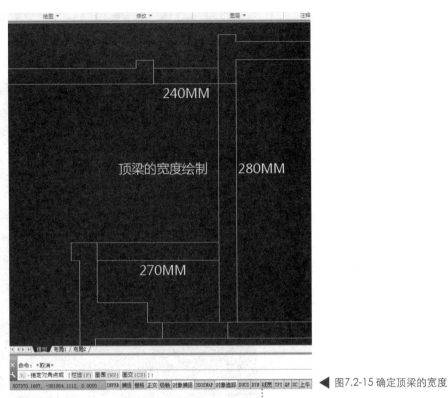

▲ 图7.2-15 确定顶梁的宽度

【对象颜色】和【线型】按钮设置结构线的特性，如图7.2-16所示。通过执行【笔刷(MA)】命令，对其他梁位置结构直线进行特性匹配，最终效果如图7.2-17所示。

小结：在绘制顶梁结构图纸时，一定要仔细观察和分析顶梁位置的结构特点，确定哪个结构点作为梁的起始结构直线点，从这个点开始绘制梁的第一条结构线，然后根据测量数据，对梁的宽度进行【偏移(O)】操作。

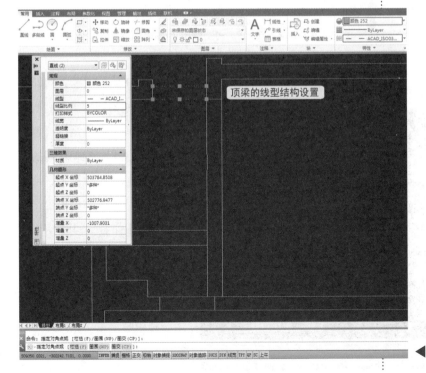

▲ 图7.2-16 线型设置

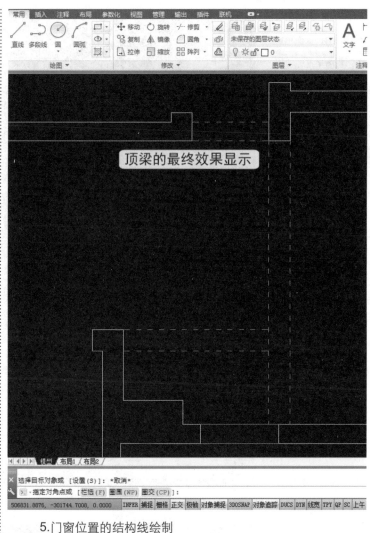

▶ 图7.2-17 顶梁最终效果

5.门窗位置的结构线绘制

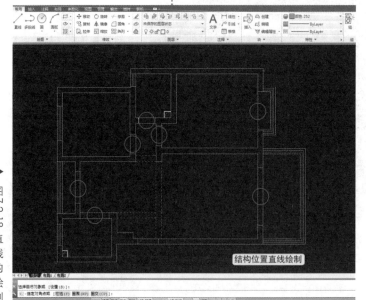

▶ 图7.2-18 直线的绘制

(01)直线的绘制。门和窗户位置在原始结构图中需要进行结构处理,通过执行【直线(L)】命令对每个空间区域的门和窗户结构进行绘制,在绘制过程中注意打开捕捉设置,最终绘制效果如图7.2-18所示。

(02)直线的线型设置。在图纸的信息表达中,白色墙体线代表此处墙体为整个房屋框架结构中的承重墙。因为门窗的结构位置不属于承重墙,所以将其结构线设置为灰色252的实体线即可，如图7.2-19所示。

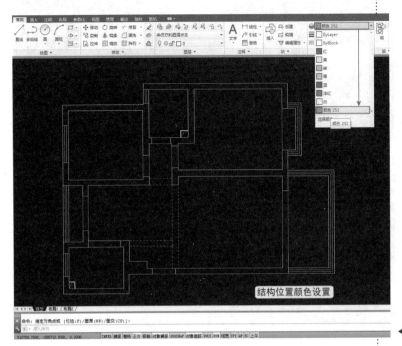

结构位置颜色设置

◀ 图7.2-19 直线的颜色修改

小结：在图纸的信息表达中，白色实体线样式一般代表的含义是此处位置为承重墙，灰色实体线样式代表的含义是此处位置为非承重墙，灰色虚线样式代表的含义是此处位置为顶梁结构，绿色实体线样式代表的含义是此处位置为窗户内部结构线。

7.2.2 结构图中厨房和卫生间的管道绘制

卫生间和厨房是整体房屋结构中比较特殊的位置，其功能特点包含了几乎所有的日常生活行为。而其结构的特殊复杂性也是实地勘测和图纸绘制的一个难点，因此本章节将重点讲解厨房和卫生间图纸的绘制过程。

1.厨房烟道和卫生间通气管道的绘制

厨房烟道和卫生间通气管道是用来排除厨房烟气或卫生间废气的竖向管道制品，也称排风道、通风道、住宅排气道等。一般情况下，厨房烟道的出风口和吸油烟机的排气口相连接，卫生间的通气管道和换气扇的排气口相连接。烟道和通气管道通过水泥层面与外部空间相隔，因此在图纸中需要绘制水泥层的厚度，一般情况下水泥层厚度为2cm左右。

(01)烟道和通气管道的壁厚绘制。按照水泥层为2cm厚度进行图纸绘制，将烟道和通气管道的外围墙体线向内侧方向执行【偏移(O)】距离20mm的操作，操作后如图7.2-20、图7.2-21所示。

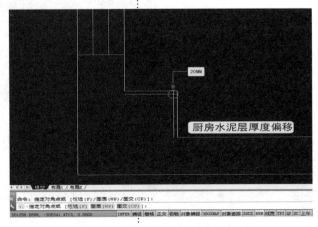

20MM

厨房水泥层厚度偏移

▲ 图7.2-20 厨房位置的偏移操作

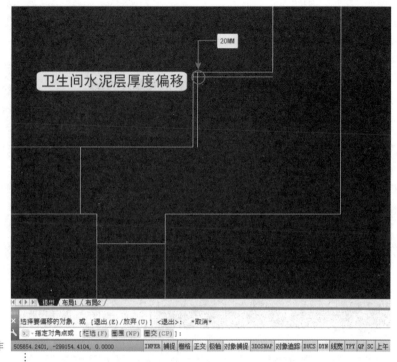

▶ 图7.2-21 卫生间位置的偏移操作

(02)烟道和通气管道的图形整理。通过执行【偏移(O)】得到水泥层板的厚度后,继续执行【倒直角(F)】和【剪切(TR)】命令,对厨房烟道和卫生间通气管道位置进行图形整理,如图7.2-22、图7.2-23所示。

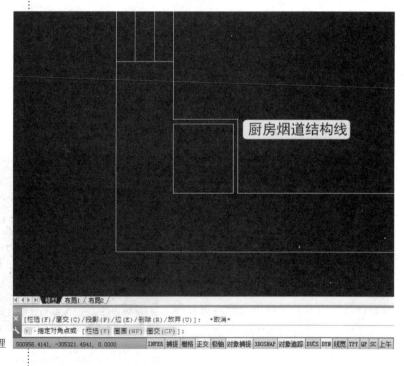

▶ 图7.2-22 厨房位置的图形整理

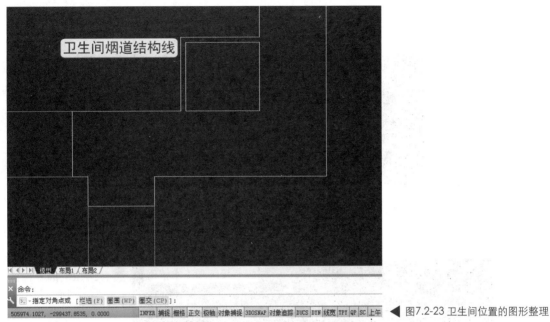

◀ 图7.2-23 卫生间位置的图形整理

　　(03)烟道和通气管道的空洞线绘制。厨房烟道和卫生间的通气管道是用来通气换气的，所以其构造是竖向的管道制品，需要在内部位置绘制空洞线来表示其结构的特点。通过执行【直线(L)】命令，在烟道和通气管道内侧绘制折弯直线，其样式如图7.2-24所示。然后选择折弯线，通过【对象】颜色按钮将其颜色改为【灰色：252】，如图7.2-25所示。厨房位置绘制完成后，继续以同样的方法绘制卫生间通气管道即可。

　　小结：吸油烟机放置在烟道的附近位置，这样可以减少排放路径，便于油烟和污气的排放，达到最大化排放的效果和目的。厨房的烟道和卫生间的通气管道在现场非常容易辨认，在测量卫生间或者厨房的结构时，墙角凸起的立柱式墙体就是烟道和通气管道的位置。

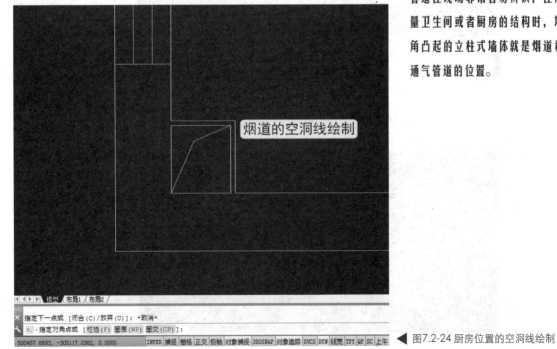

◀ 图7.2-24 厨房位置的空洞线绘制

▶ 图7.2-25 空洞线颜色修改

2.厨房燃气管道和主下水管道的绘制

厨房的燃气管道安置在靠墙角位置处，多层用户(6层的居民用户)室内燃气管道一般为DN25(即管道的内直径为25mm)。厨房的主下水管道尺寸一般为直径110mm。

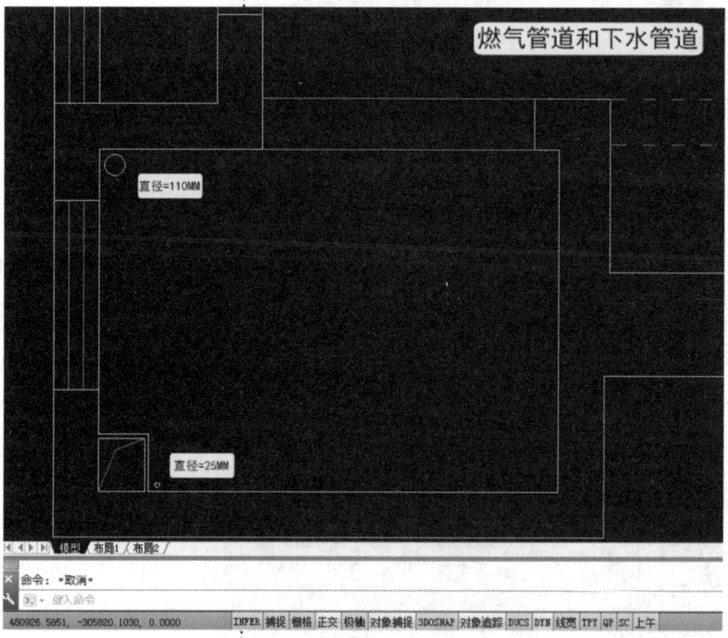

(01)管道的图形绘制。燃气管道和主下水管道都是以圆形来表示的，通过执行【圆形(C)】命令，分别绘制直径为25mm和110mm的圆，绘制完成后将其放置到正确位置，如图7.2-26所示。

▶ 图7.2-26 绘制图形并放置位置

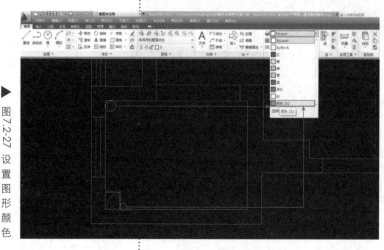

(02)管道图形的颜色修改。在图纸的信息表达中，管道是以实体灰色252来表示的，通过【对象样色】按钮对燃气管道和主下水管道的图形颜色进行修改，如图7.2-27所示。

▶ 图7.2-27 设置图形颜色

3.卫生间下水管道的绘制

在实际的管道结构中，卫生间的主下水管道和马桶的下水管道的直径尺寸为110mm，洗手盆下水和地漏下水管道直径尺寸为55mm距离。在本案例的卫生间结构中，有一个地漏下水管道、一个洗手盆下水管道、一个主下水管道和一个马桶下水管道。

(01)地漏下水管道、洗手盘下水管道和主下水管道的绘制。通过执行【圆形(C)】命令，分别绘制直径为55mm和110mm的圆形图形，并将其放置到正确位置并修改其颜色为灰色252，最终如图7.2-28所示。

(02)卫生间马桶下水管道位置确定。马桶下水管道距离两侧墙体的距离会直接影响到客户购买马桶的型号和大小，所以马桶下水管道位置在测量尺寸时一定要精确。根据测量，马桶下水管道的中心点距离上侧墙体和右侧墙体分别是600mm和350mm，如图7.2-29所示。

(03)马桶下水管道的图形绘制。通过执行【偏移(O)】距离600mm和350mm的操作，得到马桶下水管道的中心点位置，如

小结：**燃气管道和主下水管道一般放置在大概正确位置即可，在图纸的绘制过程中没有必要对其进行精确位置尺寸的放置。在管道的图纸信息表达中，对象颜色按照【灰色：252】实现线设置即可。**

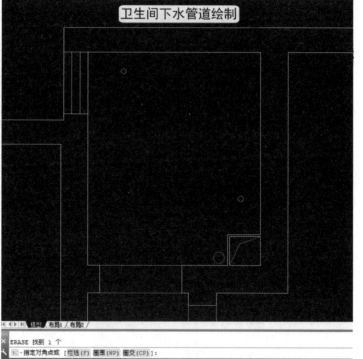

▲ 图7.2-28 图形绘制并放置位置

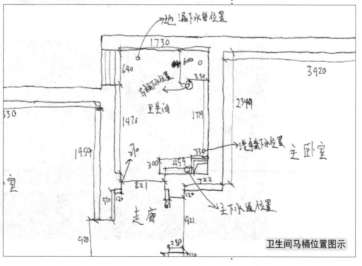

▲ 图7.2-29 马桶的位置尺寸

小结：在卫生间所有的下水管道中，主下水管道、地漏下水管道和洗手盘下手管道在放置时，大概正确位置即可。尤其需要注意的是马桶下水管道位置，可以通过测量两侧的墙体的距离得到圆形管道中线点位置。

图7.2-30所示。以中线点为圆心执行【圆形(C)】命令，绘制马桶下水管道的图形样式并设置颜色为灰色252即可，如图7.2-31所示。

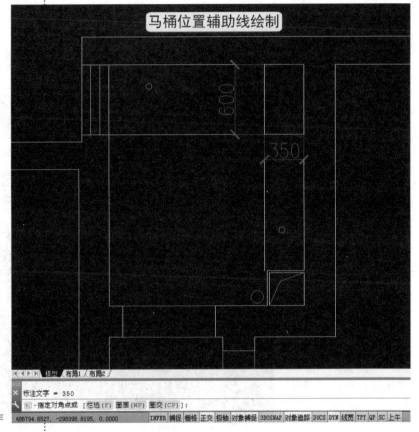

▶ 图7.2-30 偏移直线操作

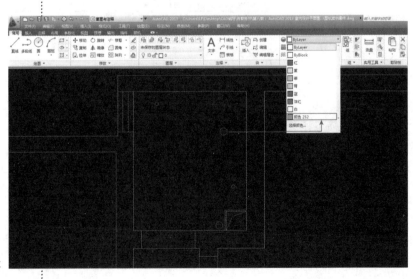

▶ 图7.2-31 马桶下水管道位置

7.2.3 结构图中的文字标注和尺寸标注

文字标注和尺寸标注是整套图纸中的重要组成部分。文字标注主要是对图纸中的一些特殊位置的尺寸和特殊材料的属性、颜色等的详细说明，同时还可以对图纸的设计方案进行详细解释。尺寸标注主要是对场景中的一些家具、结构造型等位置的详细尺寸说明。

1.结构图中的文字标注

(01)区域空间的文字标注。执行【文字(T)】命令，在弹出的【文字编辑器】中对文字内容和参数进行设置，如图7.2-32所示。客厅文字标注完成后，通过执行【复制(CO)】命令将客厅字体样式复制到其他区域空间中并依次修改其文字内容，如图7.2-33所示。

图7.2-32 客厅文字绘制

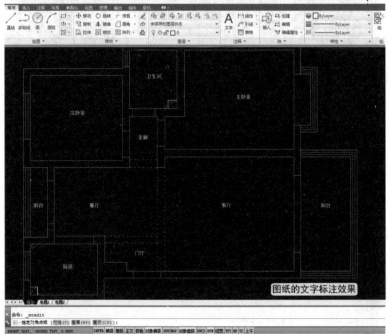

图7.2-33 文字最终效果

小结：在文字的标注过程中，文字的大小一定要适合整张图纸的比例，避免造成打印后图纸中文字过大的现象。空间位置的文字大小确定后，可以通过执行【笔刷(MA)】命令对其他空间位置的文字大小进行特性匹配。

(02)顶梁结构的文字标注。顶梁的文字性标注主要是对其高度和宽度进行文字性说明。执行【引线标注(LE)】命令，对需要标注的顶梁位置进行引线绘制，如图7.2-34所示。继续执行【文字(T)】命令，对顶梁部分进行文字性说明，如图7.2-35所示。

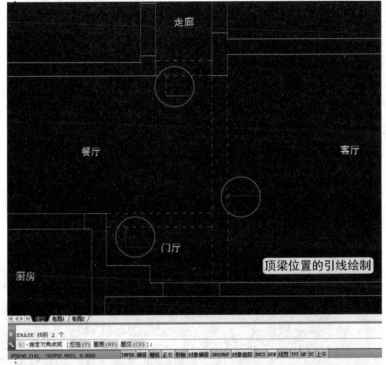

▶ 图7.2-34 引线绘制

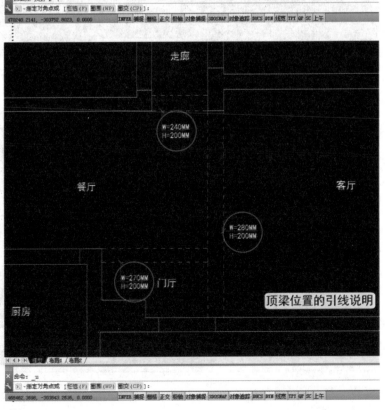

▶ 图7.2-35 引线文字说明

2.结构图中的尺寸标注

(01)修改标注样式。在进行尺寸标注之前，需要对尺寸标注的各项参数进行详细的设置。执行快捷键D+ Space操作，在弹出【标注样式管理器】中点击【修改】命令按钮，就会弹出【修改标注样式】对话框，在对话框中依次设置【线】、【符号和箭头】、【文字】和【主单位】选项卡，具体参数设置如图7.2-36、图7.2-37、图7.2-38、图7.2-39所示。切记设置完成后返回【标注样式管理器】点击【置为当前】选项按钮。

◀图7.2-36 【线】选项卡设置

◀图7.2-37 【符号和箭头】选项卡设置

▶ 图7.2-38 【文字】选项卡设置

▶ 图7.2-39 【主单位】选项卡设置

(02)上侧位置的内侧尺寸标注。因为在尺寸标注中要求每段标注线的尺寸界线高度相同，所以在标注时可以依据墙体的厚度作为尺寸界线的高度来操作。执行【线性标注(DLI)】命令对需要标注的具体位置进行标注，如图7.2-40所示。依次选择分段标注线通过【移动(M)】命令将其放置在水平直线上，如图7.2-41所示。

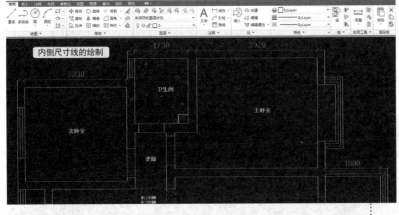

▶ 图7.2-40 内侧分段标注

▶ 图7.2-41 标注线位置移动

(03)上侧位置的外侧尺寸线标注。内侧标注线完成后，继续通过执行【线性标注(DLI)】命令对房屋结构的总长度予以标注，并将完成的尺寸标注放置在内侧标注线的上侧位置，最终效果如图7.2-42所示。

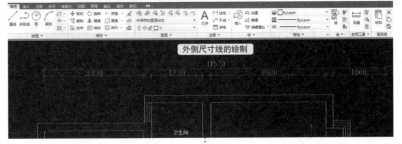

▲ 图7.2-42 总体尺寸标注

(04)其他位置的尺寸线标注。在图纸的操作过程中，需要对房屋四侧位置都进行尺寸标注，以便于对图纸的整体把握和具体位置的设计。因为其他图纸的绘制都是根据原始结构图来进行的，所以这里的尺寸标注一定要精确，最终如图7.2-43所示。

(05)空间内部尺寸标注。以上的尺寸标注都是对内侧墙体线的尺寸进行的，

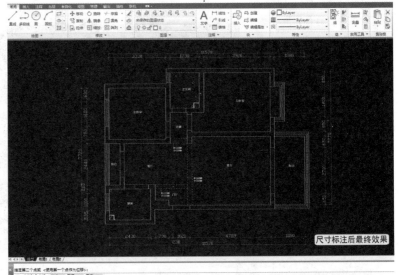

▲ 图7.2-43 尺寸标注效果

房屋结构中每个空间的长宽尺寸也需要进行标注，以便更好地标示空间结构特点和尺寸概念。通过执行【线性标注(DLI)】命令对每个空间的内部尺寸进行标注，最终如图7.2-44所示。

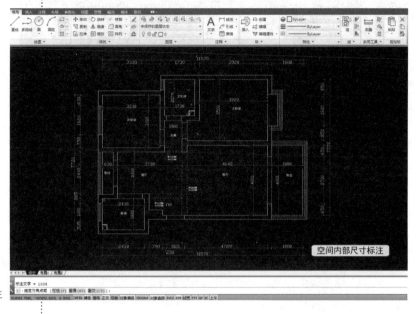

▶ 图7.2-44 内部尺寸标注

小结：对原始结构图进行尺寸标注的过程中，可以把外围承重墙的厚度作为尺寸标注中尺寸界线的高度，在内侧位置的尺寸标注完成后打开正交模式对标注线进行移动。通过充满屏幕的十字光标作为水平位置的参照。

(06)入户门口图标的放置。打开随书光盘【图库整理】文件，选择入户门口人物标志，按Ctrl+C快捷键复制到当前操作的AutoCAD文件中。通过执行【移动(M)】命令，将其放置在入户门口位置处，原始结构图整体效果如图7.2-45所示。

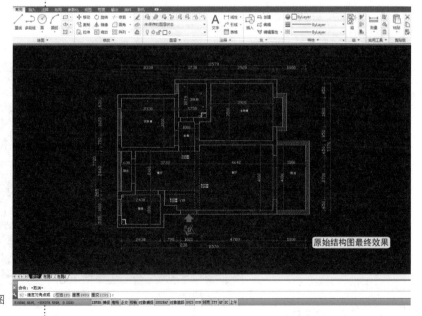

▶ 图7.2-45 原始结构图

7.3 AutoCAD 2013平面布置图绘制

7.3.1 平面布置图绘制的基本要求和基本思路

1.平面布置图绘制的基本要求

平面布置图是AutoCAD 2013所有平面类图纸中比较重要的一张图纸。它不仅直观地表达了设计师的整体设计方案，还深入的表达出客户对方案图纸的具体要求。为后面三维图纸的绘制打下坚实的基础。

布置图是对居住设计方案的具体表述，所以在绘制的过程中，尺寸的精确把握是图纸操作过程中重要的要求。平面布置图中的尺寸，不仅包括布置类的家具尺寸，而且还包括造型的设计尺寸和空间内部结构的尺寸等。因此要熟知各种家具和空间类尺寸，为后期业主的日常生活提供最为方便和直观的感受。

在掌握各种尺寸类概念时，不仅仅要熟知人体工程学的基本原理，还要对生活环境中各种家具的尺寸进行了解。在此基础上，继续深入对空间概念的把握，为后期设计思想的表达提供专业的基础保证。

2.平面布置图绘制的基本思路

家居的方案布置一般是分为两种情况的：一种家具是用AutoCAD 2013软件具体绘制而成的，如大衣柜、鞋柜和书柜等部分；一部分家具是通过AutoCAD的图库进行拖曳和复制的，如沙发、餐桌和床体等。

软件绘制的家具部分，一般情况下都是公司的制作和施工项目。其绘制过程分为三步：第一步绘制家具的具体样式；第二步对绘制的家具进行尺寸标注；第三步对绘制的家具进行文字标注。图纸布置中的一部分家具是通过图库模型进行拖拽或复制的，在复制之前首先选择方案中所需要的家具样式，并测量和检查其尺寸是否符合人体工程学的具体要求。如果不符合就要对模型文件进行更改或者更换。操作完成后，将其复制到图纸中并放置到正确位置，最后在对其重要位置进行尺寸标注即可。

7.3.2 室内设计中常用家具尺寸详解

在运用AutoCAD 2013绘制平面图纸的时候一定要注意尺寸问题，尺寸也是作为室内设计师的最基本要求。对尺寸的熟练掌握和运用能够为以后的实际项目的设计提供坚实的基础和保证，也为深入的空间设计提供最基本的数据支持。

1.客厅部分家具尺寸

沙发：坐垫高度400mm～450mm，坐垫的宽度在600mm～650mm，这样才能保证人坐在上面不感觉拥挤，沙发扶手和靠背不用注意，根据AutoCAD的缩放自动放大或者缩小就可以了。

茶几：茶几的尺寸随意性比较大，但是必须注意的是高度，它的高度跟沙发坐垫的高度是差不多的，调整好沙发坐垫高度后，目视上把握茶几的高度就可以了。

电视柜：电视柜的长度没有固定要求，现实生活中拉伸的样式比较多，所以长度不做特别要求，主要是高度和宽度上，高度在400mm左右，宽度在450mm左右。

餐桌：餐桌的尺寸分三方面

①长度，就是长度在1200mm～1500mm之间，也就是标准的四人餐桌，长度上把握好，每个人吃饭的宽度至少需要600mm。

②宽度，标准的课桌是600mmx1200mmx750mm的尺寸，但是课桌是一侧坐人学习的，餐桌是两侧坐四个人吃饭的，所以，它的宽度是比标准课桌要宽，也就是宽度为800mm。

③餐桌的高度跟标准课桌一样，但是作为成人来说，高度在750mm的话，会感觉有点矮，所以在780mm是最舒服的。

酒柜：同书柜差不多，但是注意酒柜的宽度不会有书柜那么宽，酒柜的高度在2000mm左右，宽度也就是200mm上下。

鞋柜：鞋柜的尺寸，长度不做讨论，说其宽度，鞋柜的宽度考虑到它是用来放置鞋，包括拖鞋、鞋拖、皮鞋、皮靴等各种鞋子，那么宽度要考虑鞋的长度，即能把鞋放进去而不拥挤的感觉，鞋柜的高度一般是在800mm的位置，高度800mm；宽度300mm。

2.卧室部分家具尺寸

大衣柜：大衣柜的尺寸比较重要，宽度上必须保证足够放得下上衣的宽度，按照人的肩膀宽度不会超过600mm，大衣柜的宽度保证600mm就可以了，有的也可以是550mm左右；大衣柜的长度不做要求，根据房间的实际尺寸定制；大衣柜的高度一般是2000mm～2400mm，也就是人站立时能摸得到的高度。

床：床的尺寸分为单人床和双人床，但是不管是单人还是双人尺寸，长度都为2000mm就可以了，身材特别高的人例外。主要是把握宽度，人的肩膀不会宽600mm，是不是单人床宽给600mm就可以呢？不是这样的，所以保证宽度至少为800mm是比较合适的。

小点单人床：800mm×2000mm，标准单人床：900mm×2000mm，大点单人床：1200mmx2000mm

小点双人床：1500mm×2000mm，标准双人床：1800mm×2000mm，大点双人床：2000mmx2000mm

书柜：书柜的长度根据实际位置确定。书柜的高度上注意不要太高，而且在高处的书人能很容易地拿到，那么这个尺寸无疑就是2000mm最合适。书柜的宽度，保证一本杂志横向能够放开，联系到A4纸张的尺寸就是210mmx297mm了，所以书柜的宽度一般不大于300mm。

梳妆台：梳妆台一般是女人用的，那么尺寸就是满足一个人的坐姿就可以了，首先长度不能小于600mm，800mm是最合适的，然后是宽度，梳妆台是一侧化妆一侧镜子的，宽度为600m就可以了，高度跟餐桌高度一致。

电脑桌：长度在1200mm左右，高度在780mm上下，宽度在750mm～800mm左右就可以了。

3.厨房部分家具尺寸

橱柜：长度根据厨房的尺寸把握。宽度，要能放得下打火灶、吸油烟机、案板，其宽度在600mm比较合适，这个尺寸还联系到锅的内直径的长度问题了。

橱柜的高度跟鞋柜是一样的，但是考虑的角度不能一致，橱柜就是做饭的，那么你得保证站在橱柜前做饭的时候不能太弯腰，或者不能弯腰架锅或者举锅炒菜，那么这个尺寸就是800mm了。

4.卫生间部分家具尺寸

洗手台：洗手台就是洗脸，刷牙，洗头发的，宽度不要求太宽在450mm，高度跟梳妆台一样，长度也是一样，即W：500mm、H：750mm、L：800mm。

马桶：马桶注意长度在750mm左右，宽度在550mm左右，不要太宽，但是这里一定注意一个尺寸，即马桶左右两侧的物体距离马桶不能少于200mm的距离，保证人蹲马桶的时候腿能放得开。

小结：以上尺寸在讲解的时候，语言比较自由活泼，其最终目的是使大家在学习的时候能够更好地掌握室内设计中常用的尺寸，为以后设计方案、工地施工等操作环节打下坚实的理论基础。

7.3.3 平面布置图中门的绘制

1.原始结构图纸的清理

在绘制平面布置图之前，通过执行复制(CO)命令把原始结构图复制一份，根据平面布置图的基本要求对复制的原始结构图进行图纸清理，清理对象包含对内部尺寸标注的清理、内部顶梁结构的清理等，清理后最终如图7.3-01所示。

2.布置图中平开门的绘制

(01)平开门的基线绘制。平开门是日常生活中最为常见和耐用的门板类型，以入户平开门的绘制为例，根据测量的尺寸数据，通过执行【直线(L)】命令绘制门板的基线位置，如图7.3-02所示。

(02)平开门的门板绘制。通过尺寸的精确测量得知，入户门位置的平开门宽度为1021mm、门板厚度为40mm。通过执行【直线(L)】命令依次绘制平开门的门板结构，最终如图7.3-03所示。

▶ 图7.3-01 图纸清理

▶ 图7.3-02 门基线绘制

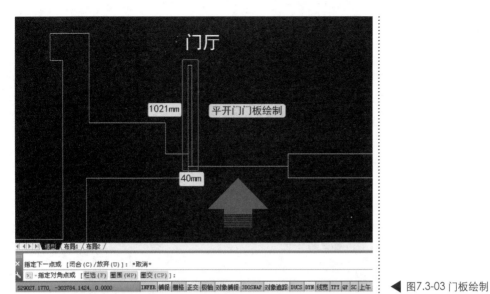

▶ 图7.3-03 门板绘制

(03)平开门的弧线绘制。为了更为形象地表达平开门的开启路径，需要绘制平开门的开启路径线即弧线。通过执行【圆弧(A)】命令，在平开门的开启路线上绘制弧线，最终绘制效果如图7.3-04所示。

▶ 图7.3-04 圆弧绘制

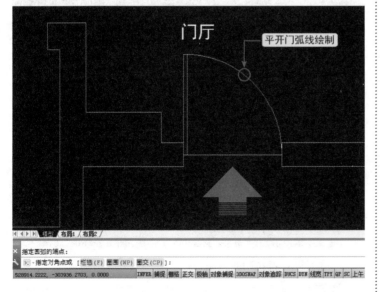

(04)平开门的线型表示。为了图纸的信息表达和区分图形结构，需要对平开门基线、平开门的门板线和弧线进行不同颜色的设置。通过【常用】选项卡【特性】工具栏中的【对象颜色】按钮设置【基线：洋红】、【门板线：黄色】和【弧线：绿色】，如图7.3-05所示。最终依次绘制其他位置的平开门结构，如图7.3-06所示。

小结：在绘制平开门的过程中，一定要仔细观察测量的门板宽度数据。在绘制每个区域空间的平开门时，仔细观察和确定平开门的开启方向后，再进行具体的门板绘制。平开门的开启方向一般是朝距离墙面最近的那一侧平开。

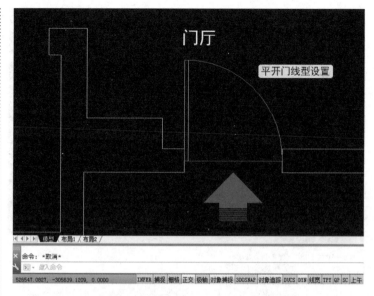

▶ 图7.3-05 门的线型设置

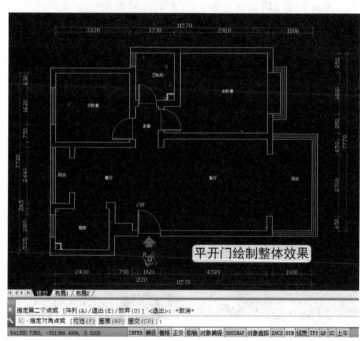

▶ 图7.3-06 平开门绘制效果

3.布置图中推拉门的绘制

在平面布置图中，因为推拉门的位置尺寸不同，所以绘制的推拉门的门扇数也是不一样的。根据人体工程学数据，一般推拉门扇的宽度≥600mm，所以客厅阳台位置绘制三扇推拉门，厨房位置绘制两扇推拉门，餐厅阳台部分绘制两扇推拉门。

(01)推拉门界线和门板厚度绘制。根据推拉门的具体位置，通过执行【直线(L)】命令绘制推拉门左右界线和中间垂直平分线，如图7.3-07所示。选择绘制的中间垂直线，向左右两侧方向执行【偏移(O)】距离40mm的操作，得到推拉门的厚度，如图7.3-08所示。

图7.3-07 推拉门直线绘制

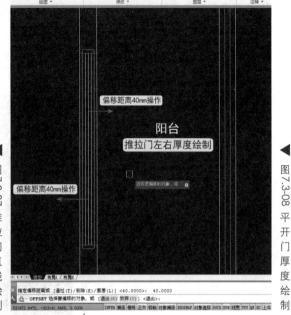

图7.3-08 平开门厚度绘制

(02)推拉门均分操作。执行快捷键【DIV(绘制定数等分)】操作，将推拉门的长度平均分为三段。执行【直线(L)】命令捕捉划分的【节点】位置，向一侧方向绘制直线，直线的结束点为门板的宽度线位置，如图7.3-09所示。再根据推拉门结构特点，通过执行【剪切(TR)】和【删除(E)】命令对图形进行最终整理，如图7.3-10所示。

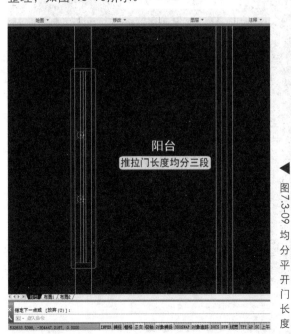

图7.3-09 均分平开门长度

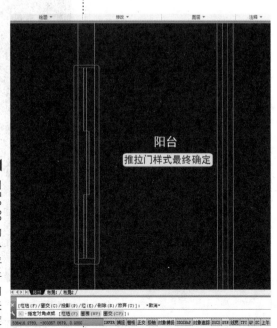

图7.3-10 确定平开门样式

小结：在绘制推拉门的操作过程中，对【DIV(绘制定数等分)】命令的熟练运用可以达到事半功倍的效果。在线型的属性设置时，可以通过执行【笔刷(MA)】命令对其他位置的推拉门结构线进行特性匹配。

(03)推拉门的线型表示。为了图纸的信息表达和区分图形结构，需要对推拉门进行不同颜色的设置。通过【常用】选项卡【特性】工具栏中的【对象颜色】设置【界线：蓝色】、【门板线：洋红】，如图7.3-11所示。最终在绘制其他位置的推拉门结构，如图7.3-12所示。

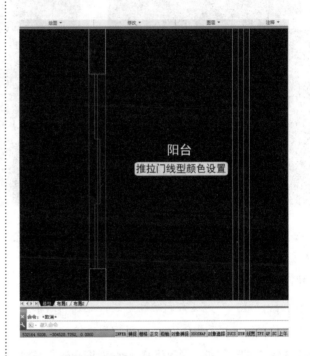

▶ 图7.3-11 平开门线型修改

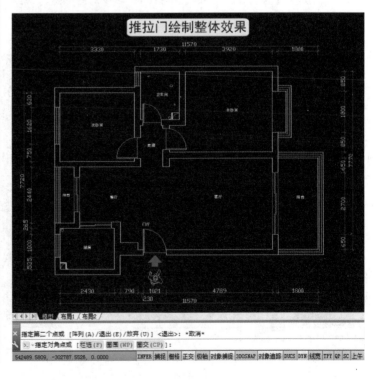

▶ 图7.3-12 平开门整体效果

7.3.4 客厅和阳台的平面布置

客厅部分主要是对电视墙区域和沙发背景区域的家具布置。电视墙位置一般情况下需要布置电视柜、空调、电视、装饰植物等；沙发背景墙部分主要布置沙发、装饰品等物品；阳台部分主要布置休闲椅、装饰植物和洗衣机等物品。

1.客厅的平面布置

(01)电视柜的样式绘制。通过执行【直线(L)】命令捕捉墙体中间点位置并绘制电视柜的宽度450mm，选择宽度线向两侧方向执行【偏移(O)】距1300mm的操作，图形整理后效果如图7.3-13所示。最终通过【对象颜色】选项按钮设置电视柜的样式线颜色为【颜色：45】，效果如图7.3-14所示。

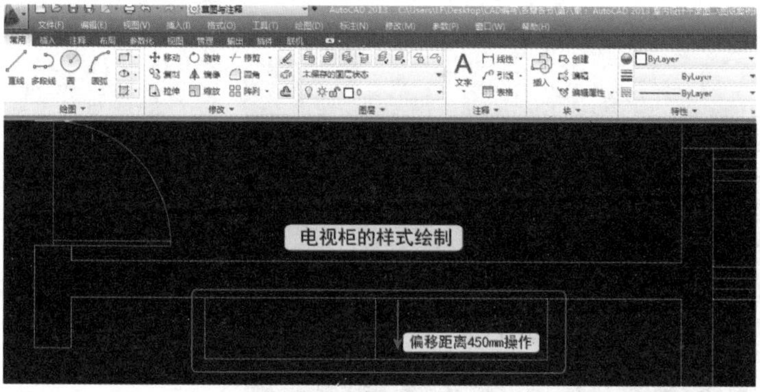

图7.3-13 电视柜样式绘制

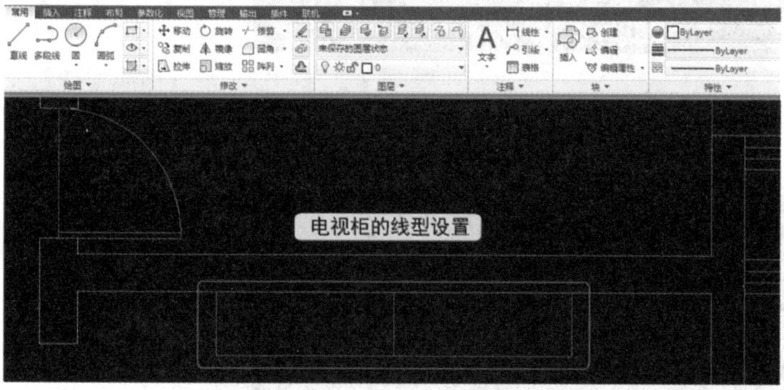

图7.3-14 电视柜线型设置

(02)电视柜的尺寸标注和文字标注。通过执行【线性标注(DLI)】命令，对电视柜的长宽尺寸进行标注，如图7.3-15所示。继续执行【引线标注(LE)】和【文字(T)】命令对电视柜进行文字标注，如图7.3-16所示。

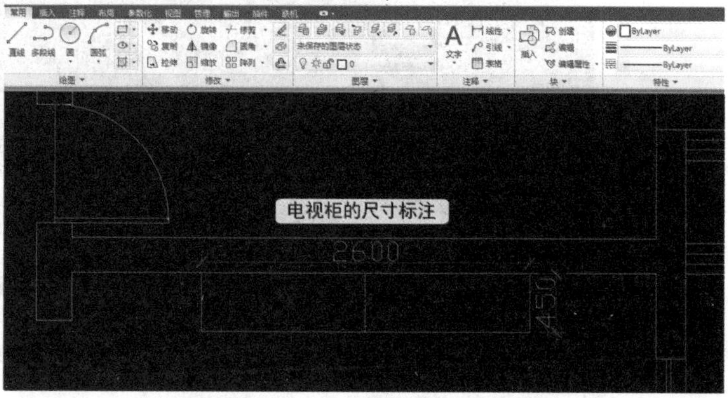

图7.3-15 电视柜的尺寸标注

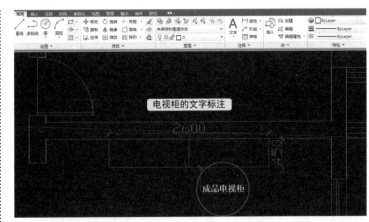

▶ 图7.3-16 电视柜的文字标注

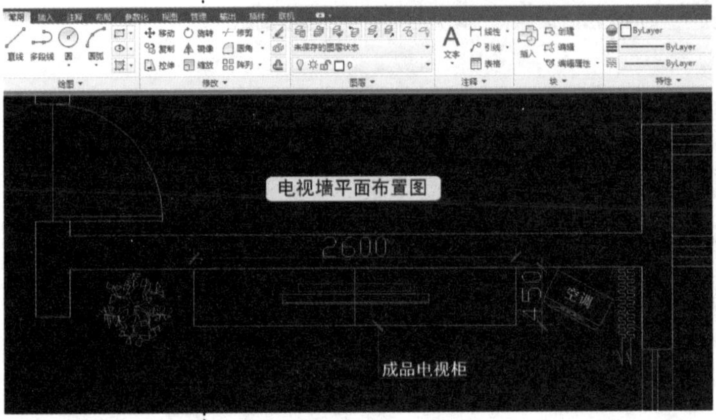

▶ 图7.3-17 其他物体布置

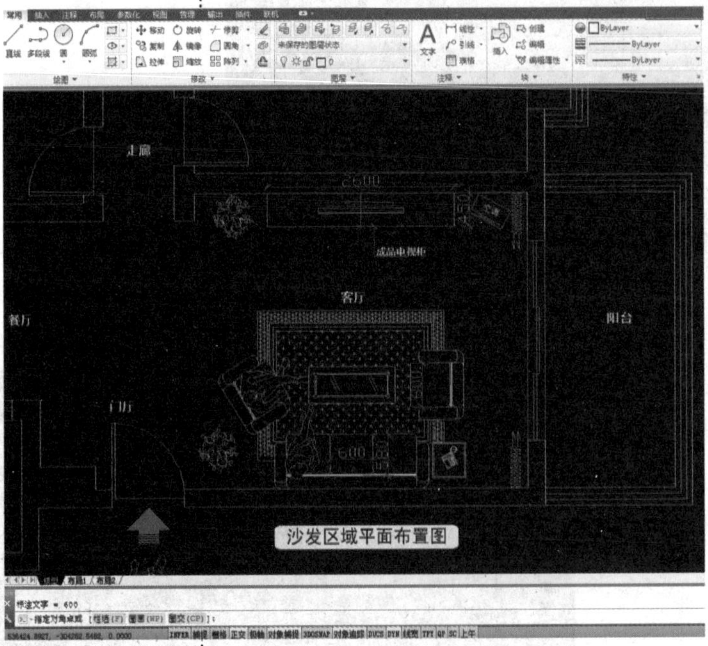

▶ 图7.3-18 客厅布置效果

(03)电视墙其他位置的物品布置。打开随书光盘【图库整理】文件，选择电视机、装饰织物、空调等物品，按键盘Ctrl+C复制到当前操作的AutoCAD文件中，并将其放置到电视墙的正确位置处，最终效果如图7.3-17所示。

(04)沙发背景墙位置的平面布置。打开随书光盘【图库整理】文件，选择沙发、窗帘等物品，按键盘Ctrl+C复制到当前操作的AutoCAD文件中，并将其放置到正确的位置处。通过执行【线性标注(DLI)】命令，对沙发坐垫的长宽尺寸进行标注，最终效果如图7.3-18所示。

2.阳台的平面布置

阳台的平面布置比较简单，打开随书光盘【图库整理】文件，选择休闲椅、装饰植物等物品，将其复制到当前操作的AutoCAD文件中并放置到正确位置。执行【线性标注(DLI)】命令对放置的休闲椅和洗衣机进行尺寸标注，如图7.3-19所示。

小结：**打开【图库整理】文件后，按键盘的Ctrl+C快捷键选择需要的图形文件，继续按键盘的Ctrl+Tab快捷键切换到操作图纸中，最后按键盘的Ctrl+V快捷键将文件放置到图纸的正确位置即可。在操作过程中注意快捷键之间的转化操作。**

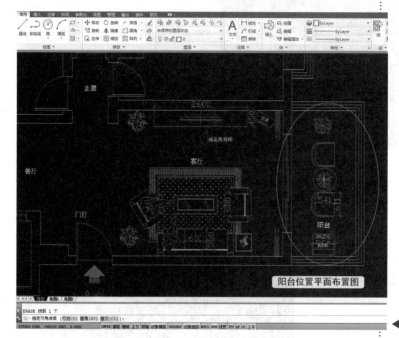

◀ 图7.3-19 阳台布置效果

7.3.5 门厅和餐厅的平面布置

1.门厅的鞋柜布置

(01)鞋柜的范围线绘制。结构图中门厅放置鞋柜的位置比较特殊，在本案例中需要把鞋柜做的宽一些，在满足放鞋子的同时上柜还能挂衣服。选择鞋柜位置的左侧线和下侧线，分别执行【偏移(O)】距离600mm和910mm的操作，如图7.3-20所示。

(02)鞋柜的层板线绘制。根据绘制的鞋柜范围线，通过执行【矩形(REC)】命令绘制鞋柜的最外侧范围线。绘制完成后，通过执行【偏移(O)】距离20mm的操作得到鞋柜

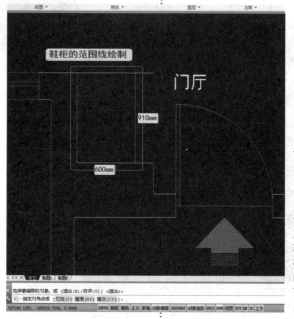

▲ 图7.3-20 确定鞋柜的范围

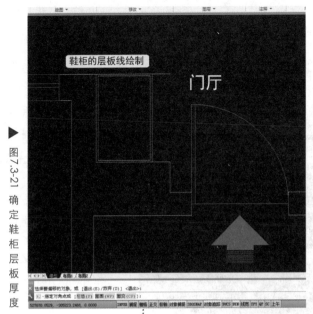

▶ 图7.3-21 确定鞋柜层板厚度

▶ 图7.3-22 鞋柜的样式确定

▼ 图7.3-23 鞋柜的线型设置

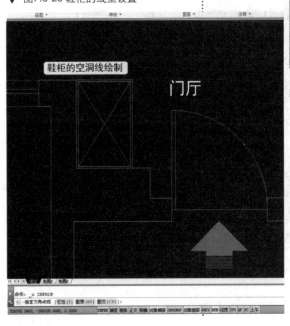

的层板线，如图7.3-21所示。最后选择图纸中多余的直线执行【删除(E)】操作即可。

(03)鞋柜的空洞线绘制和颜色设置。鞋柜的内部结构为空洞的柜板区域，通过执行【直线(L)】命令绘制内部空洞线，如图7.3-22所示。绘制完成后，通过【对象颜色】按钮设置鞋柜的层板线为【颜色：45】，鞋柜的空洞线为【灰色：252】，最终如图7.3-23所示。

(04)鞋柜的尺寸标注和文字标注。通过执行【线性标注(DLI)】命令，对鞋柜的长宽尺寸进行标注，如图7.3-24所示。继续执行【引线标注(LE)】和【文字(T)】命令对鞋柜进行引线文字标注，如图7.3-25所示。

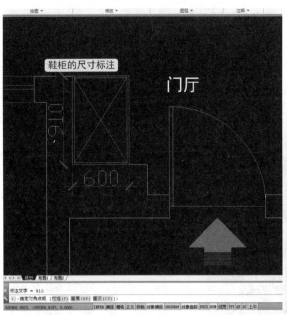

▶ 图7.3-24 鞋柜的尺寸标注

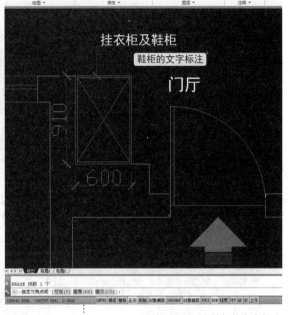

▲ 图7.3-25 鞋柜的文字标注

2.餐厅及阳台的平面布置

餐厅和餐厅阳台的平面布置主要是对餐桌和阳台冰箱的家具布置。打开随书光盘【图库整理】文件，选择餐桌、冰箱物品，将其复制到操作的AutoCAD文件中并放置到正确的位置。执行【线性标注(DLI)】命令对放置的餐桌进行尺寸标注，如图7.3-26所示。

小结：在通过执行【偏移(O)】操作得到鞋柜的外围范围线后，用【矩形(REC)】绘制外围范围线是为后面【偏移(O)】鞋柜层板厚度做准备，这样操作的优点是减少中间操作的环节和步骤，加快制图的速度和准确性。

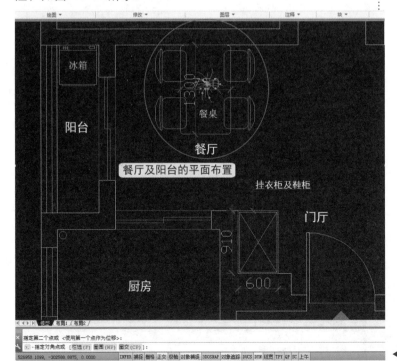

◀ 图7.3-26 餐厅及阳台的平面布置

7.3.6 主次卧室的平面布置

在日常的家庭生活中，主卧室和次卧室一般为居家主人的私密场所。主次卧室在满足人的正常休息功能外，还要保证有基本的储藏空间放置日常衣物和被褥等物品。因此主次卧室的平面布置主要是对床、大衣柜、梳妆台、窗帘等家具的基本布置。

1.主卧室的平面布置

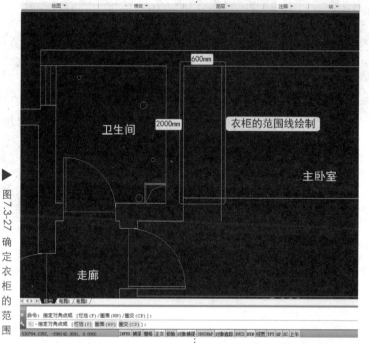

(01)衣柜的范围线绘制。根据测量的尺寸数据，确定主卧室的大衣柜尺寸为【长度：2000mm】。选择衣柜位置的左侧线和上侧线，分别执行【偏移(O)】距离600mm和2000mm的操作，如图7.3-27所示。

(02)衣柜的层板线绘制。根据绘制的衣柜范围线，通过执行【矩形(REC)】命令绘制衣柜最外侧范围线。绘制完成后，通过执行【偏移(O)】距离20mm的操作得到衣柜的层板线，最后选择图纸中多余的直线执行【删除(E)】操作即可。如图7.3-28所示。

▶ 图7.3-27 确定衣柜的范围

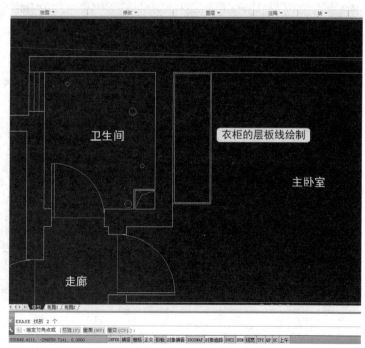

▶ 图7.3-28 确定衣柜层板厚度

(03)挂衣架的放置和衣柜颜色设置。打开随书光盘【图库整理】文件，选择挂衣架物品，将其复制到图纸中并放置到衣柜的正确位置处，如图7.3-29所示。操作完成后，通过【对象颜色】按钮设置衣柜范围线【颜色：45】，衣柜的挂衣杆颜色为【灰色：252】，最终如图7.3-30所示。

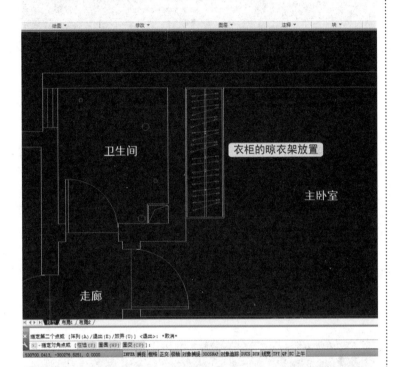

◀ 图7.3-29 衣柜最终样式

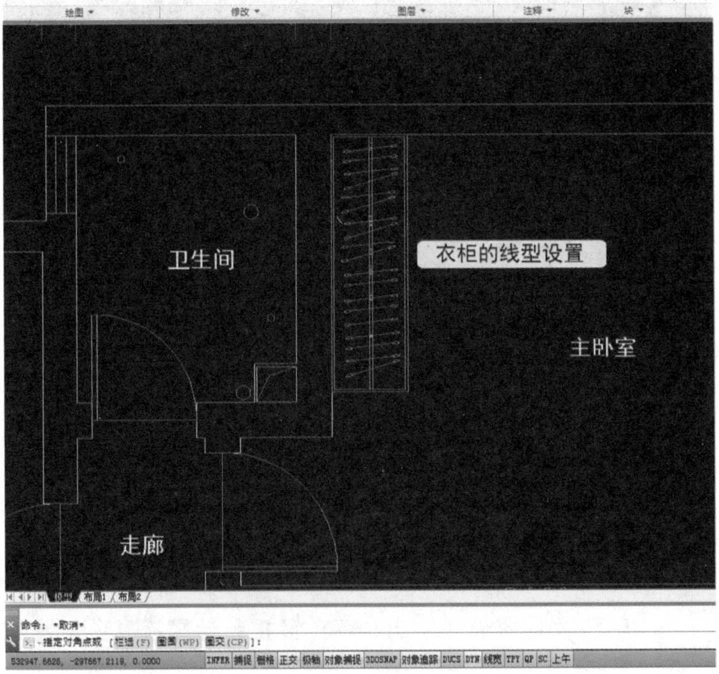

◀ 图7.3-30 衣柜的线型修改

(04)衣柜的尺寸标注和文字标注。通过执行【线性标注(DLI)】命令，对衣柜的长宽尺寸进行标注，如图7.3-31所示。继续执行【引线标注(LE)】和【文字(T)】命令对衣柜进行文字引线标注，如图7.3-32所示。

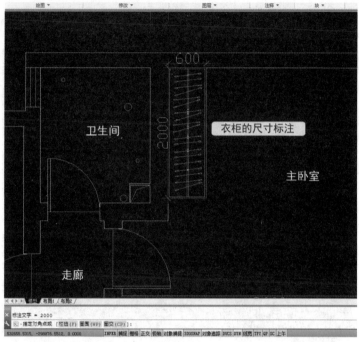

▶ 图7.3-31 衣柜的尺寸标注

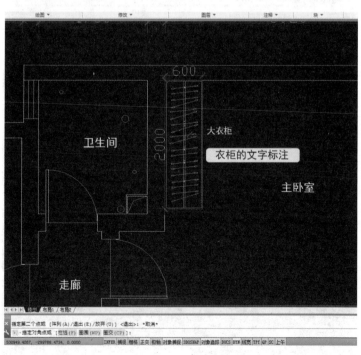

▶ 图7.3-32 衣柜的文字标注

(05)梳妆台的样式绘制和颜色设置。选择梳妆台位置的右侧墙体线,向右侧方向依次执行【偏移(O)】距离200mm和1000mm的操作,得到梳妆台的左右尺寸界线。选择梳妆台下侧墙体线,向上侧方向执行【偏移(O)】距离600mm的操作,得到梳妆台的宽度线。图形整理后效果如图7.3-33所示。梳妆台样式绘制完成后,通过【对象颜色】按钮设置梳妆台范围线为【颜色:45】,如图7.3-34所示。

(06)梳妆台的尺寸标注和文字标注。通过执行【线性标注(DLI)】命令,对梳妆台的长宽尺寸进行标注。通过执行【文字(T)】命令对梳妆台进行文字标注,尺寸标注和文字标注后最终效果如图7.3-35所示。

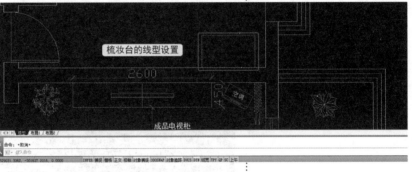

右▶
图7.3-33 梳妆台的样式绘制

▶
图7.3-34 梳妆台的线型修改

◀图7.3-35梳妆台的尺寸标注和文字标注

(07)主卧室其他物品布置。打开随书光盘【图库整理】文件,选择双人床、窗帘、椅子等物体模型,将其复制到当前操作的AutoCAD文件中并放置到正确的位置。执行【线性标注(DLI)】命令对放置的双人床进行长宽尺寸标注,如图7.3-36所示。

小结: 如果复制的挂衣架模型放到衣柜中大小不合适,可以通过执行【剪切(TR)】、【延伸(EX)】和【删除(E)】等命令对挂衣架模型进行图形整理。图库模型文件放置位置后,切记对其进行最终的尺寸标注。

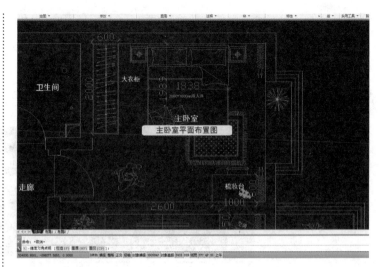

▶图7.3-36 主卧室的平面布置

2.次卧室的平面布置

在次卧室的平面布置图中，注意双人床的尺寸和大衣柜的长度尺寸跟主卧室有区别的。在绘制的过程中注意对次卧室进行装饰植物的布置，以丰富图纸的信息和结构。次卧室的平面布置最终如图7.3-37所示。

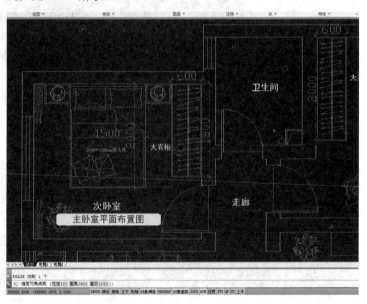

▶图7.3-37 次卧室的平面布置

7.3.7 厨房和卫生间的平面布置

1.厨房的平面布置

(01)橱柜的样式绘制和颜色设置。根据空间结构确定橱柜的绘制位置后，通过执行【偏移(O)】距离600mm的操作得到橱柜的宽度线位置，图形整理后如图7.3-38所示。样式绘制完成后，通过【对象颜色】按钮设置橱柜范围线为【颜色：蓝色】，如图7.3-39所示。

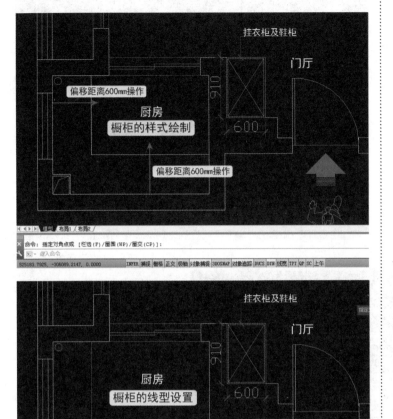

◀ 图7.3-38 橱柜的位置确定

◀ 图7.3-39 橱柜的线型修改

(02)橱柜的尺寸标注和其他物品的布置。通过执行【线性标注(DLI)】命令对橱柜长宽进行尺寸标注，如图7.3-40所示。打开随书光盘【图库整理】文件，选择洗菜盆、打火灶等物品，将其复制到操作的图纸中并放置到正确位置，如图7.3-41所示。

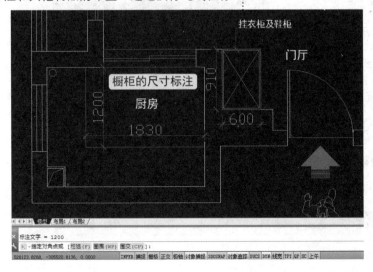

◀ 图7.3-40 橱柜的尺寸标注

小结：厨房的平面布置主要是对空间内的日常厨具用品进行布置。在布置的过程中，打火灶的位置一般是放置在燃气管道的位置附近，洗手盘的位置一般放置在厨房主下水管道的位置附近。

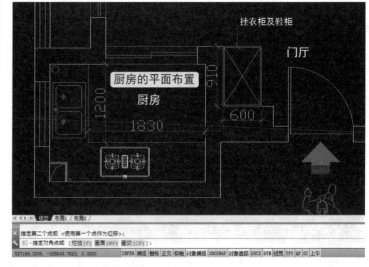

▶图7.3-41 厨房布置图

▶图7.3-42 洗手台的位置确定

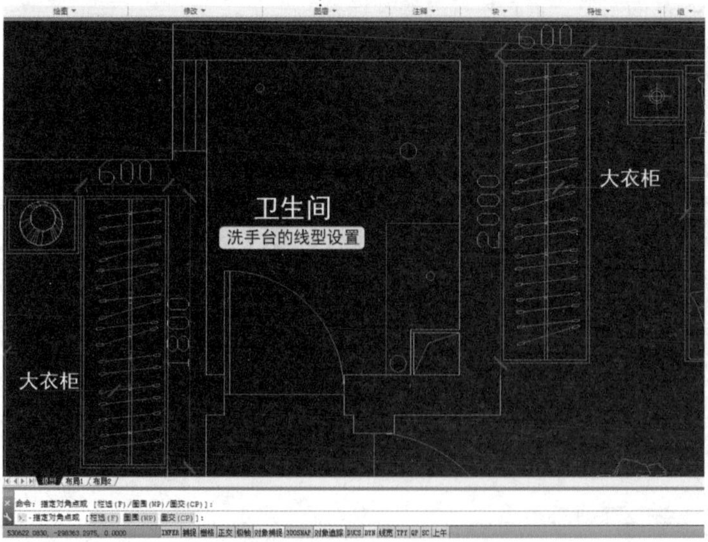

▶图7.3-43 洗手台的线型修改

2.卫生间的平面布置

(01)洗手台的样式绘制和颜色设置。根据空间结构确定洗手台的放置位置，选择洗手台位置右侧和下侧墙体线，分别执行【偏移(O)】距离500mm和1000mm的操作，图形整理后如图7.3-42所示。样式绘制完成后，通过【对象颜色】按钮设置洗手台范围线为【颜色：蓝色】，如图7.3-43所示。

(02)洗手台尺寸标注和卫生间其他物品的布置。通过执行【线性标注(DLI)】命令对布置的洗手台进行长宽尺寸标注，如图7.3-44所示。打开随书光盘【图库整理】文件，选择马桶、花洒等物品，将其复制到图纸中并放置到正确位置，如图7.3-45所示。

平面布置图如图7.3-46所示。

小结：在对卫生间空间结构进行平面布置时，马桶放置在马桶下水口位置处是固定不变的。如果必须对马桶位置进行移动，可以安装马桶移位器，但是移动的距离也是非常有限的，尽量不要对马桶位置进行移动，以免导致下水管道的堵塞情况出现。

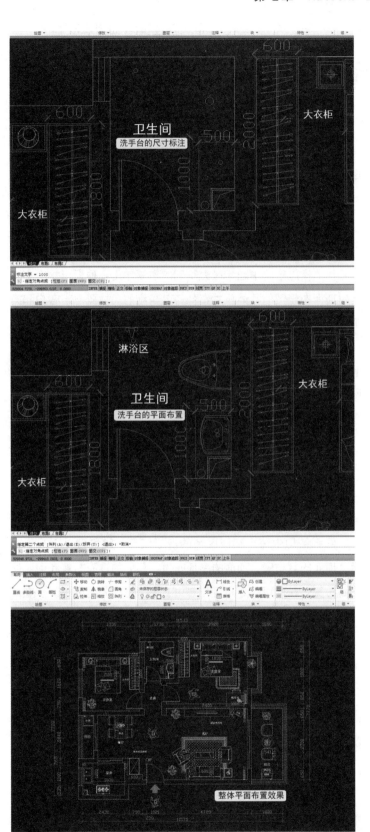

◀ 图7.3-44 洗手台的尺寸标注

◀ 图7.3-45 卫生间的平面布置

◀ 图7.3-46 平面布置图

7.4 AutoCAD 2013顶面布置图和顶面尺寸图的绘制

7.4.1 顶面图纸的组成部分和绘制要求

1.顶面图纸的组成部分

顶面图纸的是绘制室内设计方案中比较重要的一环，它不仅仅关系到室内设计方案的完整性，还牵扯到设计方案在具体施工中的现实问题。顶面图纸由两部分组成：一部分是顶面的布置图纸，一部分是顶面的尺寸图纸。

顶面布置图纸主要是针对房屋结构中顶面设计方案的绘制，是后期工程采购和工程施工的基础组成部分，在整个图纸的绘制和工程的实施过程中起着最为基础的重要作用。顶面尺寸图主要是对顶面布置图的具体尺寸解释，以精细的尺寸概念给客户和施工人员展现顶面的设计方案和顶面的设计效果。

在本案例的讲解叙述过程中，将顶面布置图和顶面尺寸图合并讲解和绘制，以便对顶面布置图和顶面尺寸图有更深入的了解和概念。

2.顶面图纸的绘制要求

顶面图纸主要是展现房屋结构中的顶面设计方案。方案图纸中的信息表达不仅要完善而且更要详细，让客户和施工方更能清楚地看到顶面方案中的空间结构和空间特点，为整体设计方案的顺利实施和实现提供强大的图纸保证。

图纸结构中每个空间区域的顶面信息一般包含以下几个方面：顶面的灯布置、顶面的吊顶布置、顶面的饰面布置和顶面的标高布置。在顶面的灯布置环节中，要清楚地表达出每一个空间用灯的基本类型，例如吊灯、吸顶灯、暗藏灯带、节能射灯等。在顶面的吊顶布置环节中要清楚地表达出空间区域的吊顶类型，例如石膏板吊顶，扣板吊顶等。在顶面的饰面布置环节中要清楚的表达出顶的饰面类型，例如乳胶漆饰面、壁纸饰面等。标高就是对吊顶下侧面到地面的距离进行的高度说明。

7.4.2 客厅和阳台的顶面布置

1.原始结构图纸的清理

在绘制顶面布置图之前，通过执行【复制(CO)】命令把原始结构图复制一份，根据顶面布置图的基本要求对原始结构图进行图纸清理，清理对象包含对内部尺寸标注的清理、内部管道图形的清理等，最终如图7.4-01所示。

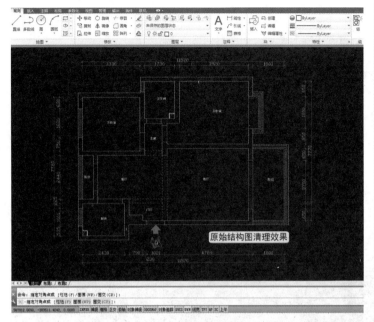

◀ 图7.4-01 图纸清理

2.客厅位置的顶面布置

(01)客厅的石膏板吊顶布置。根据客厅的顶面结构特点，首先绘制出窗帘盒的位置，选择右侧墙体线，向左侧执行【偏移(O)】距离200mm的操作，整理后效果如图7.4-02所示。执行【矩形(REC)】命令绘制客厅吊顶的最外侧范围线，选择范围线执行【偏移(O)】距离450mm的操作，得到客厅吊顶的宽度线位置，如图7.4-03所示。

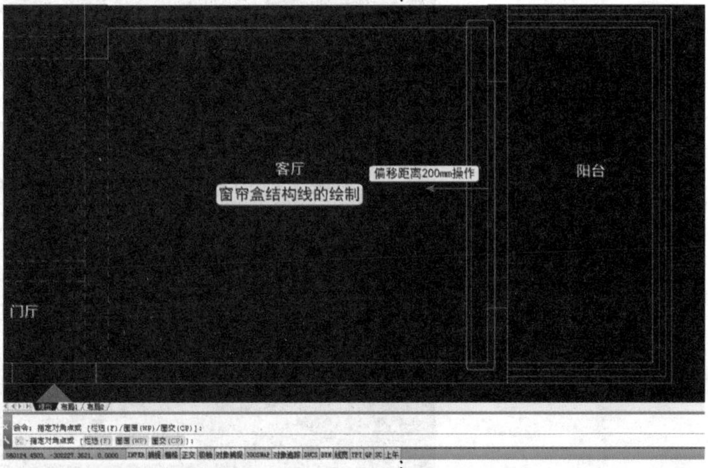

(02)客厅的灯布置。选择石膏板吊顶的宽度线，向外侧方向执行【偏移(O)】距离50mm的操作，得到吊顶的暗藏灯带线位置。选择暗藏灯带线，对其进行【对

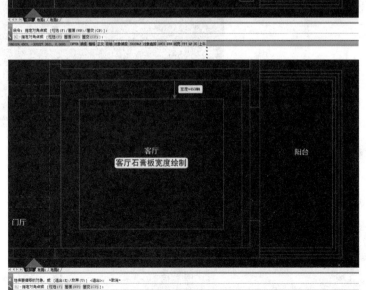

◀ 图7.4-02 绘制窗帘盒

◀ 图7.4-03 确定吊顶宽度

象颜色】和【线型】的设置，如图7.4-04所示。打开随书光盘
【图库整理】文件，选择吊灯和射灯模型，将其复制到图纸中并
放置到正确的位置，如图7.4-05所示。

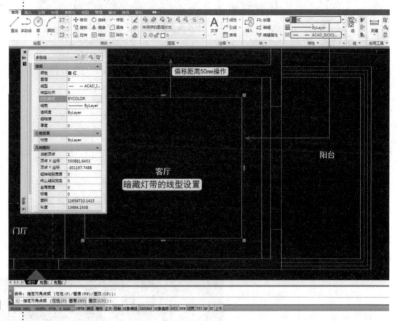

▶ 图7.4-04 暗藏灯带的绘制

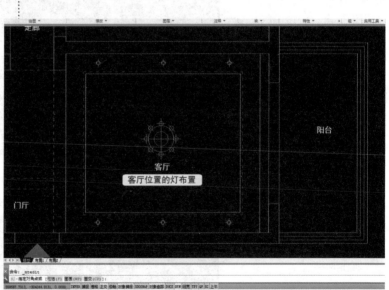

▶ 图7.4-05 客厅的灯布置

(03)客厅的饰面布置和标高布置。客厅顶面为白色乳胶漆饰
面，其房屋总体高度2600mm。通过执行【直线(L)】命令绘制标
高样式线，通过【对象颜色】按钮设置样式线【颜色：绿色】，
如图7.4-06所示。执行【文字(T)】命令，对顶面的饰面类型和房
屋高度数据进行文字说明，最终如图7.4-07所示。

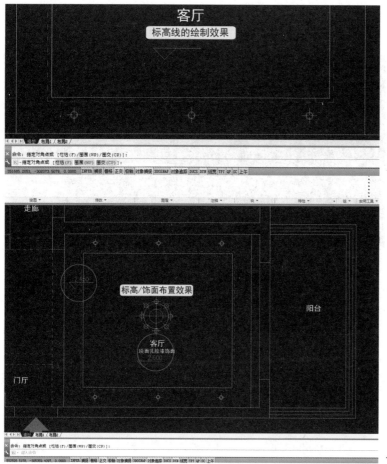

▲ 图7.4-06 标高样式线

▲ 图7.4-07 饰面和标高布置

(04)客厅吊顶的引线标注。顶面布置图中，对绘制的顶面类型和图标样式需要进行文字说明。通过执行【引线标注(LE)】命令，对客厅吊顶部分需要引线说明的部分进行引线绘制，如图7.4-08所示。执行【文字(T)】命令对引线部分进行文字说明，如图7.4-09所示。

小结：客厅的石膏板宽度尺寸为450mm，石膏板厚度和放置暗藏灯带的空隙高度之和为150mm，所以客厅石膏板位置的标高为2450mm。标高数据就是标高样式的绿色箭头所指位置距离地面的高度数据。

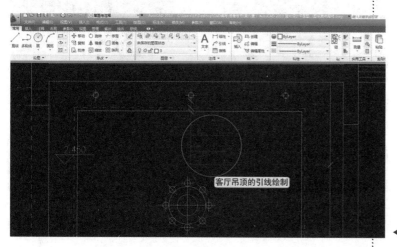

▲ 图7.4-08 引线样式绘制

▶ 图7.4-09 引线文字说明

3.阳台位置的顶面布置

本结构图纸中有两个阳台的区域位置，一个是客厅阳台部分，一个是餐厅阳台部分。本案例中以客厅阳台为例进行顶面布置的讲解。

(01)阳台的石膏线吊顶布置。阳台位置的吊顶一般情况下都是用石膏线进行处理的。首先通过执行【矩形(REC)】命令，得到石膏线的最外围范围线。依次向内侧执行【偏移(O)】距离30mm和20mm的操作，得到两条石膏样式线。选择石膏样式线，通过【对象颜色】按钮将其颜色改为【灰色：252】，最终效果如图7.4-10所示。

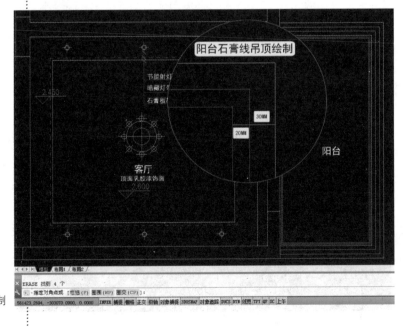

▶ 图7.4-10 石膏线的绘制

(02)阳台灯、饰面和标高布置。打开随书光盘【图库整理】文件，选择吸顶灯模型，将其复制到图纸中并放置到正确位置。选择客厅吊顶部分的饰面说明和标高，通过执行【复制(CO)】命令将其放置在阳台吊顶正确位置处，效果最终如图7.4-11所示。

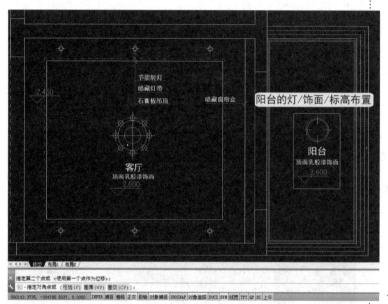

◀ 图7.4-11 饰面和标高布置

(03)阳台吊顶的引线标注。分别通过执行【引线标注(LE)】命令，对阳台石膏线吊顶部分进行引线绘制，执行【文字(T)】命令对引线位置进行文字说明，效果如图7.4-12所示。

小结：在绘制阳台部分石膏线吊顶样式时，石膏线样式的偏移距离没有特别的精确数据，只是绘制大概的图形样式代表石膏线样式即可。在其他区域的顶面图纸绘制中，像顶面的饰面、标高和引线说明等图形样式可以通过复制操作，以加快图纸的操作速度。

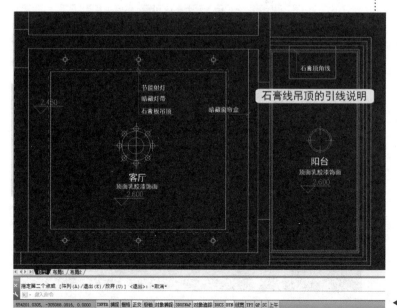

◀ 图7.4-12 引线说明

7.4.3 走廊和餐厅的顶面布置

在本案例的顶面设计方案中，走廊位置全部是石膏板吊顶，并且石膏板中间部分根据走廊的总长度进行等段划分，其划分位置就是走廊的石膏板漏缝位置。餐厅部分也是石膏板吊顶，并且根据餐桌的尺寸进行样式吊顶，并在内侧放置暗藏灯带。

1.走廊的顶面布置

(01)走廊吊顶左侧界线绘制。走廊吊顶的右侧界线即顶梁位置，左侧界线根据图纸的需要通过执行【直线(L)】命令绘制得到，如图7.4-13所示。继续通过执行【剪切(TR)】和【删除(E)】命令对走廊吊顶范围内的图形进行最终整理，如图7.4-14所示。

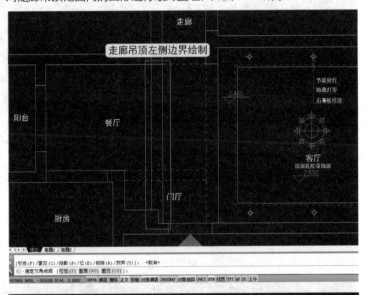

▶ 图7.4-13 走廊的边界绘制

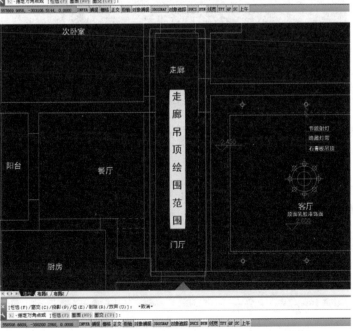

▶ 图7.4-14 吊顶的位置确定

(02)走廊的石膏板吊顶布置。根据走廊的总长度，通过执行【DIV(绘制定数等分)】命令，将走廊总长度均分为5段。执行【线(L)】命令捕捉划分的【节点】位置，向一侧方向绘制直线，直线的结束点为走廊另一侧界线位置，如图7.4-15所示。

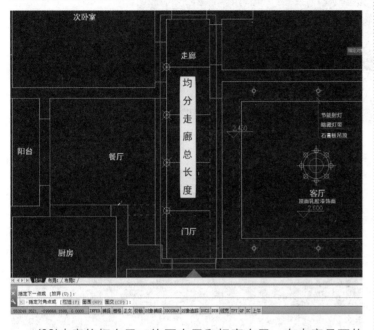

◀ 图7.4-15 均分走廊长度

(03)走廊的灯布置、饰面布置和标高布置。在走廊吊顶的分段区域内，布置射灯以增加场景的灯光亮度和层次。通过执行【复制(CO)】和【移动(M)】命令将客厅射灯模型复制到走廊位置，最终效果如图7.4-16所示。继续通过执行【复制(CO)】和【文字(T)】命令，对走廊吊顶的饰面和标高进行布置，如图7.4-17所示。

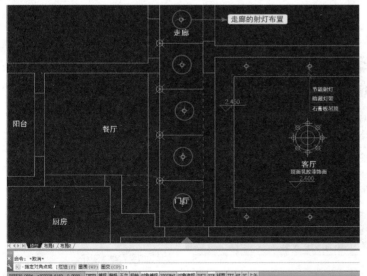

◀ 图7.4-16 走廊的灯布置

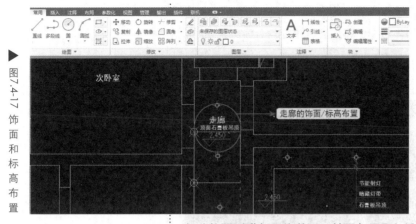

▶ 图7.4-17 饰面和标高布置

(04)走廊吊顶的引线说明。执行【引线标注(LE)】命令，对走廊和门厅石膏板需要说明的部分进行引线绘制，执行【文字(T)】命令对引线位置进行文字说明。操作完成后，对吊顶部分的图形进行最终整理，效果如图7.4-18所示。

小结：在对走廊总长度进行均分五段操作时，因为走廊的左右界线都不是独立的直线，可以事先通过执行【直线(L)】命令，在走廊的界线位置处绘制一条总长度线，通过执行【DIV(绘制定数等分)】操作把走廊长度均分5段。

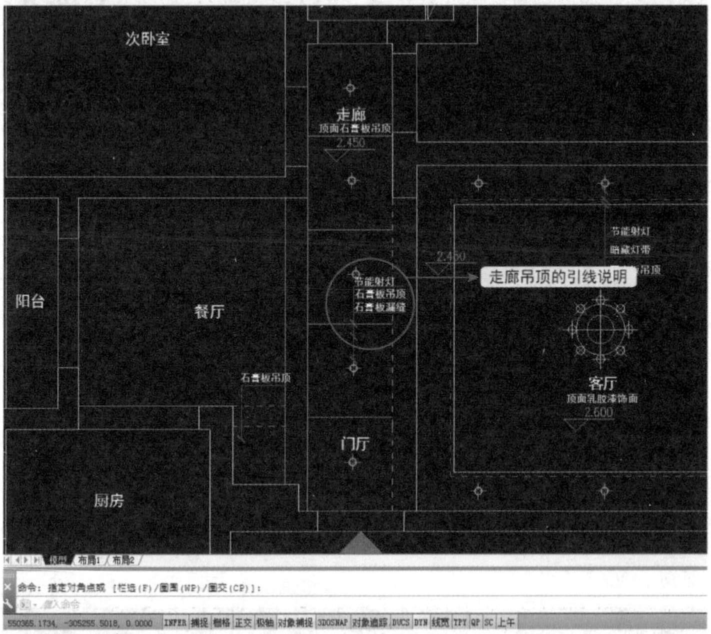

▶ 图7.4-18 引线说明

2.餐厅的顶面布置

(01)餐厅的石膏板吊顶布置。通过执行【直线(L)】命令捕捉墙体线的中间点并绘制1600mm直线，得到餐厅石膏板吊顶的长度。选择绘制的长度线，向两侧方向执行【偏移(O)】距离600mm的操作得到石膏板吊顶的宽度，图形整理后效果如图7.4-19所示。

▶ 图7.4-19 石膏板的样式绘制

(02)餐厅的灯布置。选择餐厅吊顶的外围线，执行【偏移(O)】距离50mm的操作得到暗藏灯带线并进行图形整理，并通过【笔刷(MA)】命令和客厅的暗藏灯带线进行特性匹配，如图7.4-20所示。打开随书光盘【图库整理】文件，选择餐厅灯物品，将其复制到当前操作的图纸中并放置到正确位置，最终如图7.4-21所示。

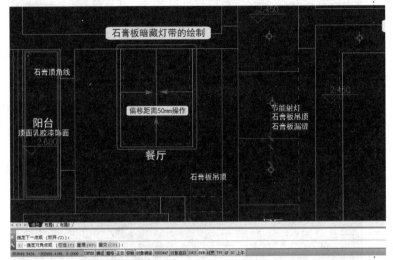

◀ 图7.4-20 暗藏灯带绘制

◀ 图7.4-21 餐厅的吊灯布置

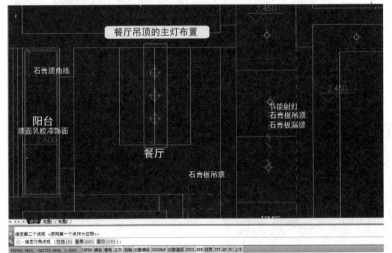

(03)餐厅的饰面、标高布置和引线说明。通过执行【复制(CO)】和【移动(M)】命令对餐厅位置的饰面和标高进行布置，效果如图7.4-22所示。执行【引线标注(LE)】和【文字(T)】命令，对餐厅石膏板位置需要说明的部分进行引线说明，如图7.4-23所示。

小结：餐厅的石膏板吊顶布置中，注意石膏板吊顶的长宽尺寸。在进行灯、饰面布置时，可以选择其他位置的文字说明和标高样式，通过执行【复制(CO)】和【移动(M)】命令对其进行操作，以加快制图速度。

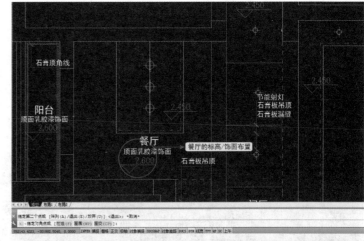

▶ 图7.4-22 饰面和标高布置

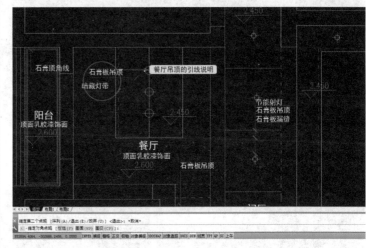

▶ 图7.4-23 引线说明

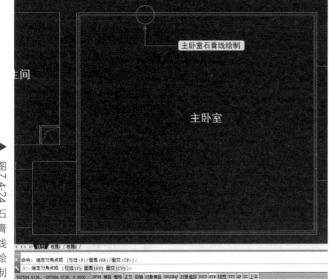

▶ 图7.4-24 石膏线绘制

7.4.4 主次卧室的顶面布置

主卧室和次卧室的顶面布置以简单大方为主，主要是针对顶面的灯、饰面、标高和石膏线布置。而本案例比较特殊的地方就是在主卧室的门口位置有一处石膏板吊顶布置。

1.主卧室的顶面布置

（01）主卧室的石膏线吊顶布置。确定布置石膏线的位置后，通过执行【矩形(REC)】命令绘制石膏线的总范围线。绘制完成后，依次执行【偏移(O)】距离30mm和20mm的操作得到石膏线的样式线，并修改样式线颜色为【灰色：252】，如图7.4-24所示。

(02)主卧室吊灯、饰面和标高布置。打开随书光盘【图库整理】文件，选择卧室灯和射灯图形，将其复制到图纸中并放置到正确的位置。选择其他位置的标高和饰面说明，通过执行【复制(CO)】和【移动(M)】命令将其放置到主卧室正确位置，如图7.4-25所示。

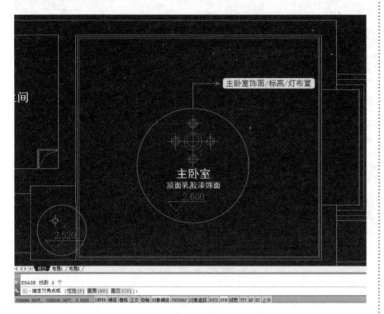

◀ 图7.4-25 吊灯、饰面和标高布置

（03）主卧室引线说明。对主卧室顶面吊顶类型分析后，执行【引线标注(LE)】和【文字(T)】命令，对主卧室石膏线和石膏板吊顶需要说明的部分进行引线说明，最终效果如图7.4-26所示。

小结：在对主卧室吊顶部分进行标高布置时，注意门口石膏板吊顶位置的标高数据含义。因为主卧室主空间吊顶采用石膏线吊顶，而石膏线的高度为80mm，所以门口石膏板吊顶位置的标高数据为2520mm。

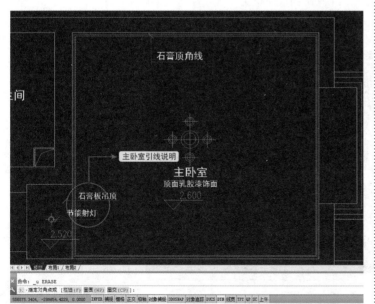

◀ 图7.4-26 引线说明

2.次卧室的顶面布置

次卧室的顶面布置主要包括对顶面吊灯、石膏线、饰面和标高的布置。其操作的方法和流程可以参考主卧室的顶面布置进行绘制。次卧室顶面布置效果如图7.4-27所示。

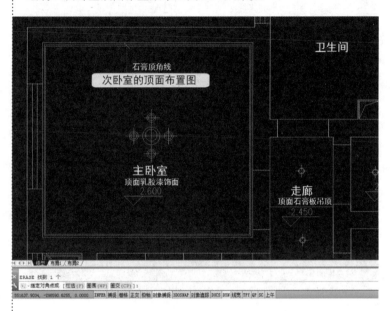

▶ 图7.4-27 次卧室的顶面布置

7.4.5 厨房和卫生间的顶面布置

厨房和卫生间的顶面布置主要是对顶面铝扣板吊顶、顶面灯和标高的布置。在实际的生间和厨房吊顶材料中，主要有塑钢扣板吊顶、铝扣板吊顶和防水石膏板吊顶。

1.厨房的顶面布置

(01)厨房饰面说明、标高和灯布置。选择其他位置的饰面说明、标高和吊灯模型，通过执行【复制(CO)】和【移动(M)】命令，将其放置在厨房正确位置处并修改文字内容，最终效果如图7.4-28所示。

(02)厨房的铝扣板吊顶布置。厨房吊顶部分要满铺铝扣板，通过执行快捷键

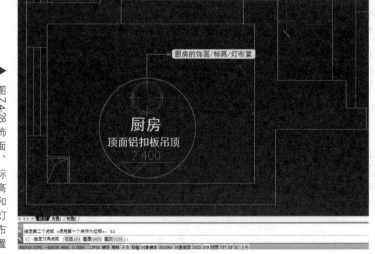

▶ 图7.4-28 饰面、标高和灯布置

H+Space操作，在弹出的【图案填充创建】选项卡中设置【图案：BRASS】、【颜色：252】和【比例：50】的参数，然后点击拾取需要填充的区域位置，如图7.4-29所示。

小结：在厨房顶面布置的操作流程中，因为图案填充的图案对内部物体有捕捉其外围轮廓的功能，所示首先要对顶面的饰面、吊灯和标高进行布置，这样填充的图案就会自动避开空间的内部物体，使图纸更加清晰明了。

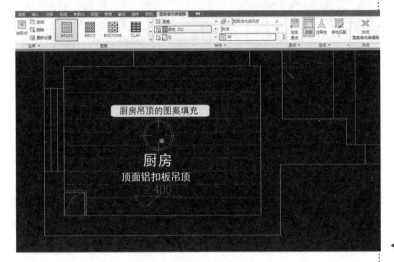

◀ 图7.4-29 厨房吊顶布置

2.卫生间的顶面布置

卫生间的顶面布置也是主要对顶面的铝扣板、顶面灯和顶面的标高布置，效果如图7.4-30所示。顶面布置完成后整体效果如图7.4-31所示。

◀ 图7.4-30 卫生间的吊顶布置

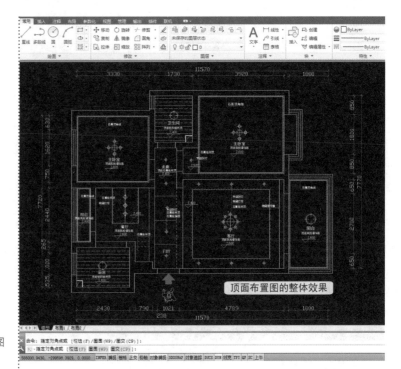

顶面布置图的整体效果

▶ 图7.4-31 顶面布置图

7.4.6 顶面尺寸图的绘制

　　顶面尺寸图是在顶面布置图的基础上绘制得来的。通过执行【复制(CO)】命令将顶面布置图复制一份作为顶面尺寸图的操作基础。

　　顶面尺寸图主要是针对顶面布置中的各种吊顶类型进行尺寸标注。主要包含对石膏板的左右宽度、上下长度标注，对铝扣板吊顶的总长和总宽标注，对石膏线的总长和总宽标注，如图7.4-32、图7.4-33所示。顶面尺寸图完成后整体效果如图7.4-34所示。

小结：在绘制顶面尺寸图之前，通过【复制(CO)】命令将顶面布置图复制一份作为顶面尺寸图的操作基础。顶面尺寸图的绘制过程中一定要仔细准确，主要结构位置的数据一定要清晰明了，为后期施工人员在具体施工时提供可靠、准确的数据保证和支持。

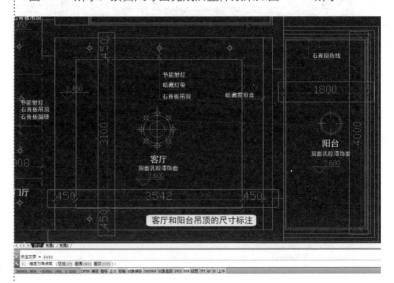

客厅和阳台吊顶的尺寸标注

▶ 图7.4-32 客厅和阳台的顶面尺寸标注

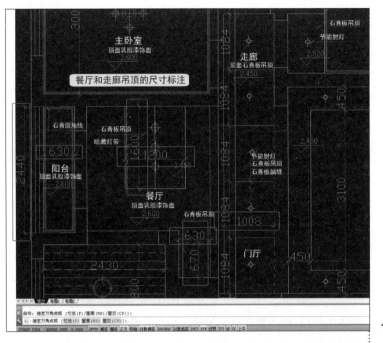

▲图7.4-33 餐厅和走廊的尺寸标注

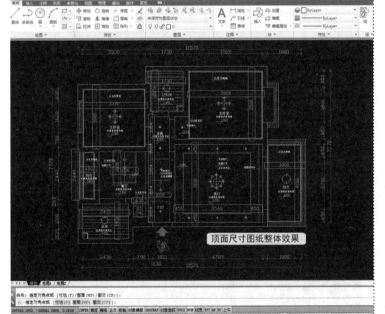

▲图7.4-34 顶面尺寸图

7.5 AutoCAD 2013地面材质图的绘制

地面材质图主要是对房屋结构中地面空间位置的填充材质进行说明。相对于平面布置图、顶面布置图等其他平面类型图纸来说，地面材质图的绘制是比较简单易学的。在操作的过程中注意其绘制的流程顺序和几点问题就可以了。

7.5.1 地面材质图绘制的流程和要求

1.地面材质图绘制的流程

(01)用灰色实体线对空间区域进行间隔。因为每个空间区域的地面材质类型不同。比如客厅铺设地板材质，厨房等区域铺设地砖材质，所以就需要对空间区域进行直线间隔。

(02)对空间区域的地面填充类型进行文字说明。每个空间区域的地面材质类型不同，就需要对空间的地面材质填充类型进行各自的文字性说明。

(03)地面材质类型的图案填充操作。图案填充操作的流程和参数设置，可以参照前面章节图案填充部分的讲解作为参考。

2.地面材质图绘制的要求

在实际的施工操作环节中，因为地面铺设的材质不同，所以其尺寸规格也不同。条形地板的尺寸为1200mmx120mm，卫生间和阳台地面砖的尺寸为300mmx300mm，厨房的地砖尺寸为600mmx600mm。

因为地面材质的实际尺寸要求，所以在进行具体的图案填充操作过程中，一定要注意对填充图案的比例把握，尽可能地做到填充图案规格尺寸和现实材质规格尺寸尽量一致。这里需要注意的是，因为在软件中是比例控制尺寸，所以不可能达到填充图案规格尺寸和现实材质规格尺寸完全一致。

图案填充操作完成后，把填充的图案进行【对象颜色】的修改，一般情况下改为灰色，使图纸更具有层次感和设计感。地面材质图绘制完成后效果如图7.5-01所示。

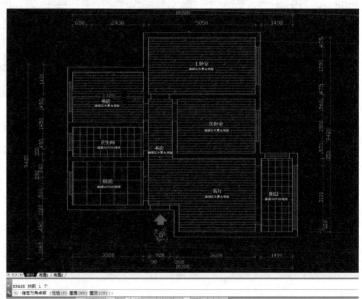

▶ 图7.5-01 地面材质图

7.5.2 空间区域的划分和填充类型的文字性说明

1.空间的区域划分

选择原始结构图,将其通过【复制(CO)】命令得到材质图的基础图纸。仔细观察图纸的整体结构和空间结构,将图纸操作中不需要的信息进行删除整理。执行【直线(L)】命令,对空间区域之间进行灰色实体线间隔,最终如图7.5-02所示。

2.材质填充类型的文字性说明

在本案例的地面材质图纸中,地面材质填充的类型有三个,它们分别是【地面满铺实木复合地板】、【地面满铺300mm×300mm地砖】和【地面满铺600mm×600mm地砖】。

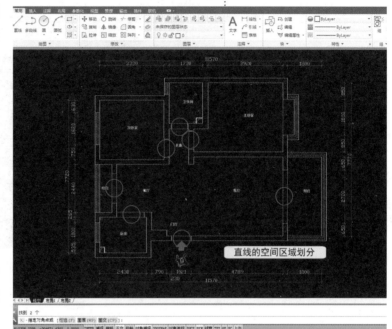

▶ 图7.5-02 图纸清理

图纸中的客厅、走廊、门厅、餐厅和主次卧室都是铺设木地板材质,阳台、卫生间和厨房都是铺设地砖材质。最终效果如图7.5-03所示。

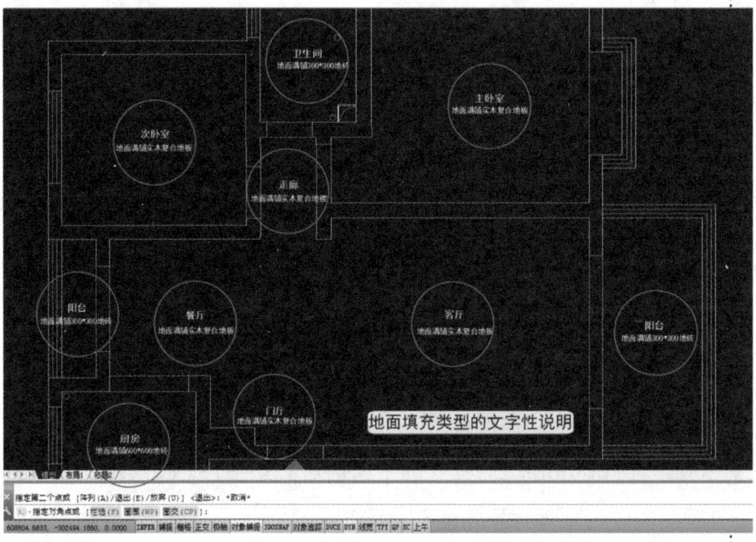

小结:**在具体图纸操作过程中,可以通过执行【笔刷(MA)】命令对空间区域之间的灰色线进行特性匹配。可以通过执行【复制(CO)】和【移动(M)】命令,对每个空间区域地面填充类型的文字性说明进行复制和修改,以加快图纸的操作速度。**

◀ 图7.5-03 文字性说明

7.5.3 空间区域的图案填充操作

1.地板样式的图案填充操作

执行快捷键H+ Space操作，在弹出的【图案填充创建】选项卡中设置【图案：DOLMIT】、【颜色：252】和【比例：20】的参数，点击拾取需要填充地板样式的空间区域，最终效果如图7.5-04所示。

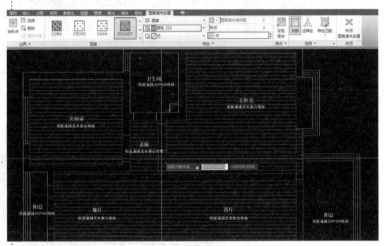

▶ 图7.5-04 地板样式填充

2.地砖样式的图案填充操作

(01)300mmx300mm地砖样式填充。执行快捷键H+ Space操作，在弹出的【图案填充创建】选项卡中设置【图案：NTE】、【颜色：252】和【比例：100】的参数，点击拾取需要填充300mmx300mm地砖样式的空间区域，如图7.5-05所示。

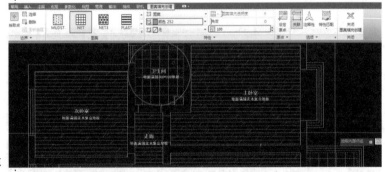

▶ 图7.5-05 小地砖样式填充

(02)600mmx600mm地砖样式填充。执行快捷键H+ Space操作，在弹出的【图案填充创建】选项卡中设置【图案：NET】、【颜色：252】和【比例：200】的参数，点击拾取需要填充600mmx600mm地砖样式的空间区域，如图7.5-06所示。地面材质图完成后整体效果如图7.5-07所示。

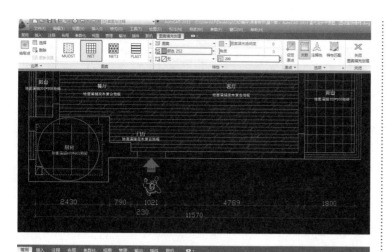

小结：在地面材质图的绘制过程中注意上述所讲的操作流程和问题。首先对区域空间进行直线间隔，再对区域空间的地面填充类型进行文字性说明，最后对区域空间进行图案填充操作。操作中注意图案填充比例对实际尺寸的控制。

◀ 图7.5-06 大地砖样式填充

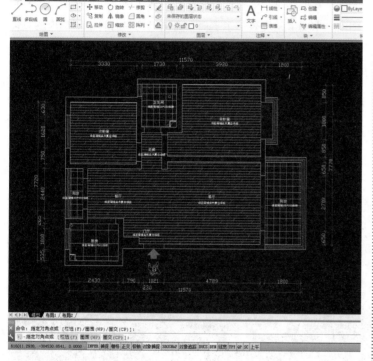

◀ 图7.5-07 地面材质图

7.6 AutoCAD 2013强弱电分布图的绘制

弱电一般是指直流电路或音频、视频线路、网络线路、电话线路，直流电压一般在32V以内。家用电器中的电话、电脑、电视机的信号输入(有线电视线路)、音响设备(输出端线路)等用电器均为弱电电气设备。强电和弱电从概念上讲，一般是容易区别的，主要区别是用途的不同。强电是用作一种动力能源，弱电是用于信息传递。它们大致有如下区别：

(01)交流频率不同。强电的频率为工业用电的频率，弱电的频率往往是高频或特高频。

(02)传输方式不同。强电以输电线路传输，弱电的传输有有线与无线之分。

(03)功率、电压及电流大小不同。

建筑中的弱电主要有两类：一类是国家规定的安全电压等级及控制电压等低电压电能，有交流与直流之分，如24V直流控制电源，或应急照明灯备用电源；另一类是载有语音、图像、数据等信息的信息源，如电话、电视、计算机的信息。

7.6.1 强弱电的基本组成类型

强电弱电分布图是室内设计平面类型图纸中比较常见的一种图纸。强弱电分布图，实际就是各种类型用电的插座分布图。强弱电分布图清楚地表达了平面布置图结构中各种电器插座的具体位置和类型。因为平面布置图中清楚地表达了各种电器的位置，因此平面布置图是强弱电分布图的基础图纸。

强弱电主要有强电类型插座和弱电类型插座两种。强电类型插座主要有【普通五孔插座】、【地面插座】、【防水插座】、【空调插座】，弱电类型插座主要有【电话插座】、【电视插座】和【网线插座】，强弱电插座分类如图7.6-01所示。

小结：在室内设计的强弱电分布图纸中，强电插座有四种类型，弱电插座有三种类型。注意仔细分辨强弱电插座的类型和图样，以便于在后面的图纸操作中清晰明了。

	序号	插座类型名称	插座样式	距离地面距离
强电插座	01	普通五孔插座		350
	02	地面插座		0
	03	防水插座		1200
	04	空调插座		2400
弱电插座	01	电话插座		350
	02	电视插座		350
	03	网线插座		350

▶ 图7.6-01 强弱电分类

7.6.2 客厅和阳台的强弱电分布

1.平面布置图的清理

因为平面布置图是强弱电分布图的基础图纸，执行【复制(CO)】命令将平面布置图复制一份作为强弱电图纸的基础图纸。为了使强弱电分布图更能清楚地显示强弱电插座的分布情况，可以将平面布置图中一些不必要的信息删除掉，例如尺寸标注和文字标注等，清理后效果如图7.6-02所示。

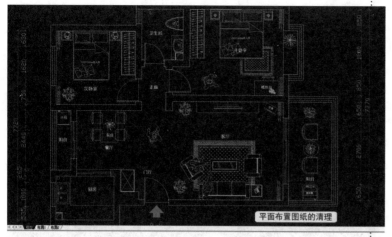

▲ 图7.6-02 图纸清理

2.客厅位置的强弱电分布

客厅的强弱电分布主要分为电视墙位置和沙发背景墙位置的强弱电分布。因为电视背景墙位置放置电视、DVD、空调等电器用品，因此至少布置3～4个普通五孔插座，一个电视插座和一个空调插座。分布完成后效果如图7.6-03所示。沙发背景墙位置，布置一个电话插座和两个普通五孔插座。分布完成后效果如图7.6-04所示。

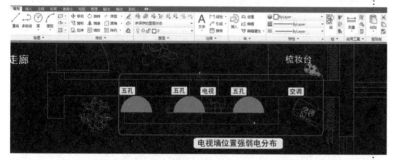

▲ 图7.6-03 电视墙的强弱电分布

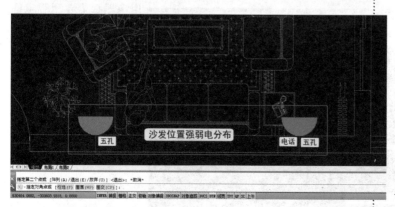

▲ 图7.6-04 沙发背景墙的强弱电分布

3.阳台位置的强弱电分布

图纸中的阳台位置在进行强弱电布置时，注意在洗衣机的位置放置一个普通五孔插座，在阳台墙垛的位置放置一个普通五孔插座，分布完成后效果如图7.6-05所示。

小结：在对客厅和阳台进行强弱电分布时，注意客厅电视机、空调、电话和阳台洗衣机等常用电器的放置位置，根据放置的电器类型进行不同的强弱电分布。

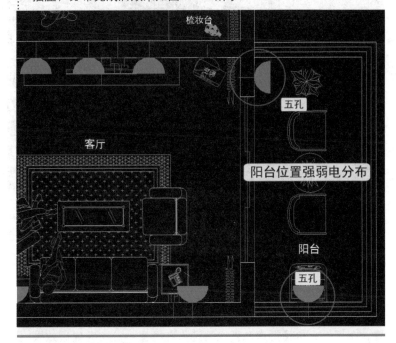

▶图7.6-05 阳台的强弱电分布

7.6.3 厨房和餐厅及餐厅阳台的强弱电分布

1.厨房位置的强弱电分布

厨房位置是房屋结构中比较特殊的位置。在厨房中不仅仅需要用到吸油烟机、热水器等常用电器用品，而且还用到很多其他的厨房电器用品，比如消毒柜、微波炉、电磁炉等。因为这些常用电器都需要用强电插座，所以在厨房的强弱电布置中，除了吸油烟机位置的普通五孔插座外，至少需要安装四个普通五孔插座以便于日常生活所需，厨房位置的强弱电分布最终如图7.6-06所示。

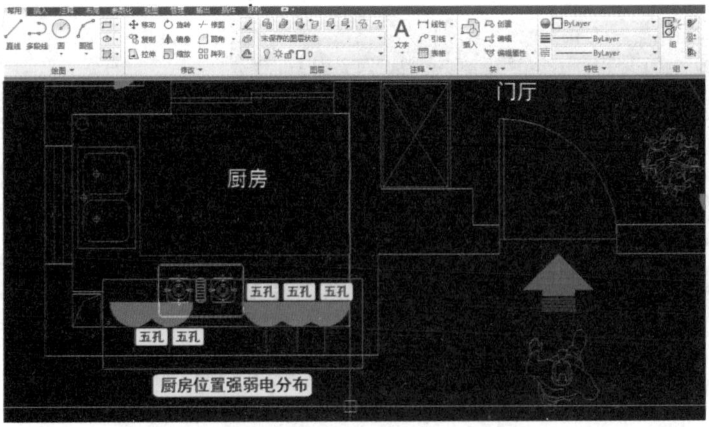

▶图7.6-06 厨房的强弱电分布

2.餐厅及餐厅阳台位置的强弱电分布

在餐厅的背景墙结构位置处，一般布置两个普通五孔插座，为用餐中吃烧烤或者火锅提供基础电源插座。餐厅阳台的强弱电布置跟客厅阳台类似。最终效果如图7.6-07所示。

小结：**在餐厅阳台的强弱电布置中，注意冰箱位置要放置一个普通五孔插座。在厨房的强弱电布置中，注意吸油烟机位置要放置一个普通五孔插座，并且一定要注意在洗菜盆附近严禁放置普通五孔插座。**

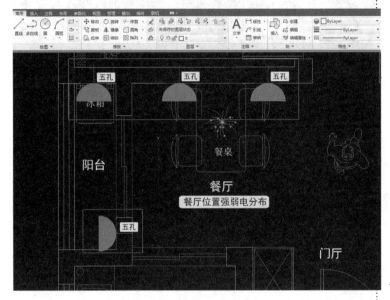

◀ 图7.6-07 餐厅及阳台的强弱电分布

7.6.4 主次卧室和卫生间的强弱电分布

1.主次卧室位置的强弱电分布

(01)主卧室位置的强弱电分布。主卧室是居家主人日常休息的场所，其强弱电布置尽量为其提供最大的方便。主卧室床头背景墙位置一般布置两个普通五孔插座，为了通话和上网方面，需要布置一个电话插座和一个网线插座。在和背景墙相对位置的墙体上一般布置2～3个普通五孔插座，一个电视插座，分布最终如图7.6-08所示。

(02)次卧室位置的强弱电分布。次卧室结构的强弱电布置就不像主卧室那样详细和具体了，一般在其床头背景墙位置布置两个普通五孔插座，一个网线插座即

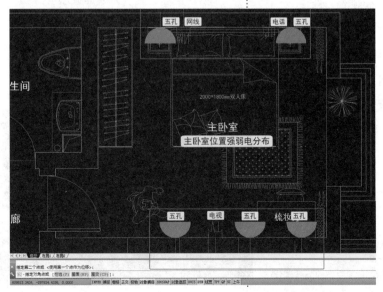

▶ 图7.6-08 主卧室的强弱电分布

可，在和床头背景墙相对的墙体位置布置两个普通五孔插座，分布最终如图7.6-09所示。

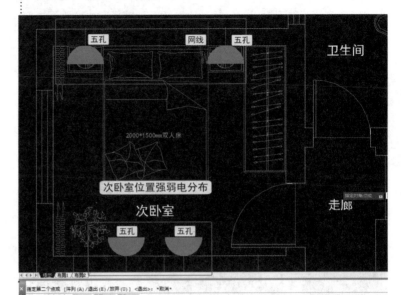

▶ 图7.6-09 次卧室的强弱电分布

2.卫生间位置的强弱电分布

卫生间位置也是图纸结构中比较特殊的地方。卫生间为日常方便之所，像日常洗漱、洗手、方便、洗澡等居住行为都要用到水，因此洗手间的插座安放一定要谨慎和小心。这种谨慎和小心不仅体现在插座的放置位置上，还体现在插座的放置高度上，尽量减少插座接触水的概率以避免不可预见的情况出现。

在卫生间区域，为了方便插置吹风机首先在洗手盆位置分布一个防水插座，为了方便插置热水器在洗浴区位置分布一个防水插座，如图7.6-10所示。强弱电分布图完成后整体效果如图7.6-11所示。

小结：在主卧室强弱电布置时，尽可能地做到详细和完备，避免以后日常生活中用到某些插座却没有的情况出现。为了日常方面，一般在主卧室区域布置的插座类型有普通五孔插座、电话插座、电视插座和网线插座。

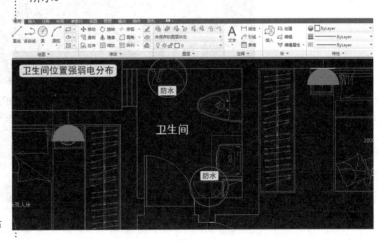

▶ 图7.6-10 卫生间的强弱电分布

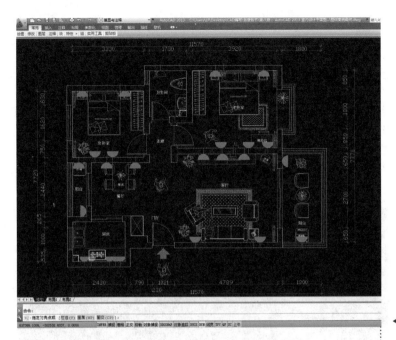

◀图7.6-11 强弱电分布图

7.7 AutoCAD 2013电位控制图的绘制

　　电位控制图主要是对空间区域的开关面板进行有效合理的布局。电位开关面板的分布也是根据区域空间来进行划分的，在每个区域空间中可以存在一路开关线，也可以存在两路甚至多路开关线，以尽可能地满足日常生活所需。

7.7.1 电位控制的基本组成类型

　　日常生活中的电位开关面板，一般情况分为两种类型。一种是单向控制的开关面板即单控类型，单控类型的开关面板又分为一开类型的开关面板、两开类型的开关面板、三开类型的开关面板和四开类型的开关面板，一种是双向控制的开关面板即双控类型。

　　单控类型的电位控制是通过单独的开关面板控制灯的开或者关，双控类型的电位控制是通过两个开关面板配合控制灯的开或者关，其中的任何一个开关面板都可以控制灯的开或者关，两个开关门板的配合也可以控制灯的开或者关。电位控制的类型及样式如图7.7-01所示。

	序号	名称	开关样式	距离地面距离
开关类型	01	单控	●　●　●　●	1400
	02	双控	●	1400

▲图7.7-01 电位控制类型

7.7.2 客厅和阳台的电位布置

1.顶面布置图纸的清理

顶面布置图是电位控制图的基础图纸。执行【复制(CO)】命令将顶面布置图复制一份作为电位控制图的基础图纸。为了使电位控制图在绘制完成后更能清楚地显示电位控制开关面板的分布，可以将顶面布置图中的一些不必要信息删除掉，例如图纸中的文字说明和标高样式，清理后效果如图7.7-02所示。

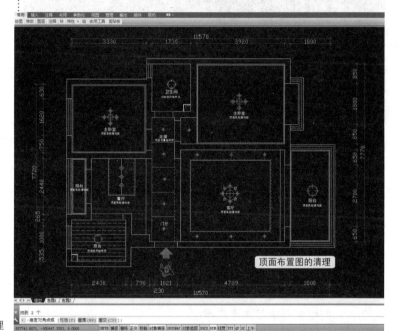

▶ 图7.7-02 图纸清理

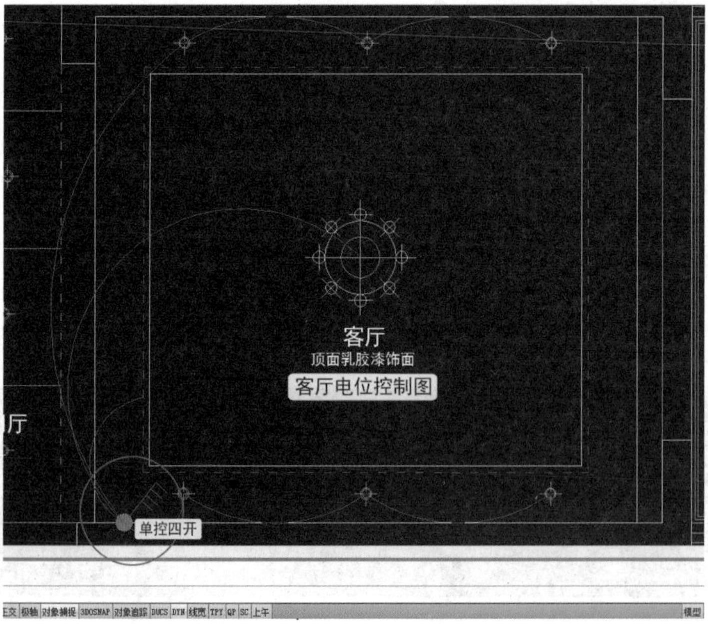

▶ 图7.7-03 客厅的电位控制

2.客厅位置的电位布置

在客厅顶面图纸的灯布置中，主要有三种类型，它们分别是客厅主吊灯，客厅的暗藏灯带和客厅的射灯。在日常生活中，为了更方便和快捷的控制射灯类型，可以把客厅位置的六个射灯用两个开关按钮来进行控制，这样的话在客厅位置就要布置单控类型的四开面板，布置后效果如图7.7-03所示。

3.阳台位置的电位布置

阳台位置的电位控制比较简单，阳台位置就一个吸顶灯，所以布置一个单控类型的一开面板即可。这里需要注意的是这个开关面板的放置位置，根据平面布置图的设计方案，人正常走动的路线为电视柜和茶几之间的位置，那么阳台最上侧推拉门是日常生活中使用最为频繁的位置，所以把开关面板放置在阳台上侧墙垛位置处，如图7.7-04所示。

小结：在放置开关面板的图标样式时，可以通过软件的捕捉功能将图标样式中的实体圆中心点放置在墙体线上。通过执行【圆弧(A)】命令绘制圆弧线，圆弧线的起始点为图标样式实体圆中心点，结束点为灯位置的中线点。最后将弧线颜色改为【红色】。

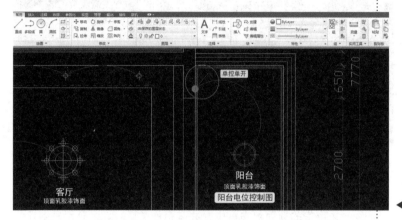

图7.7-04 阳台的电位控制

7.7.3 走廊和餐厅及餐厅阳台的电位布置

1.走廊位置的电位布置

走廊位置的电位布置相对比较简单。在走廊的顶面灯布置中，依次按顺序设计了5个射灯。为了日常生活中对五个射灯控制的更为简单和快捷，所以在走廊的门口位置布置一个单控类型的一开面板，如图7.7-05所示。

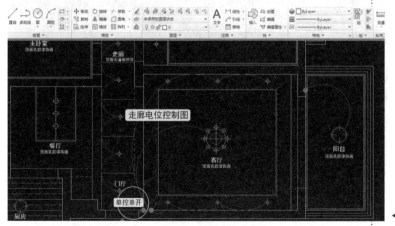

图7.7-05 走廊的电位控制

2.餐厅及餐厅阳台位置的电位布置

在餐厅位置的顶面灯布置中，共设计了两种类型的灯，它们分别是暗藏灯带和餐厅主吊顶。因此在餐桌右侧墙体位置小结：在对走廊位置进行电位布置时，注意走廊位置五个射灯的分配和安排。餐厅位置因为设计了两种类型的灯，所以安排使用单控类型的双开面板来进行控制，并注意餐厅双开面板的放置位置，放置在餐桌右侧墙体位置以便于对其进行开关操作。

处布置单控类型的双开面板即可。餐厅阳台跟客厅阳台的电位布置一样，注意开关面板的放置位置即可。最终布置效果如图7.7-06所示。

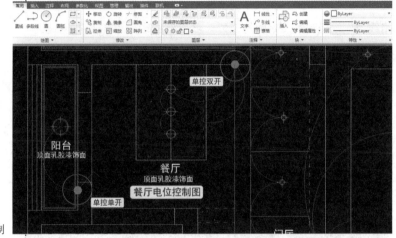

▶ 图7.7-06 餐厅及阳台的电位控制

7.7.4 主次卧室的电位布置

1. 主卧室位置的电位布置

主卧室的顶面灯布置中，共有两种类型的灯，分别是中间位置的主体吊灯和门口位置的射灯。这里需要特别注意的是，因为主卧室空间面积比较大，为了便于居家主人的生活起居习惯，在主卧室空间需要设置双控类型的开关面板。其中一个放置在门口位置，另一个放置在床头柜位置，最终布置效果如图7.7-07所示。

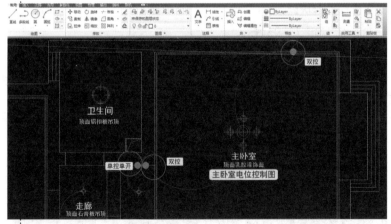

▶ 图7.7-07 主卧室的电位控制

2. 次卧室位置的电位布置

次卧室的电位布置相对于主卧室来说比较容易简单。在次卧室的电位布置中仅仅设计一个双控类型的开关面板即可，最终如图7.7-08所示。

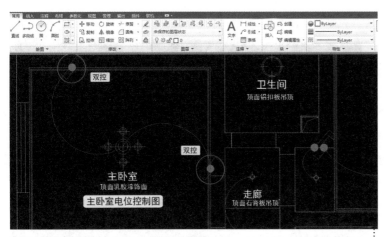

小结：在主卧室、次卧室区域空间类型的电位布置中，一定要注意电位控制开关面板的放置位置，一般情况下其开关面板放置在门开启方向的反向墙体上，避免开门以后把门关上才能开关灯的情况出现。

◀图7.7-08 次卧室的电位控制

7.7.5 厨房和卫生间的电位布置

1.厨房位置的电位布置

厨房位置的顶面灯布置相对单一。在整个厨房的空间区域中布置一个单控类型的一开面板就可以了，布置效果如图7.7-09所示。因为厨房门是推拉门类型，所以其开关面板的放置位置不必太多的考虑和推敲。

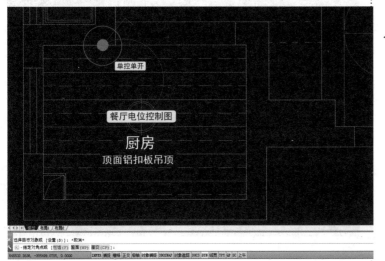

◀图7.7-09 厨房的电位控制

2.卫生间位置的电位布置

卫生间的顶面灯布置中只是一个吸顶灯，但是在现实生活中卫生间的灯是比较复杂的，一般情况下在其吊顶的中央位置安装一个浴霸，在镜子上方位置安装一个镜前灯。浴霸有照明、取暖和换气的作用，因此浴霸开关至少需要三开，加上镜前灯的一开也就是说卫生间至少要安装一个单控类型的四开面板，如图7.7-10所示。电位控制图完成后效果如图7.7-11所示。平面图整体效果如图7.7-12所示。

小结：在卫生间的吊灯组成中，一般情况下在吊顶的中央位置安装一个浴霸。根据设计类型的不同，浴霸的取暖灯数量也是不一样的，注意在施工中的辨别和布置。卫生间的顶面有时候需要安装一个单独的换气扇，注意对其进行具体的电位布置。

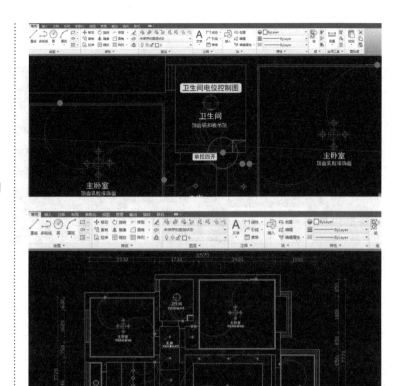

▶ 图7.7-10 卫生间的电位控制

▶ 图7.7-11 电位控制图

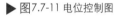

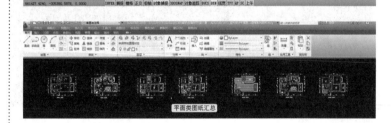

▶ 图7.7-12 平面图整体效果

本章小结：

　　本章主要对室内设计工程图纸中的平面类型图纸进行了逐一介绍和讲解。

　　现场实际尺寸测量完成后，根据测量的具体尺寸进行图纸的放样即原始结构图的绘制。在绘制过程中尤其注意卫生间和厨房内部细节问题，并且要明确顶梁的位置及其宽度和高度数据。绘制原始结构图时，如果出现尺寸误差，只要是在合理的范围之内都是可以接受的。

结构图纸绘制完成后，根据空间的结构特点确定设计方案并进行平面布置图的绘制。在布置图绘制的过程中注意对家具尺寸和空间尺寸的把握，并在此基础上设计合理的空间结构，为后期方案的最终实施提供可靠的图纸保证。

平面布置图绘制完成后就要对顶面结构进行具体的图纸设计即顶面布置图的绘制。在顶面的设计环节中注意对顶面空间的把握，根据平面图纸的结构特点进行最终的顶面方案设计和图纸绘制。顶面布置图绘制完成后，进行顶面尺寸图的绘制，其主要是对顶面的吊顶类型进行详细的尺寸标注。

平面布置和顶面布置设计完成后，就要对地面空间进行具体的设计即地面材质图的绘制。在进行地面材质图绘制之前，需要了解施工环节中地面的铺贴材料类型和具体的尺寸要求，以便于在图纸绘制中进行图纸空间把握。

平面、地面和顶面的图纸绘制完成后，就要对墙体位置进行强弱电和电位控制的规划和设计。强弱电分布图是在平面布置图的基础上绘制而成的，主要是对场景中重要的插座位置进行规划。电位控制图是在顶面布置图的基础上绘制而成的，主要是对场景中电位开关面板的规划布置。

第八章

AutoCAD 2013
室内设计立面图纸的绘制

物体的造型设计是否美观，很大程度上取于它在主要立面上的艺术处理，包括造型与装修是否优美。在设计阶段中，立面图主要是用来研究这种艺术处理的。在施工图中，它主要反映在立面装修的做法。

在与造型物体立面平行的投影面上所作造型的正投影图，称为施工立面图，简称立面图。其中反映主要立面或比较显著地反映出造型物体外貌特征的那一面的立面图，称为正立面图，其余的立面图相应地称为背立面图和侧立面图。

按投影原理，立面图上应将立面上所有看得见的细部都表示出来。但由于立面图的比例较小，其主要标出各部分构造、装饰节点详图的索引符号等。在建筑的外立面图纸上主要用图例或文字，列表说明外墙面的装修材料及做法。衣柜和书柜的立面图即是衣柜和书柜在直立投影所得的图形。从图形上可以看出衣柜或书柜的深度、高度以及侧面形状等。

8.1 书柜—衣柜的柜门图纸绘制

在实际的施工过程中，衣柜、书柜的柜门为装修后期需要进行的项目，一般是跟随门、门套和地板等项目同时安装进行的。衣柜、书柜柜门可以划分到主材行列，一般情况下为客户自购项目。在施工立面图的绘制里，设计师一般会根据客户的基本爱好，规划出衣柜门、书柜门的样式供客户参考选择，为后期主材的选购提供基本的图纸保障。

8.1.1 书柜—衣柜结构位置图纸清理

(01)平面布置图。在实际立面图的绘制过程中，一般情况下需要把所要绘制立面的结构位置复制出来，然后在进行一系列的图纸清理。在根据清理后的图纸结构，绘制所需要的立面图纸。本节以儿童房结构位置为例，详细讲解衣柜、书柜的立面图纸的绘制过程，此设计方案的平面布置如图8.1-01所示。

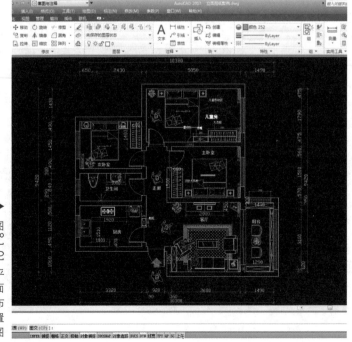

▶ 图8.1-01 平面布置图

(02)图纸具体查看和分析。在此案例的儿童房结构位置，衣柜、书柜和置物架是规划设计在一起的，这样就需要在绘制立面图纸的操作过程中，对这三个物体的立面图纸都要依次进行绘制，绘制结构部分如图8.1-02圈内所示。

（03）绘图操作环境的设置。对案例的结构位置分析查看并确定绘制的结构位置后，在AutoCAD 2013的状态栏位置依次选择【对象捕捉】、【对象追踪】和DYN动态输入三个命令按钮，如图8.1-03所示。

鼠标放置在【对象捕捉】按钮位置处右击，在弹出的对话框中选择【设置】按钮，如图8.1-04所示。在弹出的【草图设置】对话框中选择【对象捕捉】和【动态输入】选项卡，在参数面板中依次选择需要的捕捉模式即可，如图8.1-05所示。

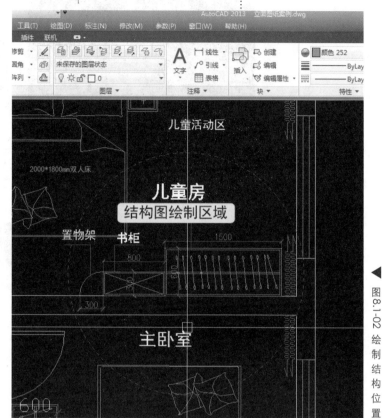

▲ 图8.1-02 绘制结构位置

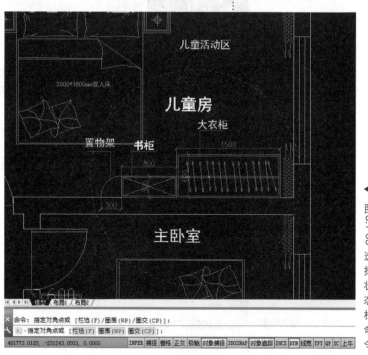

▲ 图8.1-03 选择状态栏命令

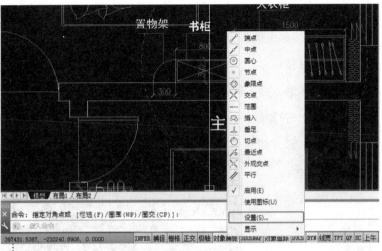

▶ 图8.1-04 选择【设置】按钮

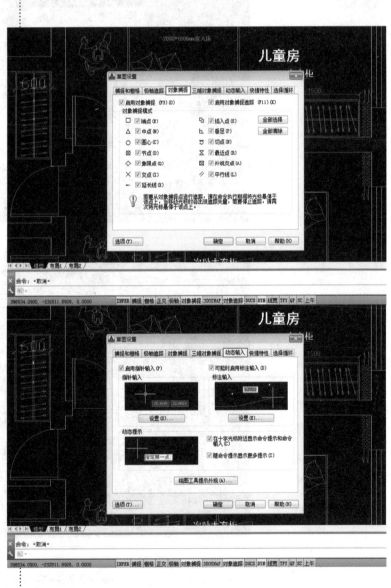

▶ 图8.1-05 对象捕捉和动态输入设置

（04）选择结构位置。图纸分析和操作环境设置后，利用 AutoCAD 2013 的选择示例框选择如图8.1-06所示位置。示例框内被选的物体就会呈虚线样式变化，通过执行【复制(CO)】命令复制所选物体，如图8.1-07所示。

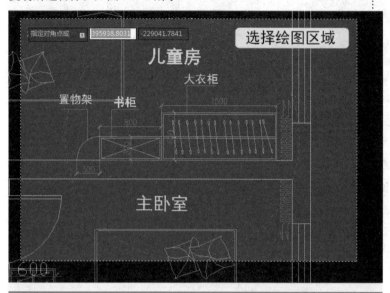

◀ 图8.1-06 选择区域位置

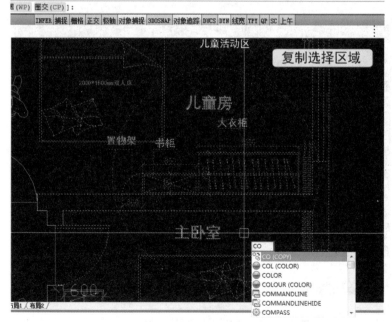

◀ 图8.1-07 复制选择对象

（05）图纸清理。执行复制命令后，将复制的图形文件放置到操作界面的空白位置处，如图8.1-08所示。根据立面图所要绘制的结构位置和其基本要求，对复制的图形进行图纸清理，小结：在图纸的清理过程中，首先要了解图纸的基本结构和基本特点。对图纸进行基本的分析后，在对AutoCAD 2013的基本操作环境进行简单的设置，为后面的图纸操作打下坚实的基础，以达到快速、准确的目的。

清理后效果如图8.1-09所示。

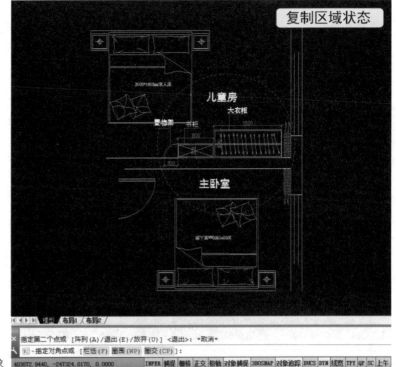

▶ 图8.1-08 复制的选择对象

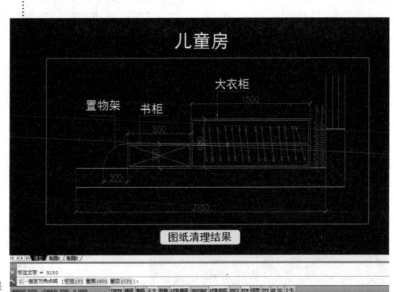

▶ 图8.1-09 图纸清理的最终效果

8.1.2 书柜—衣柜位置外围结构绘制

(01)墙体线的偏移。选择图纸的外围墙体线，沿下侧方向执行【偏移(O)】距离4500mm操作，如图8.1-10所示。本案例房子的高度为2800mm，选择偏移出的直线图形，沿上侧方向继续执行【偏移】距离2800mm的操作，如图8.1-11所示。

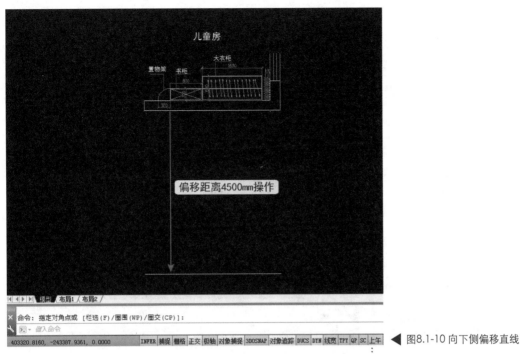

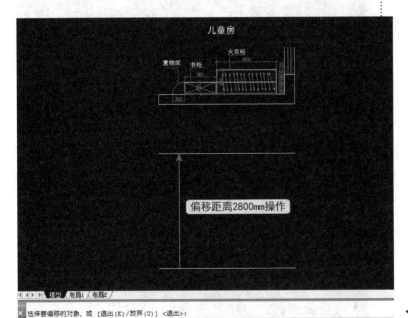

◀ 图8.1-11 向上侧偏移房高距离

(02)垂直线的绘制。依次观察图形位置的结构点，向下侧方向执行【直线(L)】命令操作，如图8.1-12所示。垂直线绘制完毕后，通过执行【剪切(TR)】和【删除(E)】命令，对图形进行整理归纳，如图8.1-13所示。

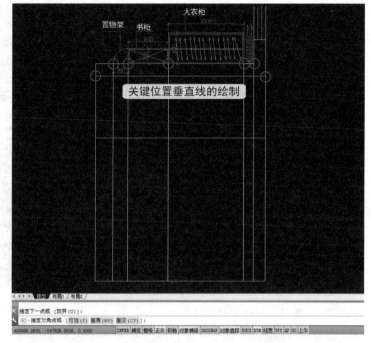

▶ 图8.1-12 垂直线绘制

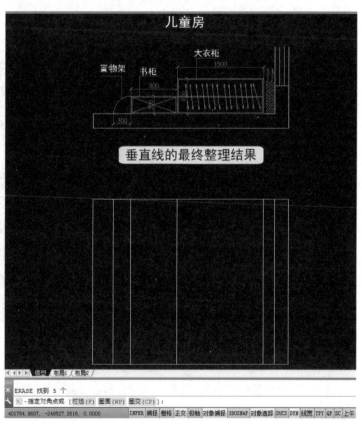

▶ 图8.1-13 图形整理效果

(03)外围墙体线绘制。选择图形上侧位置直线，向上侧方向执行【偏移(O)】距离240mm的操作，效果如图8.1-14所示。偏移完成后，对图形执行【倒直角(F)】和【剪切(TR)】

的命令操作，效果如图8.1-15所示。

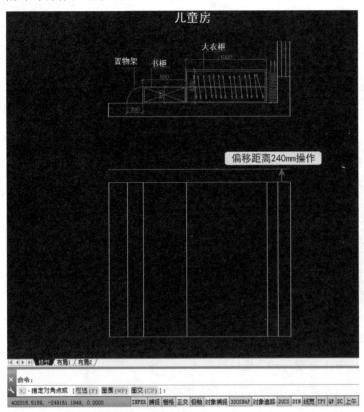

图8.1-14 偏移楼板厚度

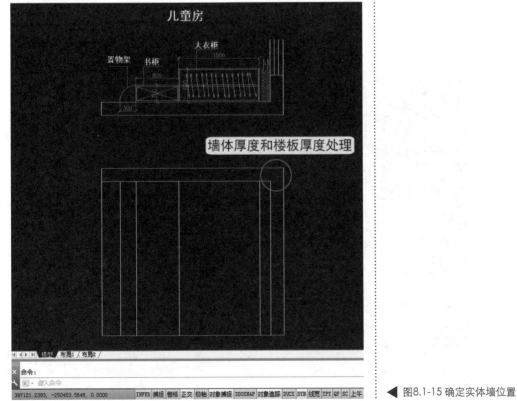

图8.1-15 确定实体墙位置

小结：在绘制立面图的外围结构时，注意平面图纸和立面图纸的垂直引线关系，操作过程要准确快速无误。在运用【偏移】、【图案填充】等具体命令时，注意对命令的技巧性掌握，以加快作图速度。

(04)墙体的图案填充。执行快捷键H+ Space操作，在弹出的【图案填充创建】选项卡中设置【图案：LINE】、【颜色：252】、【角度：45】和【比例：20】的参数，然后点击拾取所要填充的区域位置，最终填充效果如图8.1-16所示。

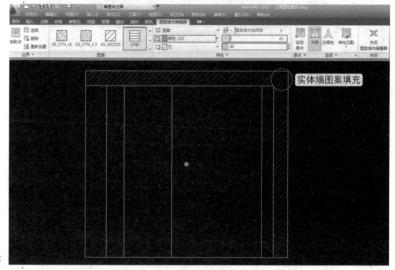

▶ 图8.1-16 图案填充操作

8.1.3 衣柜的下柜门绘制

衣柜的下部柜门为日常使用的推拉门样式，其具体制作步骤如下。

(01) 衣柜下柜的踢脚线制作。图形的大结构绘制完成后，选择图形底侧直线，向上侧方向执行【偏移(O)】距离为100mm的操作，得到踢脚线的高度线，如图8.1-17所示。执行【删除(E)】和【剪切(TR)】命令对踢脚线图形进行处理，最终如图8.1-18所示。

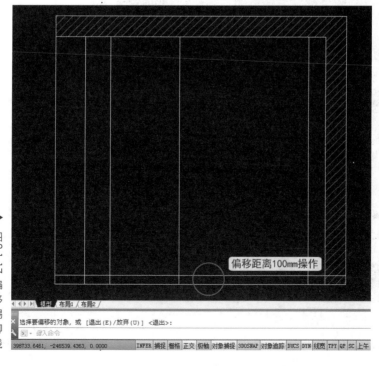

▶ 图8.1-17 偏移踢脚线

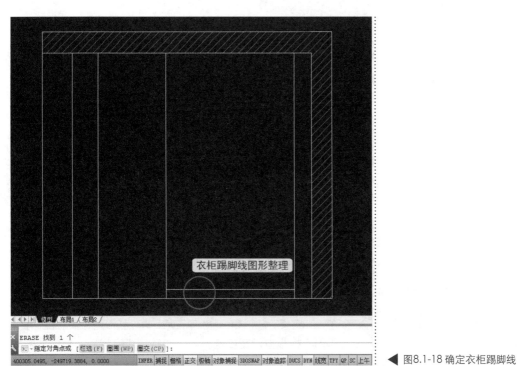

◀ 图8.1-18 确定衣柜踢脚线

(02)衣柜下柜高度线和中心线制作。选择踢脚线执行【偏移(O)】距离为2000mm的操作，得到大衣柜的底柜高度位置，这样衣柜的结构就分为上柜和下柜两部分了，如图8.1-19所示。执行【直线(L)】命令，利用AutoCAD 2013的【中点】和【垂足】捕捉，得到下柜部分的垂直高度线，如图8.1-20所示。

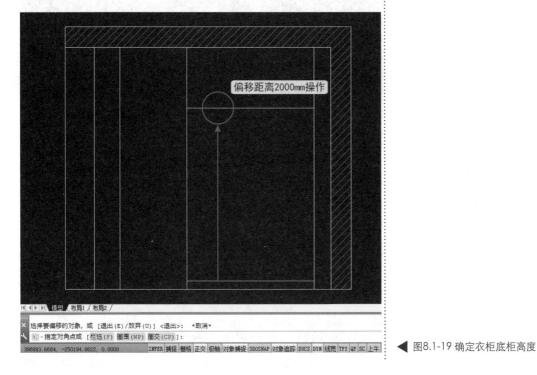

◀ 图8.1-19 确定衣柜底柜高度

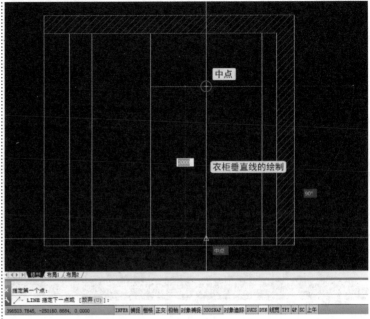

▶ 图8.1-20 绘制垂直线

(03)衣柜推拉门宽度制作。中心垂足线确定后，柜门就被划分成两部分了，依次选择左侧柜门的四条围合线，向内执行【偏移(O)】距离为20mm的操作，如图8.1-21所示。执行【倒直角(F)】命令对【偏移(O)】出的四条直线进行图形处理，处理后效果如图8.1-22所示。以同样的方法对右侧柜门进行处理操作，最终如图8.1-23所示。

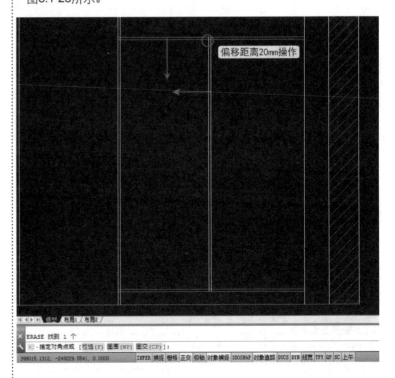

▶ 图8.1-21 偏移柜门宽度

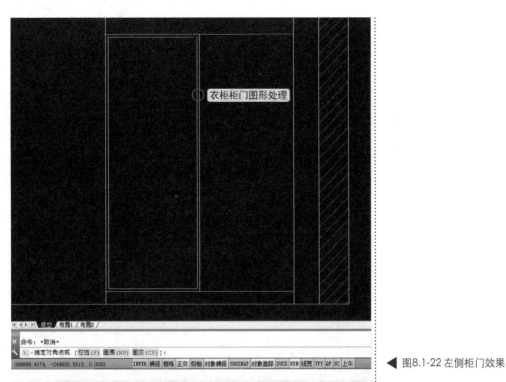

◀ 图8.1-22 左侧柜门效果

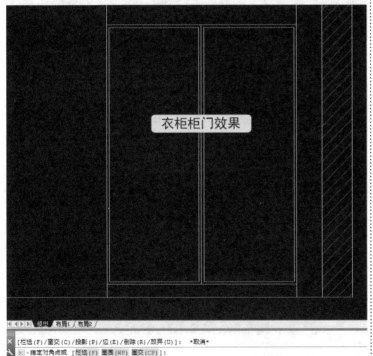

◀ 图8.1-23 柜门整体效果

(04)柜门定数等分操作。通过执行【定数等分(DIV)】命令，将右侧柜门内侧竖直线均分为三段，如图8.1-24所示。依次捕捉划分的【节点】位置，向右侧方向绘制直线，直线的结束位置为右侧柜门内侧垂直线，如图8.1-25所示。

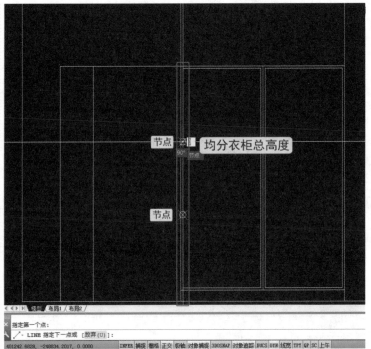

▶ 图8.1-24 均分柜门高度

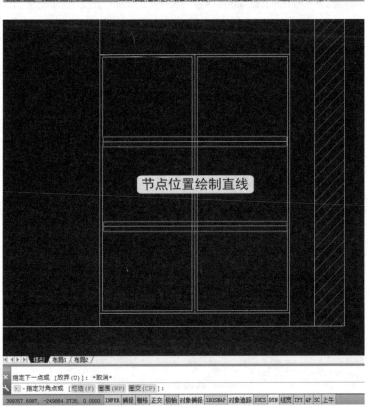

▶ 图8.1-25 绘制水平直线

(05)推拉门横梁宽度绘制。选择绘制的柜门等分直线，沿上下方向各执行【偏移(O)】距离为10mm的操作，如图8.1-26所示。操作完成后，通过【删除(E)】命令删除中间直线并对剩余两条直线执行【剪切(TR)】命令操作，如图8.1-27所示。继续对柜门的上横梁位置执行类似操作，柜门横梁最终效果如图8.1-28所示。

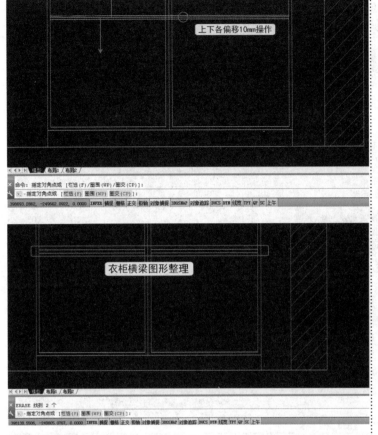

◀ 图8.1-26 偏移柜门横梁直线

◀ 图8.1-27 确定横梁样式

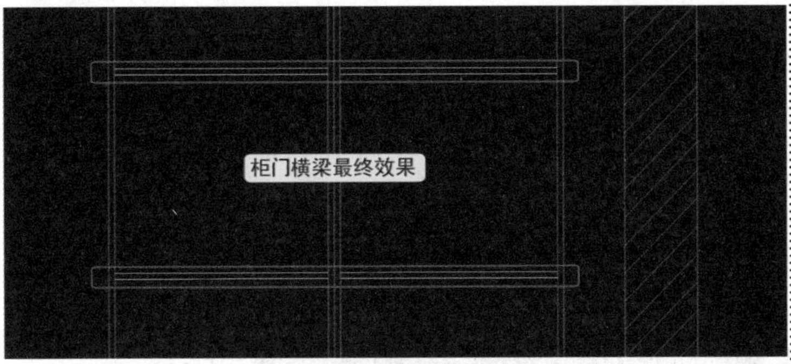

◀ 图8.1-28 柜门横梁效果

(06)柜门上下位置的图案填充操作。执行快捷键H+ Space操作，在弹出的【图案填充创建】选项卡中设置【图案：EARTH】、【颜色：红色】和【比例：20】的参数，如图8.1-29所示。然后点击拾取所要填充的区域位置，图案填充的最终效果如图8.1-30所示。

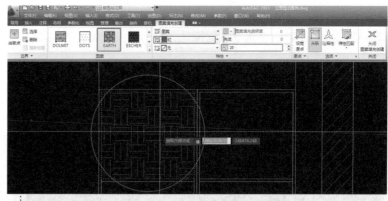

▶ 图8.1-29 填充面板参数

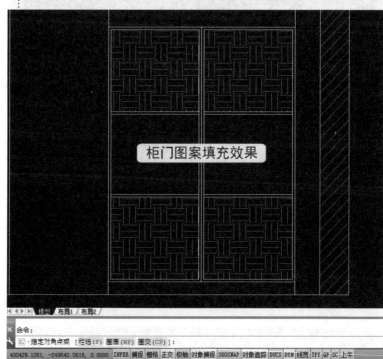

▶ 图8.1-30 图案填充效果

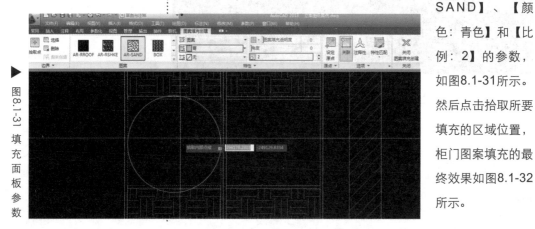

▶ 图8.1-31 填充面板参数

(07)柜门中间位置的图案填充操作。执行快捷键H+ Space操作，在弹出的【图案填充创建】选项卡中设置【图案：AR-SAND】、【颜色：青色】和【比例：2】的参数，如图8.1-31所示。然后点击拾取所要填充的区域位置，柜门图案填充的最终效果如图8.1-32所示。

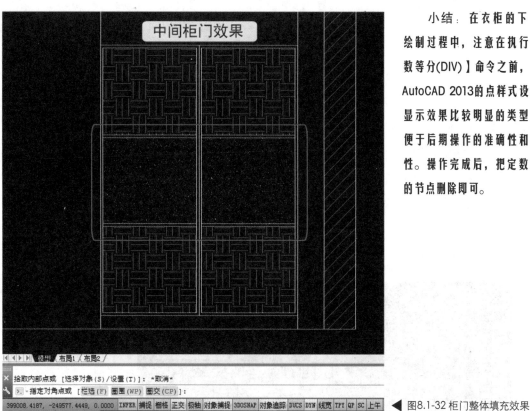

小结：在衣柜的下柜门绘制过程中，注意在执行【定数等分(DIV)】命令之前，要把AutoCAD 2013的点样式设置为显示效果比较明显的类型，以便于后期操作的准确性和便捷性。操作完成后，把定数等分的节点删除即可。

▲图8.1-32 柜门整体填充效果

8.1.4 衣柜的上柜门绘制

衣柜的上柜柜门为日常使用的平开门样式，其具体制作步骤如下。

(01)上柜柜门的顶角线制作。选择图形内墙体最上侧直线，向下侧方向执行【偏移(O)】距离100mm的操作，如图8.1-33所示。操作完成后，对偏移的直线执行【剪切(TR)】和【删除(E)】操作，最终效果如图8.1-34所示。

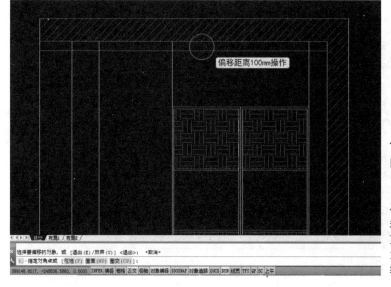

▲图8.1-33 偏移顶角线

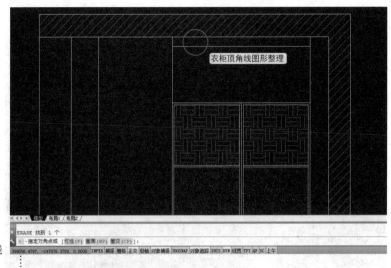

▶ 图8.1-34 确定衣柜顶角线

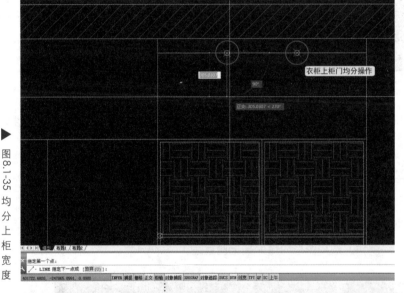

▶ 图8.1-35 均分上柜宽度

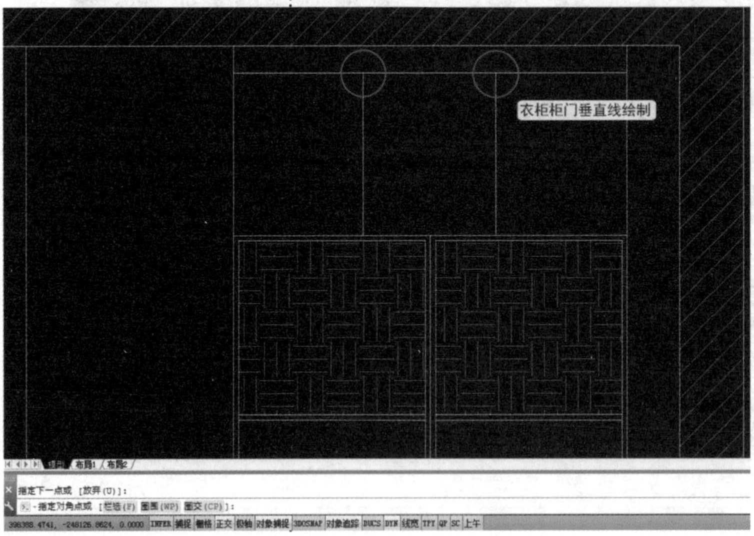

▶ 图8.1-36 绘制垂直线

(02)上柜柜门的等分操作。顶角线制作完成后，通过执行【定数等分(DIV)】命令，将上侧柜门总宽度均分为三段，均分效果如图8.1-35所示。依次捕捉划分的【节点】位置，向下侧方向绘制垂直线，垂直线的结束点为柜门下侧边界位置，如图8.1-36所示。

(03)柜门的门把手制作。执行【直线(L)】或者【矩形(REC)】命令，绘制一个长：100mm、宽：30mm的图形文件，并将其放置在正确位置，如图8.1-37所示。绘制完成后，通过执行【复制(CO)】命令把图形文件放置到其余柜门的正确位置，如图8.1-38所示。

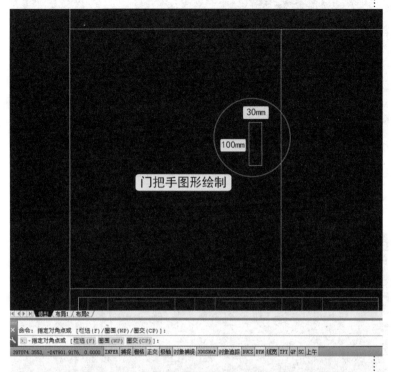

图8.1-37 门把手绘制

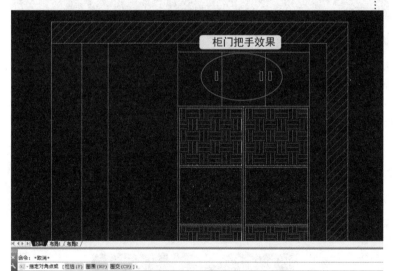

图8.1-38 门把手复制

(04)平开符号的样式绘制。在实际的图纸制作过程中，可以用特殊的符号表示此柜门为平开门类型，此特殊符号简称平开门符号。执行【直线(L)】命令，捕捉柜门中间垂直线的中心点位置并横向绘制直线，如图8.1-39所示。根据绘制的辅助直线，通过执行【直线(L)】命令绘制如图9.3-40所示的图形样式，通过执行【删除(E)】命令删除横向辅助直线即可。

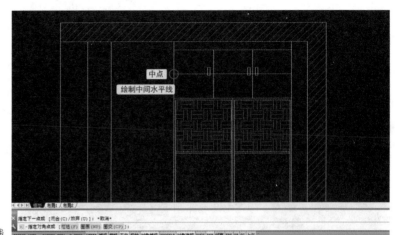

▶ 图8.1-39 绘制辅助直线

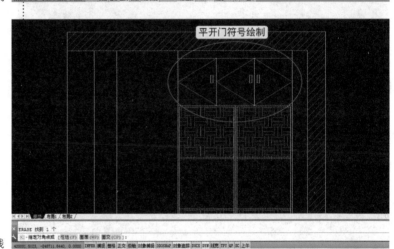

▶ 图8.1-40 绘制平开门直线

(05)平开门符号的线型设置。选择任意段平开门直线，在【特性】工具栏中设置【颜色：红色】、【线型：ACAD_ISO03W100】参数。通过执行【特性(MO)】命令，在弹出的对话框中设置【线型比例：2】，如图8.1-41所示。最后通过

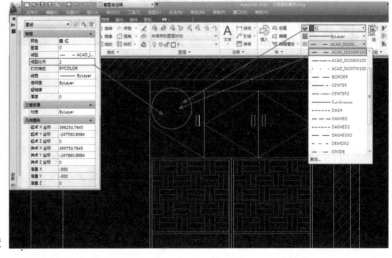

▶ 图8.1-41 线型设置

执行【笔刷(MA)】命令，特性匹配其他位置的平开门直线，如图8.1-42所示。

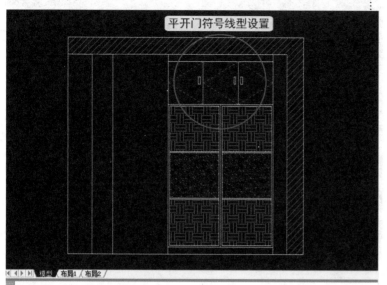

◀ 图8.1-42 平开门符号效果

小结： 在衣柜的柜门绘制过程中，注意柜门的定数等分操作，然后执行【直线】命令捕捉划分的【节点】位置并绘制直线。在绘制的过程中，注意对平开门符号的运用以及对【特性】工具栏的运用和理解。

8.1.5 书柜的下柜门绘制

(01)书柜踢脚线和侧立面背板的绘制。选择图形底侧和侧立面背板直线，向上侧和左侧方向依次执行【偏移(O)】距离100mm和20mm的操作，如图8.1-43所示。通过执行【剪切(TR)】和【删除(E)】命令整理偏移出的两条直线，最终效果如图8.1-44所示。

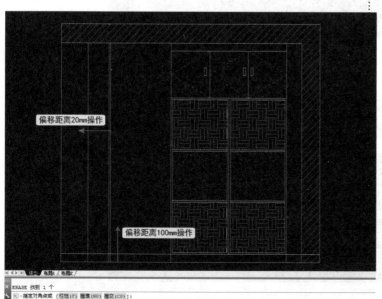

◀ 图8.1-43 偏移踢脚线和侧背线

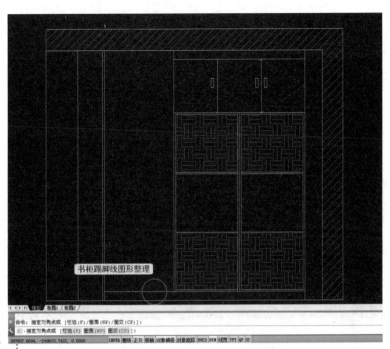

▶ 图8.1-44 图形整理

(02)书柜底柜高度绘制。选择踢脚线，向上侧方向执行【偏移（O）】距离700mm的操作，得到底柜的高度线。再次选择高度线，继续向上侧方向执行【偏移(O)】距离20mm的操作，得到书柜的层板厚度，如图8.1-45所示。通过执行【剪切(TR)】和【删除(E)】命令整理偏移出的两条直线，最终效果如图8.1-46所示。

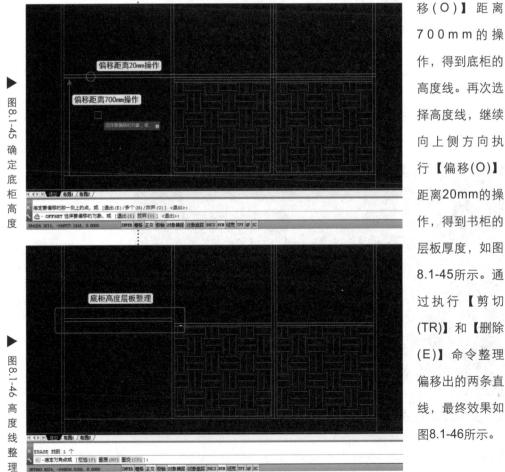

▶ 图8.1-45 确定底柜高度

▶ 图8.1-46 高度线整理

(03)底柜柜门划分和门把手绘制。执行【直线(L)】命令，捕捉高度线的中心点位置并向下侧方向绘制垂直线，垂直线的结束点为踢脚线中心点位置，如图8.1-47所示。参考衣柜上柜门的门把手制作过程，绘制书柜的柜门把手，最终效果如图8.1-48所示。

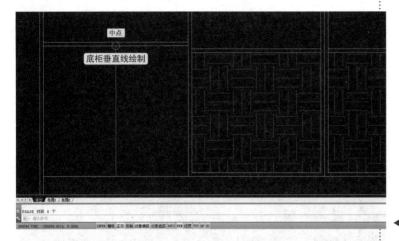

◀ 图8.1-47 垂直平分书柜宽度

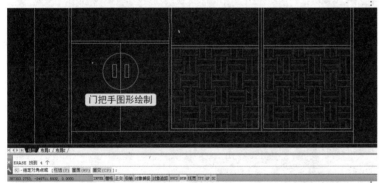

◀ 图8.1-48 门把手绘制

(04)底柜平开门符号绘制。参考衣柜上柜门的平开门符号制作，绘制书柜底柜的平开门符号，最终效果如图8.1-49所示。在绘制过程中，书柜平开门的符号直线绘制完成后通过执行【笔刷(MA)】命令与衣柜上柜的平开门直线进行特性匹配。

小结：书柜的下柜门绘制比较简单，注意平开门符号的特性匹配操作。特性匹配是 AutoCAD 2013中比较常用的工具按钮，它可以特性匹配很多图形信息和图形样式，为图纸的操作带来了极大的便利性。

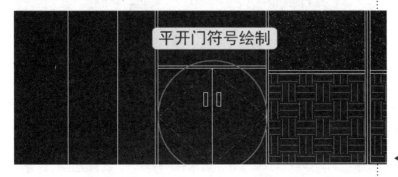

◀ 图8.1-49 平开门直线绘制

8.1.6 书柜的上柜门绘制

(01)书柜的高度确定。选择书柜底柜的层板直线，执行【偏移(O)】距离1280mm的操作，如图8.1-50所示。通过执行【剪切(TR)】和【延伸(EX)】命令，对书柜的高度位置进行图形整理，最终效果如图8.1-51所示。

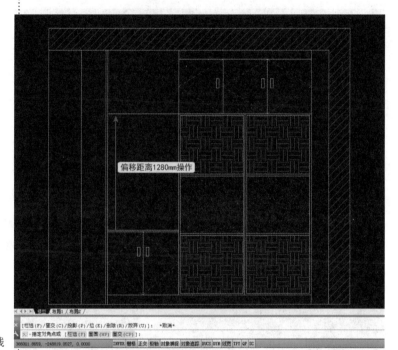

▶ 图8.1-50 偏移书柜高度线

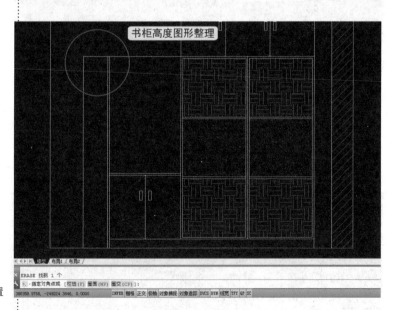

▶ 图8.1-51 确定书柜高度位置

(02)书柜的上柜门宽度制作。通过执行【直线(L)】命令绘制上柜门的中间等分垂直线。如图8.1-52所示。选择上柜门右侧部分的四条围合线，依次向内侧执行【偏移(O)】距离35mm的操作，如图8.1-53所示。

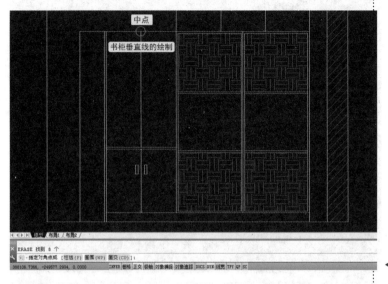

◀ 图8.1-52 垂直平分书柜上柜

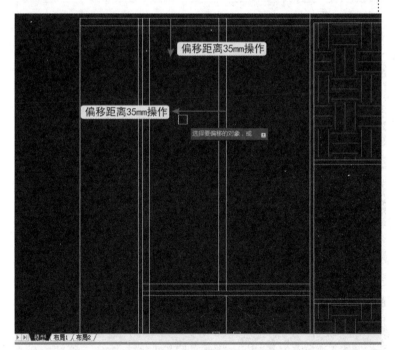

◀ 图8.1-53 偏移柜门宽度线

(03)柜门图形整理及最终效果。通过执行【倒直角(F)】命令，对偏移出的四条直线进行倒角操作，倒角后效果如图8.1-54所示。依照柜门左侧部分的制作流程，绘制出柜门右侧部分的柜门宽度，最终效果如图8.1-55所示。

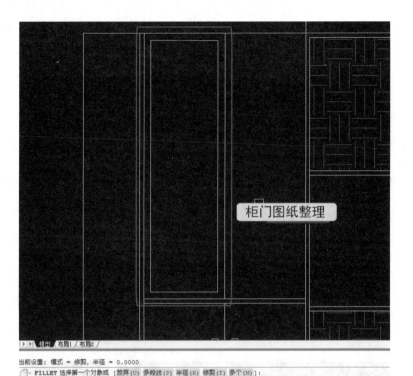

▶ 图8.1-54 柜门整理效果

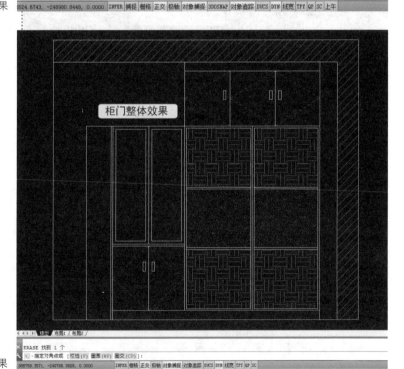

▶ 图8.1-55 柜门整体效果

　　(04)书柜上柜的第一层板绘制。选择书柜底柜层板直线，向上侧方向执行【偏移(O)】距离400mm的操作，得到书柜第一层板线高度，如图8.1-56所示。继续向上侧方向执行【偏移(O)】距离20mm的操作，得到书柜第一层板厚度，如图8.1-57所示。通过执行【剪切(TR)】命令，对书柜层板位置直线进行图形整理，效果如图8.1-58所示。

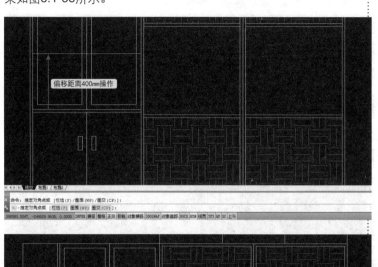

▶ 图8.1-56 第一层板高度线

▶ 图8.1-57 偏移层板直线

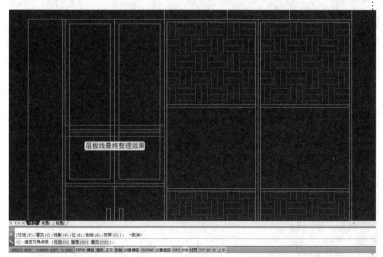

▶ 图8.1-58 层板线最终确定

(05)剩余层板的位置确定。通过执行【定数等分(DIV)】命令，将上柜的剩余高度距离平均分为三段。执行【直线(L)】命令捕捉划分的【节点】位置，向一侧方向绘制直线，直线的结束点为上柜门的内垂直线位置，如图8.1-59所示。

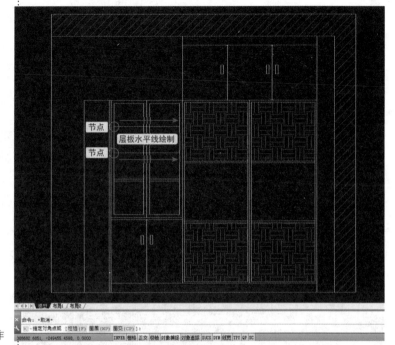

▶ 图8.1-59 剩余高度均分操作

(06)确定书柜剩余层板的厚度。选择绘制的层板线，向上侧方向执行【偏移(O)】距离20mm的操作，得到书柜剩余层板的厚度，如图8.1-60所示。通过执行【剪切(TR)】命令，对剩余层板位置的直线进行整理，最终效果如图8.1-61所示。

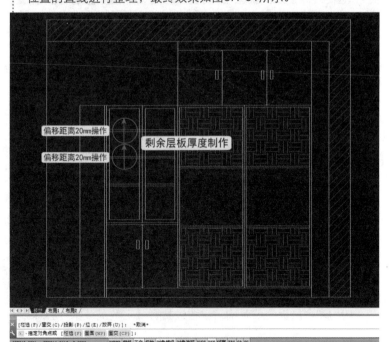

▶ 图8.1-60 偏移剩余层板高度线

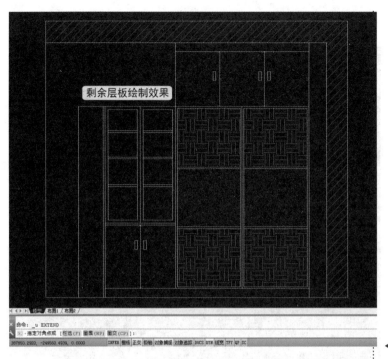

▲ 图8.1-61 书柜层板线最终效果

(07)书柜上柜门的图案填充操作。执行快捷键H+ Space操作，在弹出的【图案填充创建】选项卡中设置【图案：AR-RROOF】、【颜色：青色】、【角度：45】和【比例：10】的参数，如图8.1-62所示。然后点击拾取所要填充的区域位置，柜门的图案填充效果如图8.1-63所示。

(08)书柜内部装饰品放置。打开随书光盘【图库整理】文件，选择书本、笔筒等装饰品，按键盘Ctrl+C复制到当前操作的AutoCAD文件中，并通过执行【移动(M)】命令，将

▲ 图8.1-62 柜门填充参数

▲ 图8.1-63 书柜柜门填充效果

小结：在书柜柜门的绘制过程中，注意【笔刷(MA)】的运用，熟练运用此命令可以达到事半功倍的效果。在绘制书柜柜门的剩余层板位置时，注意在执行【定数等分(DIV)】命令之前，可以先绘制一条跟书柜剩余高度相等的直线。

装饰品放置到书柜正确位置处，最终效果如图8.1-64所示。

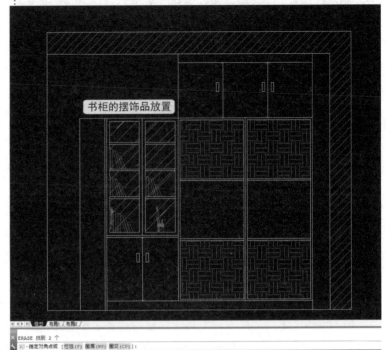

▶ 图8.1-64摆置物体

8.1.7 置物架的绘制

置物架主要用来放置日常生活用品和装饰用品。置物架为1/4圆面积大小的层板制作而成，圆半径尺寸和书柜的深度尺寸相同。置物架的设计可以抵消书柜侧板深度的视觉冲击，有缓解视觉疲劳，增加生活乐趣的作用。

(01)置物架踢脚线和顶角线绘制。依次选择置物架最上侧和最下侧位置直线，执行【偏移(O)】距离100mm的操作，如图8.1-65所示。通过执行【剪切(TR)】和【删除(E)】命令，对置物架上下侧位置偏移的直线进行图形整理，最终效果如图8.1-66所示。

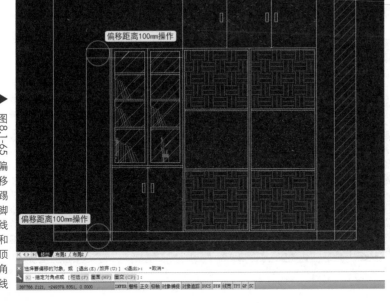

▶ 图8.1-65 偏移踢脚线和顶角线

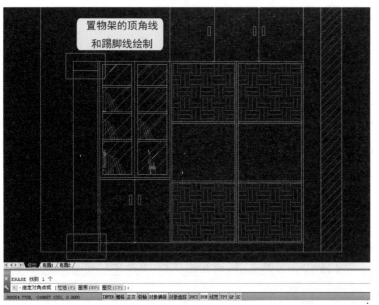

图8.1-66 踢脚线和顶角线确定

（02）置物架上下侧位置的图案填充操作。为了体现置物架的圆弧感觉，在其上下侧空白位置处进行图案填充。执行快捷键H+ Space操作，在弹出的【图案填充创建】选项卡中设置【图案：LINE】、【颜色：青色】、【角度：90】和【比例：10】的参数，如图8.1-67所示。点击拾取需要填充的区域位置，图案填充的最终效果如图8.1-68所示。

（03）置物架的层板制作。执行【直线（L）】命令，依次绘制置物架的层板位置线，直线的结束点位于置物架左侧边界位置，如图8.1-69所示。然后执行【剪切

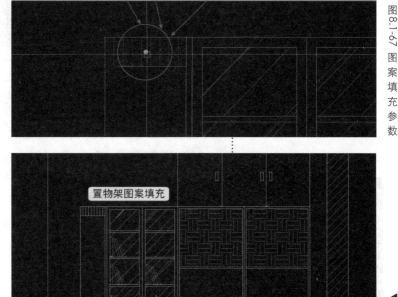

图8.1-67 图案填充参数

图8.1-68 图案填充效果

小结：在绘制置物架的操作过程中，注意图案填充命令的运用和对各项重要参数的理解。再设计置物架层板位置时，可以直接从书柜的内层板位置直接引线，也可以根据摆放装饰品的类型而设计不同的层板高度。

(TR)】命令，对绘制的层板线进行相应的图形整理，最终效果如图8.1-70所示。

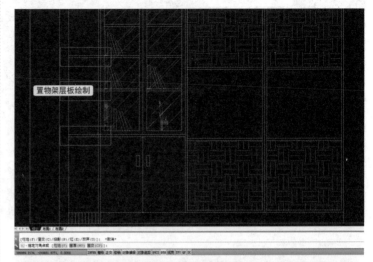

▶ 图8.1-69 置物架层板绘制

▶ 图8.1-70 层板线最终效果

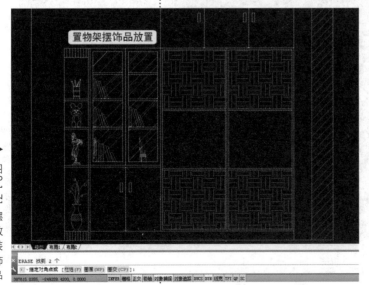

▶ 图8.1-71 摆放装饰品

（04）置物架装饰品放置。打开随书光盘中的【图库整理】文件，选择雕塑、笔筒、干支等装饰品，按键盘上的Ctrl+C快捷键复制到当前操作的图纸文件中，并通过执行【移动(M)】命令，将装饰品放置到正确位置处，如图8.1-71所示。

8.1.8 图纸的折断线绘制

绘制的图纸结构比较长的时候，因为中间的结构相同，所以就不用全部绘制出来，只要绘制两端的效果就可以了，这个端点界面的创建就是折断线的绘制过程。

(01)确定折断线的位置。在绘制图纸的过程中，以窗户内侧墙体线为基准线，向左侧方向执行【偏移(O)】距离3150mm的操作，偏移出的这条竖直线即折断线的具体绘制位置，如图8.1-72所示。

(02)折断线的总高度确定。选择图形最上侧和最下侧直线，向两侧方向各执行【偏移(O)】距离480mm的操作，如图8.1-73所示。然后通过执行【延伸(EX)】和【删除(E)】命令确定折断线的最终高度，如图8.1-74所示。

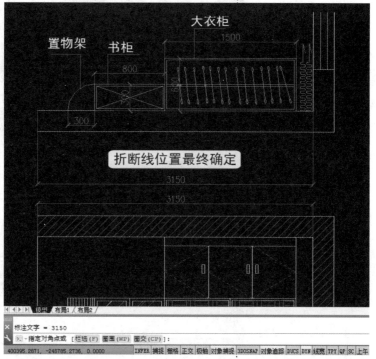

▲ 图8.1-72 确定折断线位置

▲ 图8.1-73 偏移直线距离

小结：在图纸的绘制过程中，折断线的创建是必不可少的。折断线的位置和高度没有具体要求，位置在立面图的一侧位置，高度高于房高即可。折断线符号没有具体尺寸要求，大概绘制出Z形口形状即可。

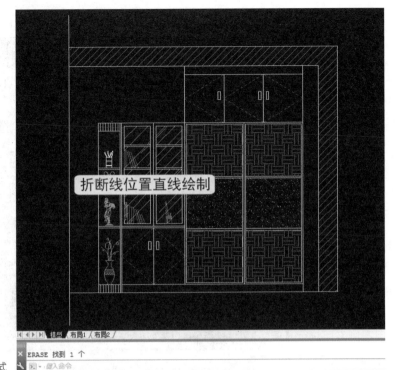

▶ 图8.1-74 折断线初始样式

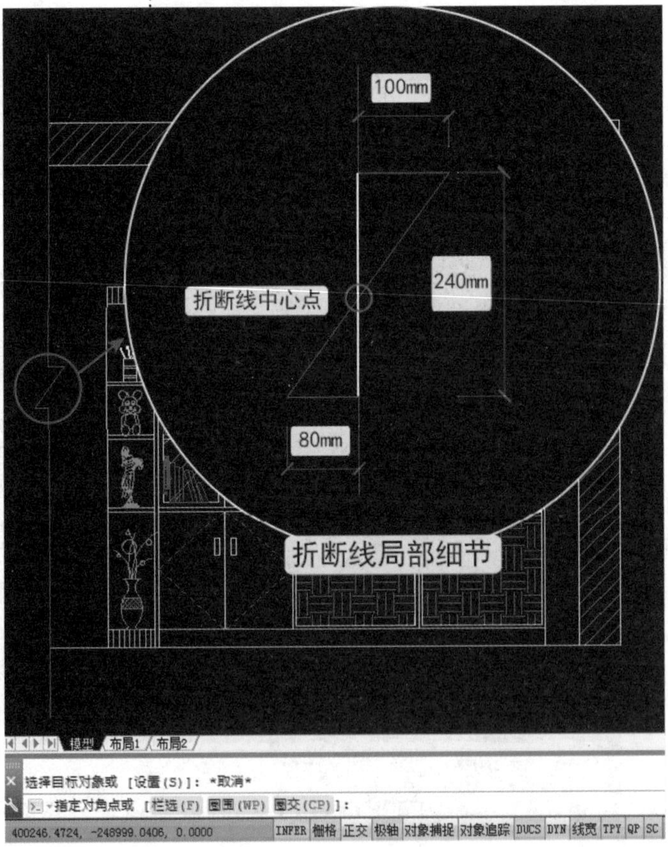

▶ 图8.1-75 折断线最终样式

（03）折断线符号的绘制。捕捉直线中心点位置，通过执行【直线（L）】命令，绘制Z型口折断线符号，折断线符号的尺寸没有具体要求。绘制完成后，将其颜色通过【对象颜色】按钮设置为【红色】，如图8.1-75所示。

▲ 8.1.9 柜门图纸的尺寸标注

尺寸标注在施工图的绘制过程中起着非常重要的作用，它不仅明确地表示了物体和物体之间的距离，而且还关系到现场工地的具体施工问题。尺寸标注在制图的过程中一定要准确，而且不能有任何的含糊和不确定。

(01)书柜柜门的竖向尺寸标注。观察确定需要标注的具体位置后，执行【线性标注(DLI)】命令，对书柜的柜门结构进行竖向尺寸标注，如图8.1-76所示。继续执行【线性标注(DLI)】命令，标注书柜的总高度尺寸，如图8.1-77所示。

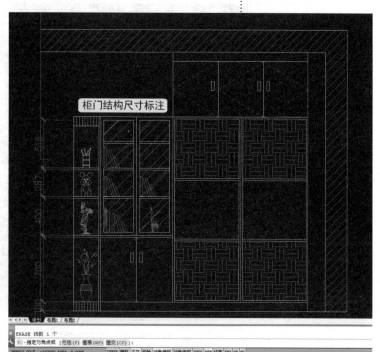

图8.1-76 书柜柜门内侧尺寸标注

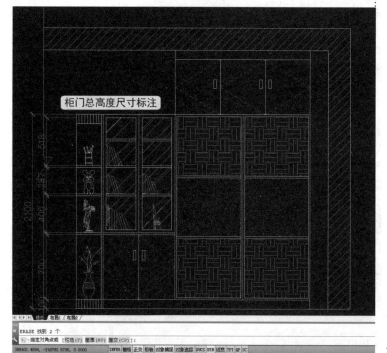

图8.1-77 书柜柜门总体高度标注

(02)衣柜柜门的竖向尺寸标注。执行【线性标注(DLI)】命令，对衣柜的柜门结构予以竖向尺寸标注，如图8.1-78所示。标注完成后，再次执行【线性标注(DLI)】命令，标注衣柜的总高度尺寸，如图8.1-79所示。

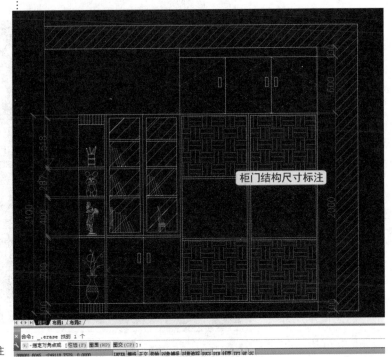

▶ 图8.1-78 衣柜柜门内侧尺寸标注

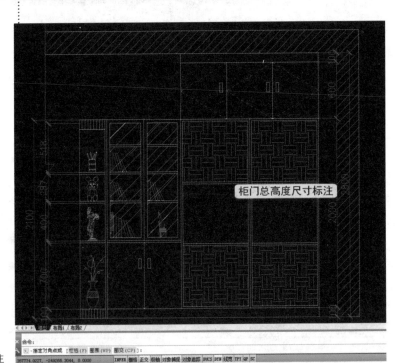

▶ 图8.1-79 衣柜柜门总体高度标注

(03)衣柜、书柜柜门的横向尺寸标注。执行【线性标注(DLI)】命令，对衣柜、书柜和置物架的柜门结构予以横向尺寸标注，如图8.1-80所示。标注完成后，再次执行【线性标注(DLI)】命令，标注横向的总长度尺寸，如图8.1-81所示。

(04)尺寸标注的总体调整。柜门的【线性标注】完成后，要对各个位置的标注线进行整体位置的移动和微调。一般情况下，移动【线性标注】至图纸的轮廓之外，使其观察起来更为清楚、整体和专业，如图8.1-82所示。

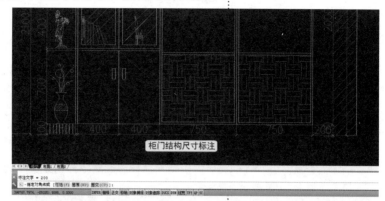

◀ 图8.1-80 内侧尺寸标注线

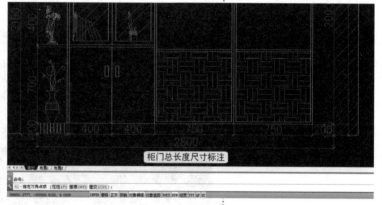

◀ 图8.1-81 外侧尺寸标注线

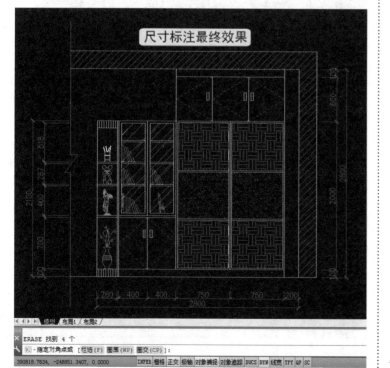

小结：在对图纸进行具体的尺寸标注时，注意对标注的具体位置有一个明确的概念。在标注的过程中，【线性标注】命令被反复调用，注意执行快捷键Space即重复上一次命令，以加快制图的速度和效率。

◀ 图8.1-82 标注线调整效果

8.1.10 柜门图纸的文字标注

在施工图纸的绘制过程中，由于点、线、面等图形繁多，所以整个图形空间显得比较混乱复杂，为了提高生产效率就必须使用一套严格的行业标准来对图纸进行文字标注，以表示对象的结构位置、材料配置等情况。

(01)书柜门的文字标注。执行【引线标注(LE)】命令，对书柜门需要文字标注的对象进行引线的绘制操作，如图8.1-83所示。需要文字标注的对象分别是实木踢脚线、平开吸塑门板、厚度8mm玻璃和内部书籍装饰。执行文字(T)命令，依次对上述对象予以文字说明，效果如图8.1-84所示。

▶ 图8.1-83 书柜引线绘制

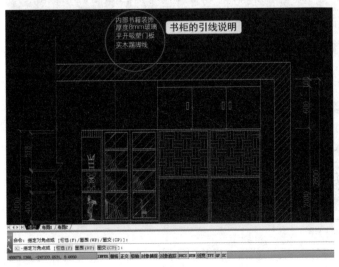

▶ 图8.1-84 书柜引线说明

(02)衣柜门的文字标注。执行引线标注(LE)命令，对衣柜门需要文字标注的对象进行引线的绘制操作，如图8.1-85所示。需要文字标注的对象分别是实木踢脚线、衣柜推拉门板、厚度8mm玻璃、平开吸塑门板和衣柜顶角线。执行文字(T)命令，依次对上述对象予以文字说明，如图8.1-86所示。文字标注整体效果如图8.1-87所示。

小结：施工图纸的文字标注主要分为两部分：

一部分是对文字标注对象的引线操作；另一部分是对文字标注对象的文字说明。注意在绘制引线时，引线的起点位置所指示的物体就是需要文字说明的物体。

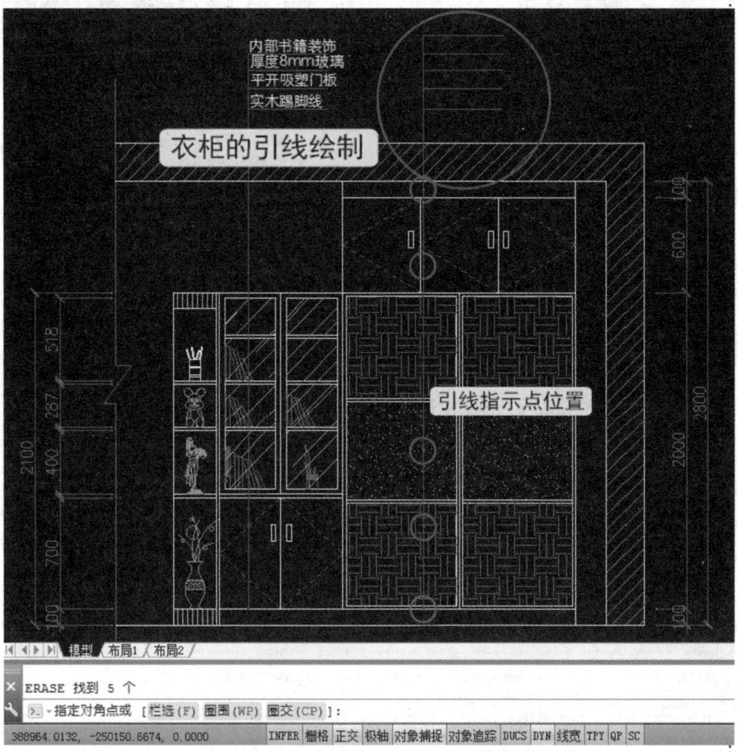

图8.1-85 衣柜引线绘制

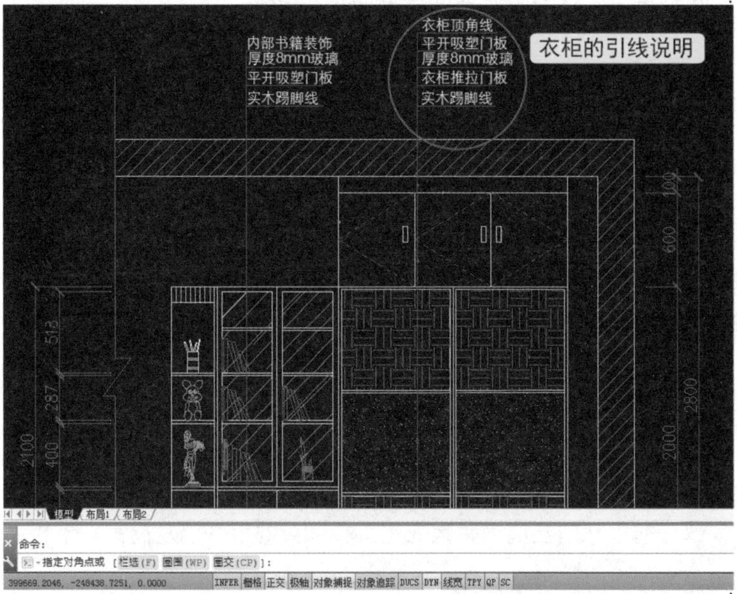

图8.1-86 衣柜引线说明

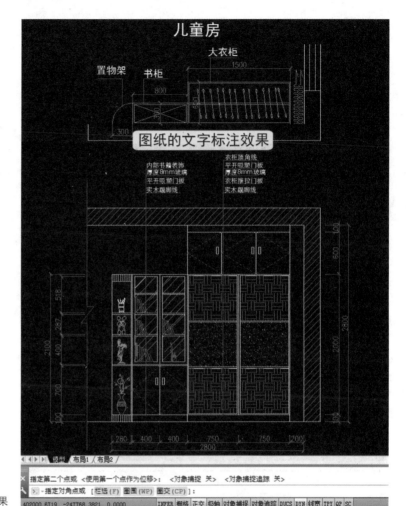

▶ 图8.1-87 文字标注整体效果

8.2 书柜一衣柜的内部结构图纸绘制

书柜、衣柜的内部结构主要是指对内部层板位置的设计。通过控制层板之间的长度距离和宽度距离，达到利用内部空间最大化。

8.2.1 柜门的立面图纸清理

(01)图形物体的删除。选择柜门图纸，通过执行【复制(CO)】命令得到一份内部结构图纸的基础图纸。通过执行【删除(E)】命令，把柜门图纸中不需要的部分进行删除。删除的内容包括图纸中的【文字标注】和【尺寸标注】；置物架部分的摆饰品；书柜上柜部分的门板、玻璃填充图案、书籍等摆饰品，下柜部分的平开门及门锁；大衣柜上柜部分的平开门及门锁，下柜部分的推拉门；删除后最终效果如图8.2-01所示。

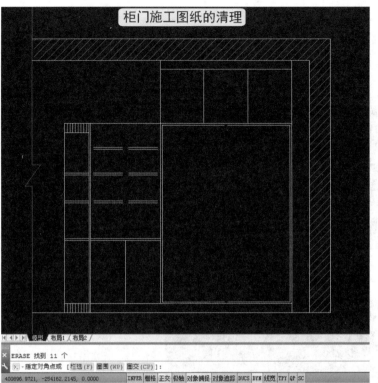

图8.2-01 图形物体删除效果

(02)图形物体的整理。施工立面图纸经过【删除(E)】操作后，很多地方需要通过执行【剪切(TR)】、【删除(E)】和【延伸(EX)】等命令对图纸进行整理。如书柜部分的层板位置、衣柜内部轮廓线位置等，最终整理后如图8.2-02所示。

小结：在柜门图纸清理之前一定要仔细观察和分析柜门图纸的信息结构，确定哪些图形是需要删除的，哪些图形是需要保留的。柜门图纸清理完成后，再对图纸中断线部分予以最终的图形整理。

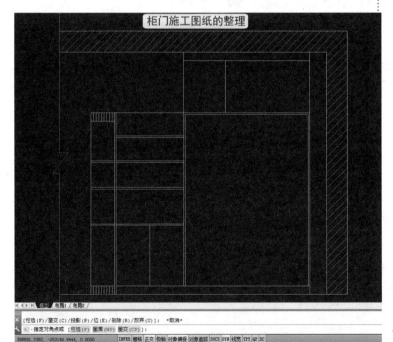

图8.2-02 图形整理效果

8.2.2 衣柜上柜体的内部结构绘制

(01)衣柜上柜体内部层板绘制。对上柜体最左侧、最右侧的层板向内侧方向执行【偏移(O)】距离20mm的操作；对衣柜上柜体中间层板线向左右方向各执行【偏移(O)】距离10mm的操作，操作后效果如图8.2-03所示。通过执行【删除(E)】和【剪切(TR)】等命令，对衣柜上柜层板位置进行最终的图形整理，如图8.2-04所示。

(02)上柜体内部的饰品放置。打开随书光盘中的【图库整理】文件，选择抱枕、被褥等装饰品，按键盘上的Ctrl+C快捷键复制到当前操作的AutoCAD文件中，最终通过执行【移动(M)】命令，将装饰品放置到正确位置处即可，如图8.2-05所示。

▶ 图8.2-03 衣柜上柜层板绘制

▶ 图8.2-04 上柜层板效果

小结：打开随书光盘中的【图库整理】文件后，按键盘上的Ctrl+C快捷键复制需要的装饰物体，然后按键盘上的Ctrl+Tab键在【图库整理】文件和图纸文件之间进行转换，返回到图纸文件后，按键盘上的Ctrl+V快捷键将装饰品放置到正确位置。

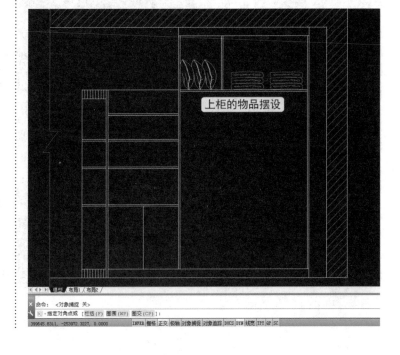

▶ 图8.2-05 摆置装饰物品

8.2.3 衣柜下柜体的内部结构绘制

(01)竖向层板的位置及厚度的确定。通过执行【定数等分 (DIV)】命令，将衣柜整体宽度平均分为三段。执行【线(L)】命令捕捉划分的【节点】位置，向上侧方向绘制垂直线，垂直线的结束点为下柜体的内上侧直线位置，如图8.2-06所示。向一侧方向执行【偏移(O)】距离20mm的操作，得到竖向层板的厚度，如图8.2-07所示。

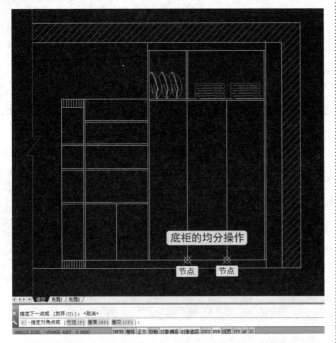

◀ 图8.2-06 均分衣柜宽度

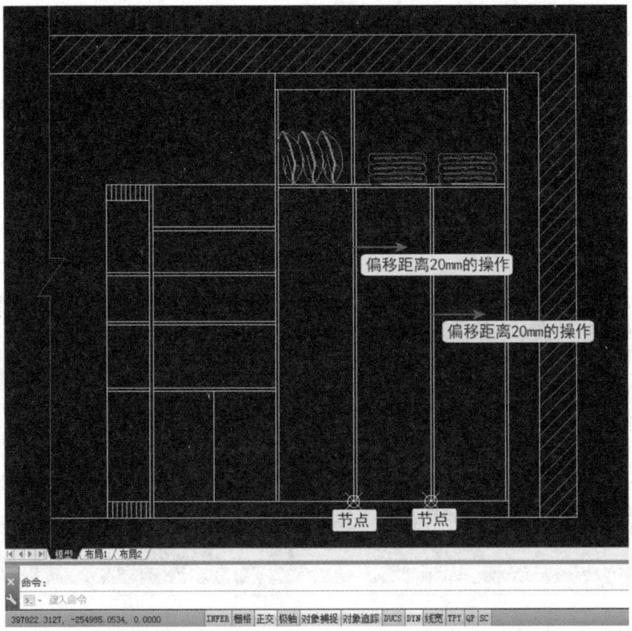

◀ 图8.2-07 绘制衣柜层板厚度

(02)柜体底侧部分的结构绘制。选择柜体底侧直线，向上侧方向执行【偏移(O)】距离450mm的操作，得到底侧柜体的高度线。选择高度线，继续向上侧执行【偏移(O)】距离20mm的操作，得到底侧柜体层板的厚度，如图8.2-08所示。通过执行【剪切(TR)】命令，对偏移出的层板线进行图形整理，如图8.2-09所示。

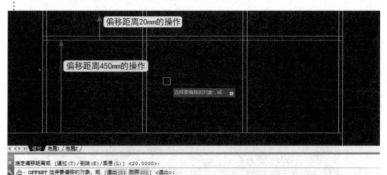

▶ 图8.2-08 偏移空间高度

▶ 图8.2-09 确定层板效果

(03)柜体底侧的抽屉绘制。选择柜体底侧直线，向上侧方向连续执行【偏移(O)】距离150mm的操作，得到抽屉的高度线位置，如图8.2-10所示。通过执行【剪切(TR)】和【删除(E)】命令，对偏移出的直线进行图形整理，最终效果如图8.2-11所示。

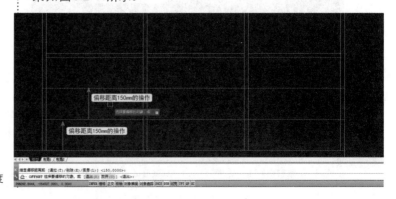

▶ 图8.2-10 确定抽屉线高度

▶ 图8.2-11 抽屉高度线确定

（04）抽屉把手的绘制。选择柜门图纸中的柜门把手，通过执行【旋转(RO)】命令，将门把手进行旋转90度角操作并放置到正确位置，如图8.2-12所示。通过执行【复制(CO)】命令，将另外两只抽屉的门把手放置到相应位置，如图8.2-13所示。

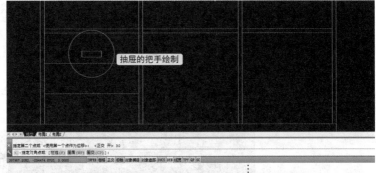

◀ 图8.2-12 抽屉把手绘制

（05）底侧中间柜体的摆饰品放置。在剩余的两个底侧柜体内部，一个摆放被褥摆饰品，一个绘制空洞线。通过执行【复制(CO)】和【移动(M)】命令，将衣柜上柜体的被褥图形文件放置到中间底柜位置，效果如图8.2-14所示。

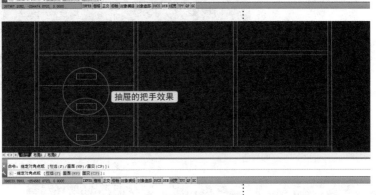

◀ 图8.2-13 把手最终效果

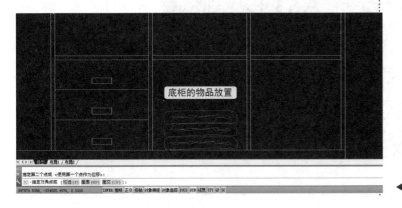

◀ 图8.2-14 放置装饰品

(06)底部右侧柜体的空洞线绘制。绘制空洞线代表此处位置为镂空、闲置状态。执行【直线(L)】命令，在底柜右侧柜体内部绘制折弯直线，如图8.2-15所示。选择柜门图纸中平开门的红色虚线类型，通过执行【笔刷(MA)】命令将其特性匹配到折弯直线，并通过【对象颜色】按钮将折弯直线颜色改为【灰色：252】，最终效果如图8.2-16所示。

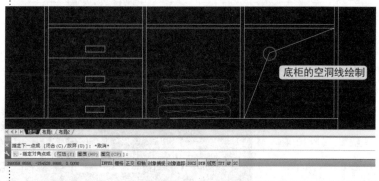

▶ 图8.2-15 绘制空洞线

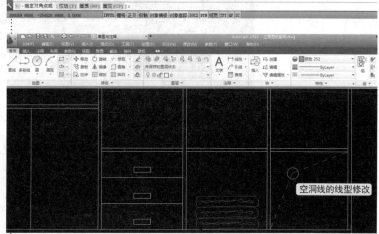

▶ 图8.2-16 空洞线特性匹配

(07)抽屉上侧位置的结构绘制。选择抽屉的层板直线，向上侧方向执行【偏移(O)】距离400mm的操作，得到此位置的内部空间高度。选择偏移出的直线，继续执行【偏移(O)】距离20mm的操作，得到此位置的层板厚度，如图8.2-17所示。执行【倒直角(F)】命令，对此处层板位置进行图形整理，最终效果如图8.2-18所示。

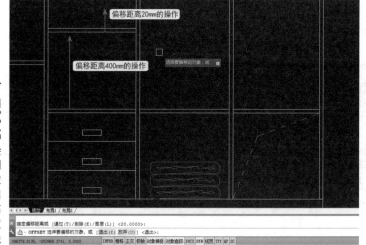

▶ 图8.2-17 绘制空间高度线

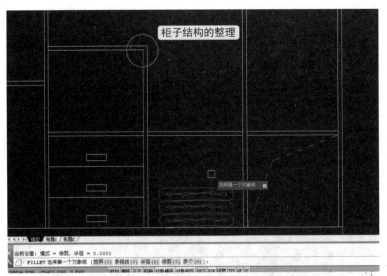

(08)衣柜右侧位置的结构绘制。通过执行【定数等分(DIV)】命令，将衣柜右侧剩余高度平均分为三段。执行【直线(L)】命令捕捉划分的【节点】位置，向右侧方向绘制直线，直线的结束点为衣柜右侧内直线位置，如图8.2-19所示。向上侧方向执行【偏移(O)】距离20mm的操作，得到此处位置的层板厚度，如图8.2-20所示。

(09)空洞线的绘制和装饰物的摆置。在抽屉上侧和衣柜右上侧位置绘制空洞线图形，绘制方法参考前面章节的内容讲解，

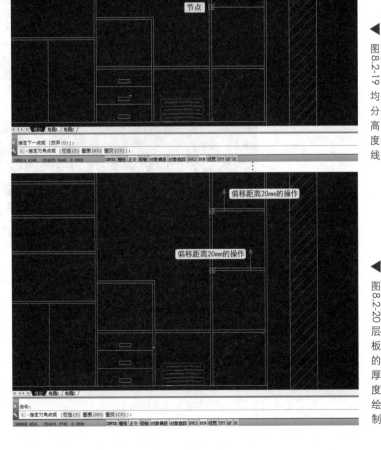

▲ 图8.2-19 均分高度线

▲ 图8.2-20 层板的厚度绘制

绘制效果如图8.2-21所示。在其他结构位置通过执行【复制
(CO)】和【移动(M)】命令，把被褥图形文件放置到相应位
置，如图8.2-22所示。

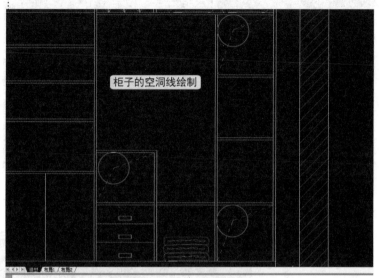

▶ 图8.2-21 空洞线绘制

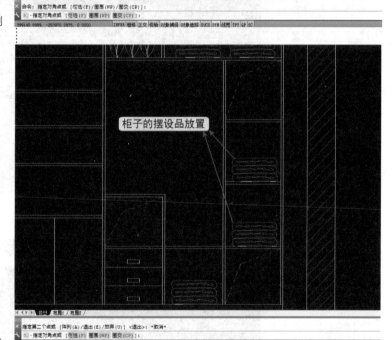

▶ 图8.2-22 装饰品放置

(10)衣柜挂衣杆的绘制。选择下柜体内侧最顶部直线，向下
侧方向执行【偏移(O)】距离50mm的操作。选择偏移出的直线，
向下侧方向执行【偏移(O)】距离30mm的操作，如图8.2-23所
示。通过执行【延伸(EX)】命令，将两条直线延伸到柜体层板位
置处，如图8.2-24所示。

(11)挂衣杆位置衣物的摆置。打开随书光盘中的【图库整理】文件，选择上衣、风衣等衣物品，按键盘上的 Ctrl+C 快捷键复制到当前操作的图纸文件中，并通过执行【移动(M)】命令，将复制的衣物品摆置到相应位置，如图8.2-25所示。

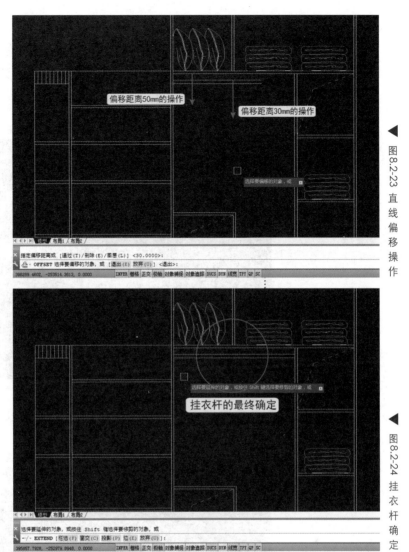

▲ 图8.2-23 直线偏移操作

▲ 图8.2-24 挂衣杆确定

小结：在实际的衣柜制作中，挂衣杆位置距离顶部大概在4cm~6cm距离。把衣物等摆饰品放置到相应位置后，可以在挂衣杆和衣架结合位置处通过细微操作，使衣杆和衣架之间的层次更为明显，绘图效果更为真实。

◀ 图8.2-25 衣物品放置

8.2.4 书柜下柜体的内部结构绘制

(01)中间竖向层板的绘制。选择底柜中间的竖向线，向左右方向各执行【偏移(O)】距离10mm的操作，如图8.2-26所示。通过执行【删除(E)】命令将中间竖线删除，这样底柜中间的竖向层板就制作完成了，如图8.2-27所示。

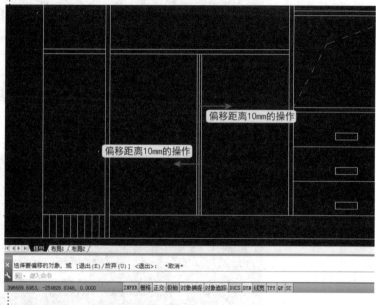

▶ 图8.2-26 书柜层板线偏移

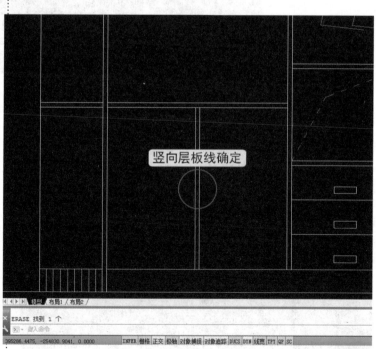

▶ 图8.2-27 书柜层板线确定

(02)书柜底柜右侧横向层板绘制。通过执行【直线(L)】命令捕捉竖向层板右侧直线的中心点位置，并向右侧方向绘制直线，直线的结束点位于底柜右侧内垂直位置，如图8.2-28所示。参照前面章节的内容讲解，用同样的方法制作出书柜右侧横版的厚度，如图8.2-29所示。

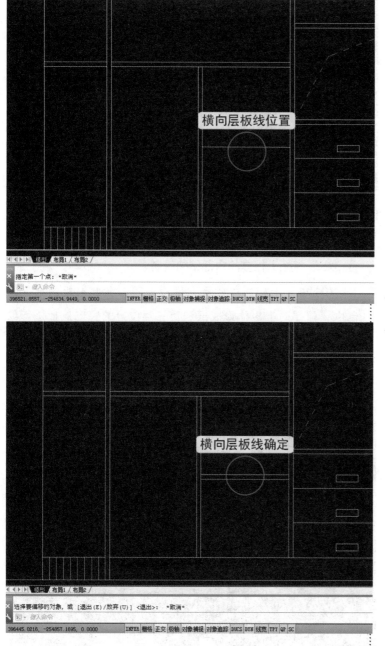

◀ 图8.2-28 直线平分高度

◀ 图8.2-29 横向层板确定

(03)底柜的空洞线绘制。通过执行【直线(L)】命令绘制此结构位置的空洞线图形，绘制完成后，通过执行【笔刷(MA)】命令特性匹配空洞线的属性，绘制完成后效果如图8.2-30所示。

小结：在实际的板材类型中，不管是细木工板、插接板还是欧松板，其长宽尺寸都是按照国家规定的2.4m×1.2m制作而成的。而这些常用板材的厚度有1.6cm、1.7cm、1.8cm和2.0cm，制图过程中层板都按照2.0cm厚度绘制而成。

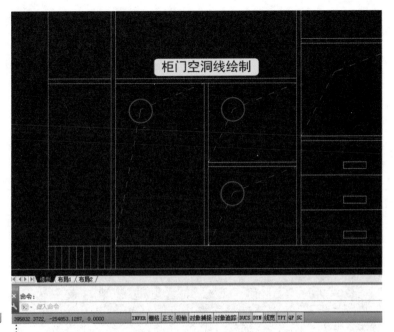

▶ 图8.2-30 空洞线绘制

8.2.5 书柜上柜体的内部结构绘制

(01)确定上柜体中间竖向层板位置。在此书柜的结构绘制中，需要对上柜体最底层和第三层位置的竖向层板进行绘制。通过执行【直线(L)】命令捕捉直线位置的中心点并绘制垂直直线，垂直直线的结束点位于相邻横向层板的边缘线位置，如图8.2-31所示。

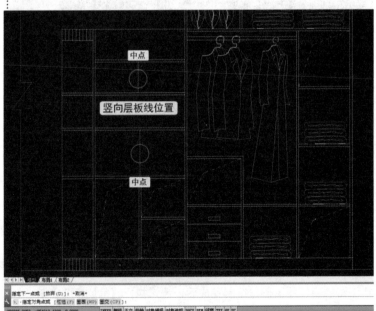

▶ 图8.2-31 绘制层板线位置

(02)上柜体竖向层板的厚度和空洞线绘制。通过执行【偏移

(O)】和【删除(E)】命令，对竖向层板位置进行绘制和整理(方法同上)，最终效果如图8.2-32所示。通过执行【直线(L)】命令绘制此结构位置的空洞线并执行【笔刷(MA)】命令，最终效果如图8.2-33所示。

小结：在书柜上柜体的内部结构绘制中，注意对【笔刷(MA)】、【复制(CO)】、【移动(M)】等命令的应用。在书柜的柜体层板结构中，中间位置制作竖向层板，目的是为了使书柜的结构更加稳定，避免因为长时间的使用柜体发生变形的现象产生。

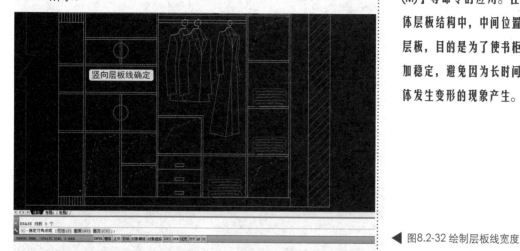

▶ 图8.2-32 绘制层板线宽度

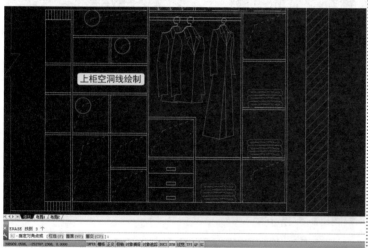

▶ 图8.2-33 空洞线绘制

(03)上柜体的装饰品摆置。打开随书光盘中的【图库整理】文件，选择书本、笔筒等装饰品，按键盘上的Ctrl+C快捷键复制到当前操作的图纸文件中。执行【移动(M)】命令，将复制的摆置品放置到图纸相应位置处，如图8.2-34所示。内结构最终效果如图8.2-35所示。

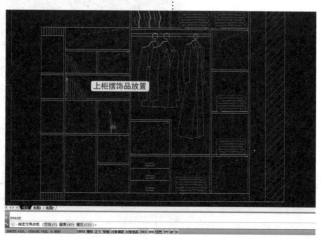

▶ 图8.2-34 放置装饰品

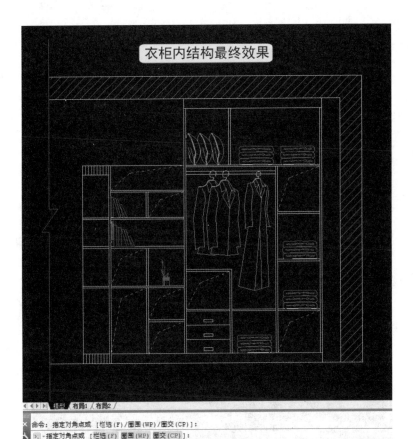

▶ 图8.2-35 内结构最终效果

8.2.6 内部结构图纸的尺寸标注

(01)书柜内结构的竖向尺寸标注。执行【线性标注(DLI)】命令，对书柜内结构进行竖向尺寸标注，如图8.2-36所示。继续执行【线性标注(DLI)】命令，标注书柜的总体高度尺寸，如图8.2-37所示。

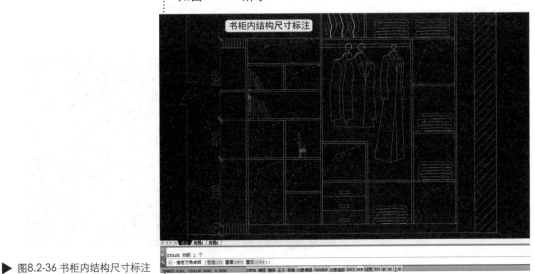

▶ 图8.2-36 书柜内结构尺寸标注

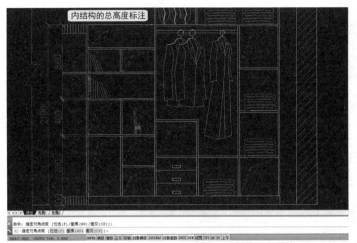

▲ 图8.2-37 书柜内结构总高度标注

　　(02)衣柜内结构的竖向尺寸标注。执行【线性标注(DLI)】命令，对衣柜的内结构进行竖向尺寸标注，如图8.2-38所示。继续执行【线性标注(DLI)】命令，标注衣柜的总高度尺寸，如图8.2-39所示。

　　(03)衣柜、书柜内结构的横向尺寸标注。执行【线性标注(DLI)】命令，对衣柜、书柜和置物架的内结构

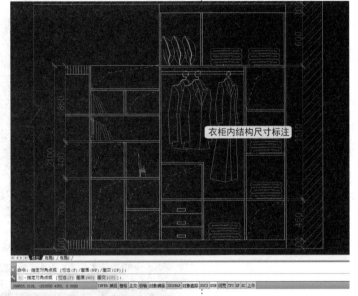

▲ 图8.2-38 衣柜内结构尺寸标注

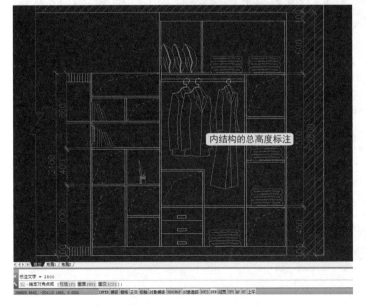

▲ 图8.2-39 衣柜内结构总高度标注

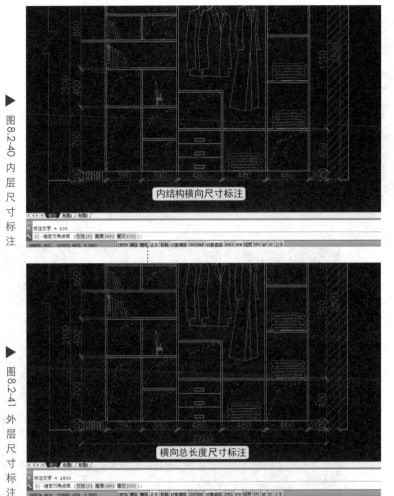

▶ 图8.2-40 内层尺寸标注

▶ 图8.2-41 外层尺寸标注

进行横向尺寸标注，如图8.2-40所示。标注完成后，再次执行【线性标注(DLI)】命令，标注横向的总长度尺寸，如图8.2-41所示。

(04)尺寸标注的总体调整。书柜、衣柜内结构的【线性标注】操作完成后，要对各个位置的标注线进行整体位置的移动和微调。移动【线性标注】至图纸的轮廓之外，使其观察起来更为清楚和专业，如图8.2-42所示。

小结：在书柜的上部结构位置处，因为此位置是【定数等分】平均分为三段绘制的，所以，此位置的【线性标注】是总体标注完成的。同样的情况，在衣柜的底柜右上侧的三处结构位置也是三处尺寸总体【线性标注】完成的。

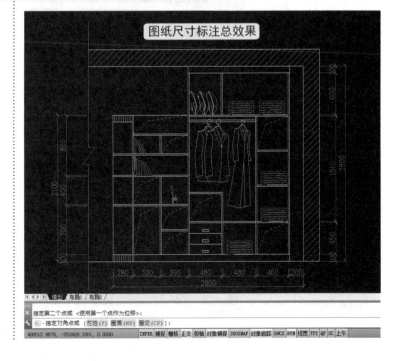

▶ 图8.2-42尺寸标注效果

8.2.7　内部结构图纸的文字标注

(01)书柜内结构的文字标注。执行【引线标注(LE)】命令，对书柜内结构需要文字标注的对象进行引线的绘制，如图8.2-43所示。需要文字标注的对象分别是【柜内贴3mm波音板】、【实木收口条】和【书籍装饰品】，执行【文字(T)】命令，依次对上述对象予以文字说明，如图8.2-44所示。

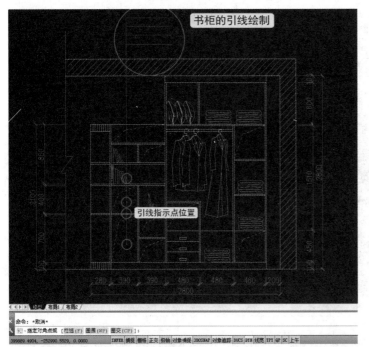

◀ 图8.2-43 书柜引线绘制

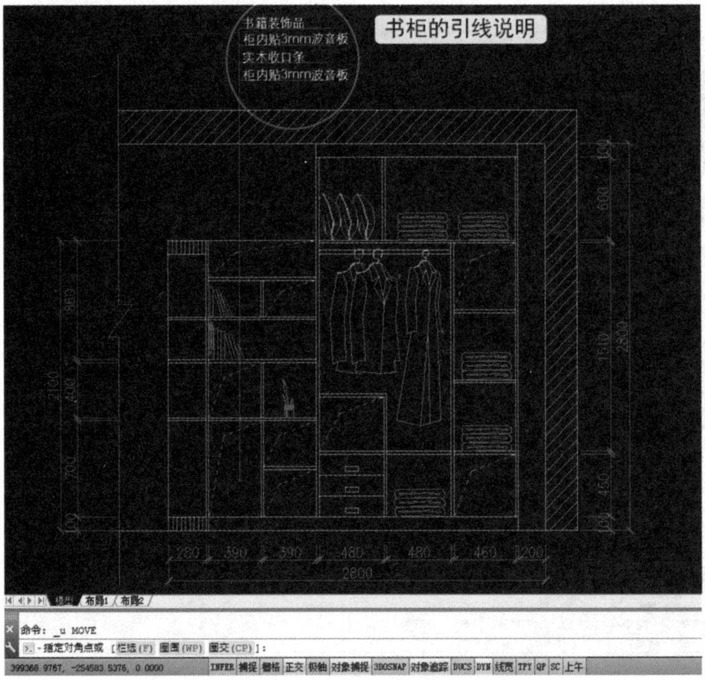

◀ 图8.2-44 书柜引线说明

小结：柜体内结构的文字标注主要分为两部分操作：

一部分是对书柜内结构的引线说明操作；另一部分是对衣柜内结构的引线说明操作。注意绘制引线时，引线的起点所指示的位置就是文字需要说明的物体对象。

(02)衣柜内结构的文字标注。执行【引线标注(LE)】命令，对衣柜内结构需要文字标注的对象进行引线的绘制，如图8.2-45所示。需要文字标注的对象分别是抽屉饰面板、柜内贴3mm波音板、实木收口条和铝合金挂衣杆，执行文字(T)命令，依次对上述对象予以文字说明，如图8.2-46所示。

结构图纸总效果如图8.2-47所示。

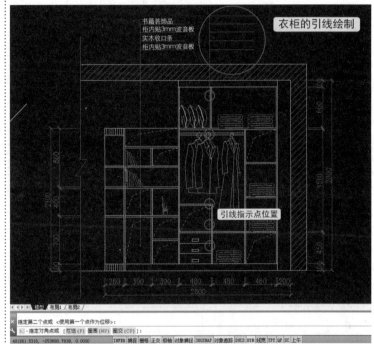

▶ 图8.2-45 衣柜引线绘制

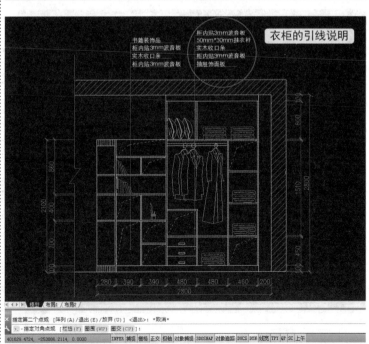

▶ 图8.2-46 衣柜引线说明

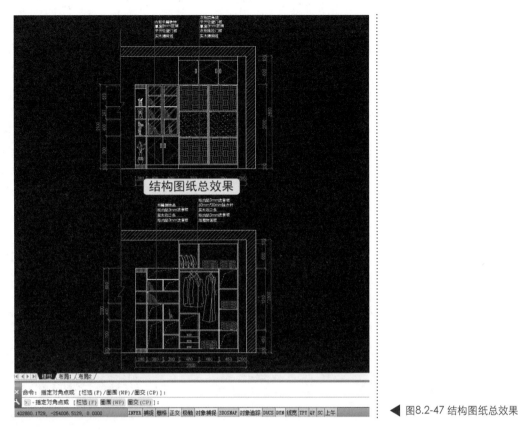

▶ 图8.2-47 结构图纸总效果

本章小结：

本章详细讲解了图纸绘制中书柜、衣柜的施工立面图纸的制作过程。

书柜、衣柜的施工立面图纸的绘制主要由两部分组成，在绘制之前首先把需要绘制的结构位置复制并进行适当的图纸清理，为后面施工立面图纸的绘制铺垫好基础。图纸清理完成后，用清理之后的图形结构入手，依次绘制直线的下拉距离，并以房高为依据绘制立面图纸的总体外框架和外轮廓线。

施工立面图纸的总体结构框架制作完成后，首先确定施工立面图纸四个方向的边界位置，然后确定从哪部分开始绘制，再绘制的结束位置在哪里，最后确定图纸的折断线的绘制位置。这样图纸的绘制区域就总体规划完成了。

根据所绘制物体的立面特点，分清步骤和层次，根据施工材料的要求和总体的尺寸把握，绘制立面图纸的各项组成部分。具体到本案例就是先绘制柜门图，然后在绘制柜体内部结构图，最后再对两份图纸进行文字文字和尺寸标注即可。

注意在绘制的过程中，对AutoCAD 2013常用命令的掌握。绘图速度的快慢不仅仅取决于对软件命令按钮的熟练掌握程度，而且大部分的因素还取决于对施工流程、材料、施工经验等经验的把握上。

第九章

AutoCAD 2013
输出与打印

利用AutoCAD 2013软件绘制的图形，作为计算机辅助设计中最有效的结果最终需要打印和输出。这样用户不仅可以把图形输出到图纸上，以工程图样的形式指导生产实践，接受检验，还可以输出到其他应用软件上，比如Photoshop、CorelDRAW等图形处理软件，用以整合各种资源、协同作业、使资源共享等。

9.1 AutoCAD 2013输出

9.1.1 输出高清JPG图片

对于平面设计、地图制图、工程制图等专业来说,AutoCAD 2013是必不可少的而且是必修的平面图形绘制软件。对于AutoCAD 2013输出JPG图像，许多人并不陌生，但是如何输出高清图可能就需要进行详细的讲解了。

首先需要说明的是AutoCAD 2013输出高清JPG格式文件，需要借助第三方软件Photoshop的配合而完成。本案例以【柜门图纸】作为输出对象，详细讲解在AutoCAD 2013中如何输出高清JPG图片。

1.设置虚拟打印机

(01)打开随书光盘中的【柜门图纸案例】文件，选择【菜单浏览器】按钮，在弹出的下拉菜单中选择【打印】子菜单中的【管理绘图仪】命令按钮，如图9.1-01所示。在弹出的窗口中双击【添加绘图仪向导】按钮就会弹出【添加绘图仪-简介】对话框，如图9.1-02所示。

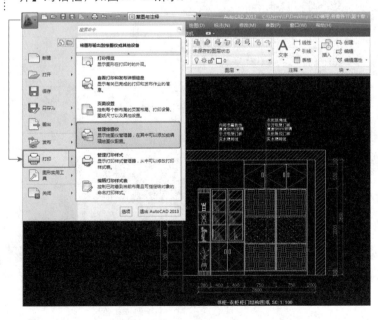

▶ 图9.1-01 选择管理绘图仪

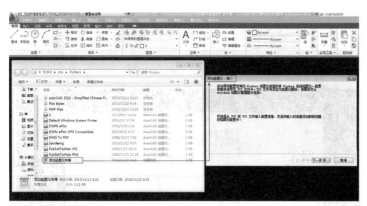

◀ 图9.1-02 【添加绘图仪-简介】对话框

　　(02)在弹出的【添加绘图仪-简介】对话框中点击【下一步】按钮，在弹出的【添加绘图仪-开始】、【添加绘图仪-绘图仪型号】和【添加绘图仪-输入PCP或PC2】三个对话框中均点击【下一步】按钮，如图9.1-03、图9.1-04、图9.1-05所示。

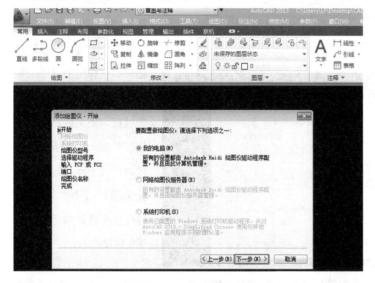

◀ 图9.1-03 【添加绘图仪-开始】对话框

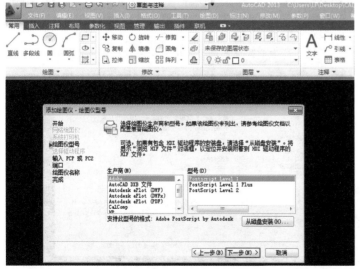

◀ 图9.1-04 【添加绘图仪-绘图仪型号】
　　对话框

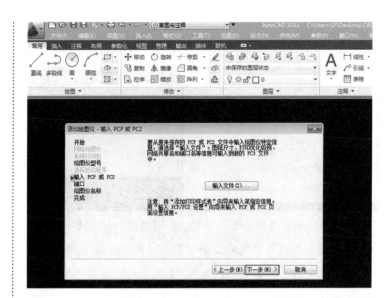

▶ 图9.1-05 【添加绘图仪-输入PCP
　　或PC2】对话框

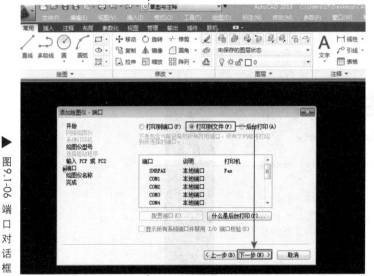

◀ 图9.1-06 端口对话框

(03)点击【添加绘
图仪-输入PCP或PC2】
对话框中的【下一步】按
钮后，在弹出的【添加绘
图仪-端口】对话框中选
中【打印到文件】单选按
钮，如图9.1-06所示。继
续点击【下一步】按钮，
就会弹出【添加绘图仪-
绘图仪名称】对话框，如
图9.1-07所示。

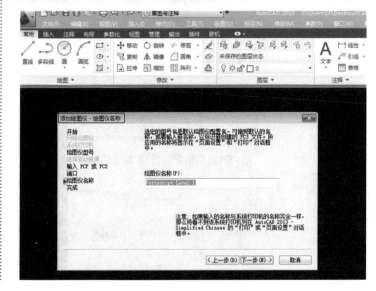

▶ 图9.1-07 【添加绘图仪-绘图仪
　　名称】对话框

(04)在【添加绘图仪-绘图仪名称】对话框中的【绘图仪名称】文本框中处输入新的绘图仪名称，本案例以jiaocheng名称为例，如图9.1-08所示。继续点击【下一步】按钮，就会弹出【添加绘图仪-完成】对话框，如图9.1-09所示。

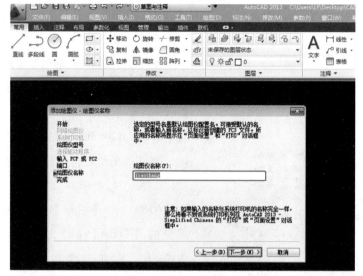

◀ 图9.1-08 输入绘图仪名称

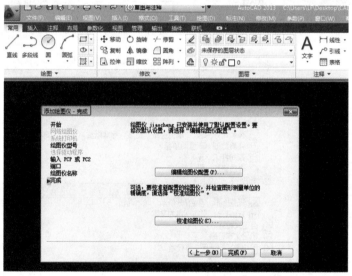

◀ 图9.1-09 完成对话框

(05)在【添加绘图仪-完成】对话框中点击【编辑绘图仪配置】按钮，点击后就会弹出【绘图仪配置编辑器】对话框。切换到【设备和文档设置】选项卡，如图9.1-10所示。

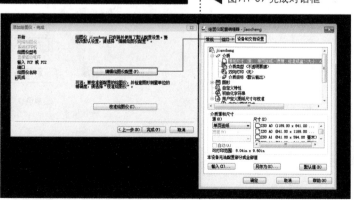

◀ 图9.1-10 编辑绘图仪配置

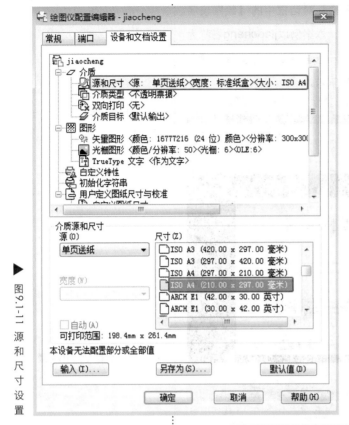

图 9.1-11 源和尺寸设置

（06）点击【设备和文档设置】选项卡【介质】选项位置处的【源和尺寸】命令按钮，在显示的【尺寸】列表框内选择 ISOA4(210.00mmx297.00mm)选项，如图9.1-11所示。

（07）点击【图形】选项位置处的【矢量图形】命令按钮，在命令面板中选择【颜色深度：彩色】、【分辨率：300x300DPI】、【抖动：硬件图案阶位抖动】按钮选项，如图9.1-12所示。

（08）点击【图形】选项位置处的【TrueType 文字】命令按钮，在命令面板中选中【TrueType 字体作为图形】单选按钮，如图9.1-13所示。各项

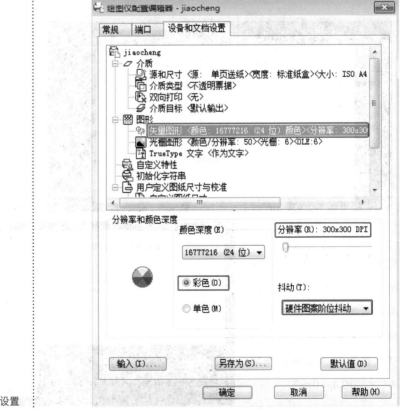

▶ 图9.1-12 矢量图形设置

按钮位置完成后，点击
【确定】按钮，然后继
续点击【添加绘图仪-
完成】对话框中的【完
成】按钮即可。

　　(09)点击【菜单浏
览器】按钮，选择下拉
菜单中的【管理绘图
仪】选项，在弹出的对
话框中就会显示刚刚新
添加的jiaocheng绘图
仪样式，如图9.1-14
所示。

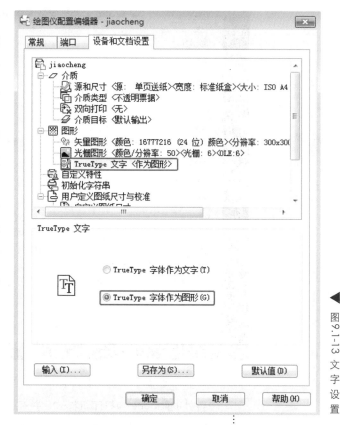

▲ 图9.1-13 文字设置

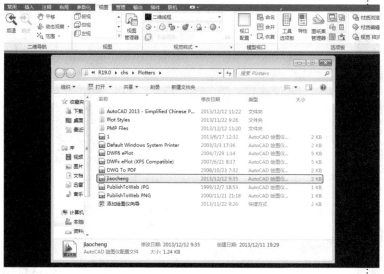

◀ 图9.1-14 查看新添加的绘图仪

　　2.打印输出矢量图

　　(01)点击AutoCAD 2013标题栏位置的【打印】按钮选项，就
会弹出【打印-模型】对话框，如图9.1-15所示。另外还可以通过
执行快捷键Ctrl+P调出【打印-模型】对话框。

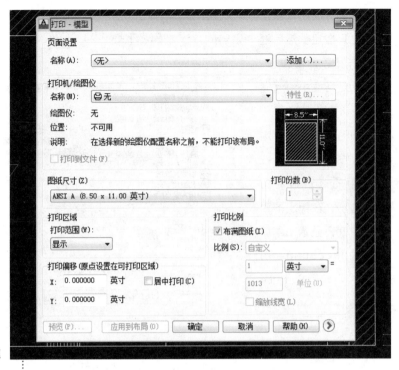

▶ 图9.1-15 【打印-模型】对话框

(02)在【打印-模型】对话框中，选择【打印机/绘图仪】命令位置处的jiaocheng打印机样式，并在【图纸尺寸】命令位置处选择ISO A4 (297.00mmx210.00mm)，如图9.1-16所示。

▶ 图9.1-16 选择打印机和图纸尺寸

(03)在【打印区域】命令位置处选择【窗口】样式的【打

印范围】类型，如图9.1-17所示。选择【窗口】类型后，
AutoCAD 2013就会转换到图纸操作界面中，如图9.1-18所示。
选择需要打印的区域范围后，图形界面会再次转换到【打印-模
型】对话框中。

◀ 图9.1-17 选择打印范围类型

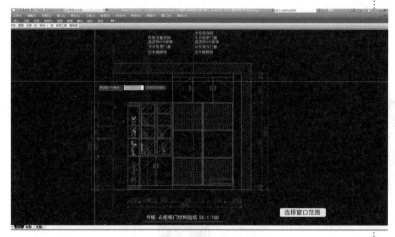

◀ 图9.1-18 选择打印区域

(04)图形界面转换完成后，选择【打印偏移】命令位置处的
【居中打印】和【打印比例】命令位置处的【布满图纸】按钮选
项，如图9.1-19所示。点击【确定】按钮后，在弹出的【浏览打印
文件】对话框中选择文件的保存位置，如图9.1-20所示。

▶ 图9.1-19 设置打印偏移和打印比例

▶ 图9.1-20 文件保存

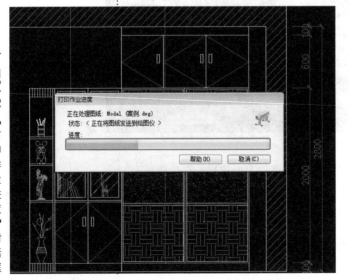

▶ 图9.1-21【打印作业进度】对话框

(05)点击对话框中的【保存】按钮后，就会弹出【打印作业进度】对话框，表示设置的虚拟打印机正在输出高清矢量图，如图9.1-21所示。打印作业进度完成后，在桌面上就会显示输出的EPS矢量图文件，如图9.1-22所示。

EPS文件保存

◀ 图9.1-22 生成EPS文件

3.编辑矢量图并输出JPG图片

(01)打开图像处理软件
Photoshop。选择菜单栏中的
【文件】菜单选项，在弹出的
下拉菜单中选择【打开】命令
按钮，如图9.1-23所示。选择
桌面上的EPS矢量文件，双击打
开即可。

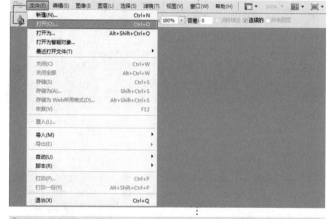

◀ 图9.1-23 选择【打开】按钮

(02)双击打开EPS矢量
文件后，就会弹出【栅格
化EPS格式】对话框，如
图9.1-24所示。在对话框的
【图像大小】命令位置处设
置2830x2000像素大小的图
片样式，如图9.1-25所示。

◀ 图9.1-24 栅格化对话框

(03)设置完成后点击【确
定】按钮，在Photoshop操作
界面中就会弹出透明背景内
容的图形文件，如图9.1-26所
示。另外还可以运用【移动】
工具，对显示的图形文件进行
位置的移动和操作。

◀ 图9.1-25 图像大小设置

小结：需要注意的是，因为是对EPS格式文件进行栅格化处理，【图像大小】命令位置处的像素大小可以自由设定，本案例以设置2830x2000像素大小的图片为例进行讲解，也可以根据实际情况自定义设置像素大小或者尺寸大小。

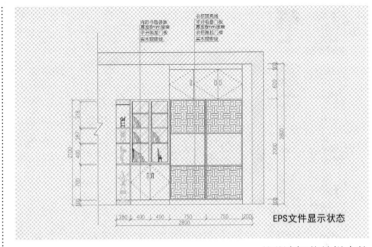

EPS文件显示状态

▶ 图9.1-26 打开显示状态

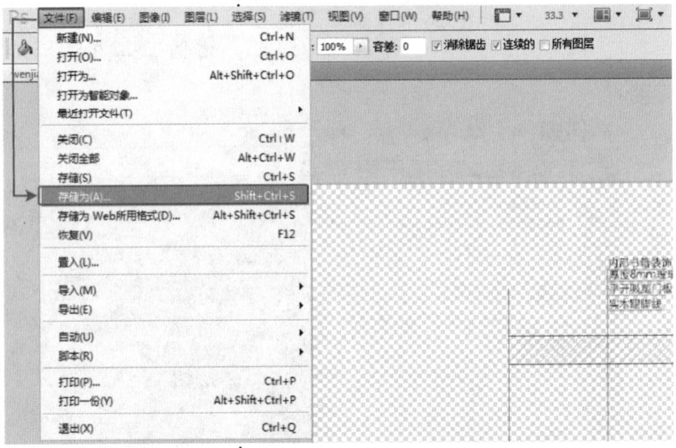

▶ 图9.1-27 选择【存储为】按钮

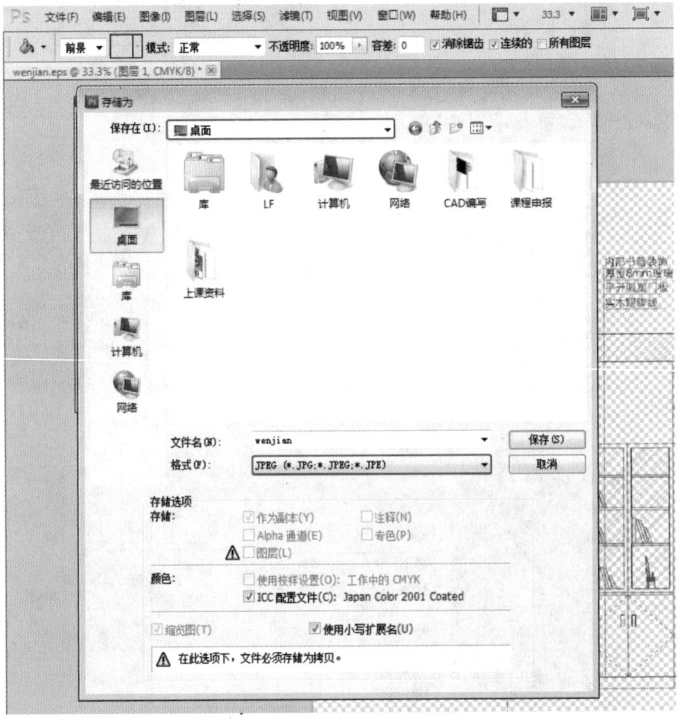

▶ 图9.1-28 保存JPG设置

(04)选择菜单栏中的【文件】菜单选项，在弹出的下拉菜单中选择【存储为】命令按钮，如图9.1-27所示。在弹出的【存储为】对话框中选择文件保存的位置和需要保存的图片类型，如图9.1-28所示。

(05)点击【保存】按钮后，在弹出的【JPEG选项】对话框中设置图像的【品质】为【最佳】，如图9.1-29所示。点击【确定】按钮后，在保存位置处就会显示保存的JPG的图像文件，打开状态如图9.1-30所示。

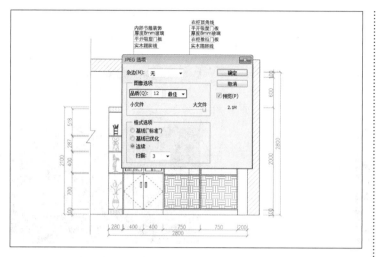

◀ 图9.1-29 JPEG选项设置

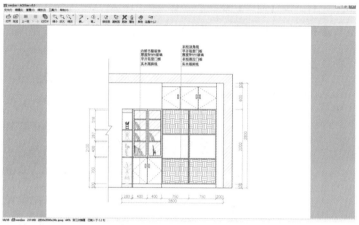

◀ 图9.1-30 ACDSee打开保存图片

9.1.2 输出矢量WMF格式文件

WMF是Windows Metafile 的缩写，简称图元文件，它是微软公司定义的一种Windows平台下的图形文件格式，也称为矢量图片文件，它是依靠函数来存储图片文件信息的，体积极小，但是功能却很强大，可以无限制放大或缩小。因为是函数，一般无法用普通方式查看，最好用相关的图像编辑工具，如Corel-DRAW、Adobe Illustrator等。

1.保存矢量格式文件

（01）打开随书光盘中的【柜门图纸案例】文件，选择图纸中需要保存为矢量格式的图形文件，如图9.1-31所示。

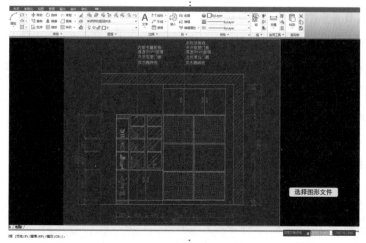

◀ 图9.1-31 选择图形区域

选择图形区域后，点击菜单栏中的【文件】菜单选项，在弹出的下拉菜单中选择【输出】命令按钮，如图9.1-32所示。

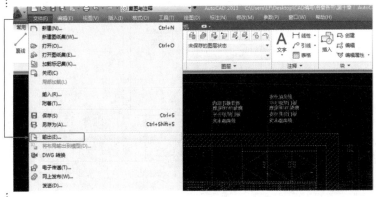

▶ 图9.1-32 选择【输出】命令按钮

(02)点击【输出】按钮后，在弹出的对话框中选择文件保存的位置和文件保存的格式类型*.wmf，点击【保存】按钮后桌面上就会生成一份WMF格式文件，如图9.1-33所示。

2.打开矢量格式文件

启动矢量图形软件CorelDRAW，选择菜单栏中的【文件】菜单选项，在弹出的下拉菜单中选择【打开】命令按钮，如图9.1-34所示。选择桌面上保存的矢量格式文件打开即可。在CorelDRAW的操作界面中，矢量格式文件最终的显示效果如图9.1-35所示。

▶ 图9.1-33 生成文件类型

保存的WMF文件

小结：矢量图都是通过数学公式计算获得的。矢量图形最大的优点是无论放大、缩小或旋转等不会失真；最大的缺点是难以表现色彩层次丰富的逼真图像效果。Adobe公司的Illustrator、Corel公司的CorelDRAW是众多矢量图形设计软件中的佼佼者。

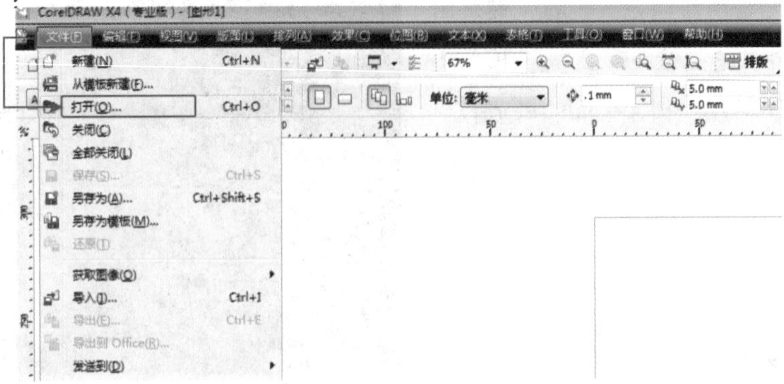

▶ 图9.1-34 选择【打开】按钮

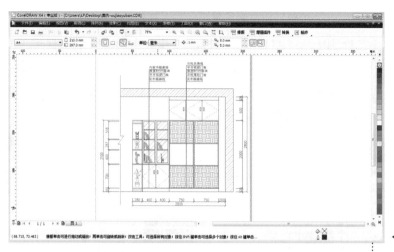

▲ 图9.1-35 文件显示状态

9.2 AutoCAD 2013打印

9.2.1 打印DWG格式文件

AutoCAD 2013广泛应用于建筑，机械，电子等领域。Auto-CAD图纸非常普遍。下面详细讲解下如何打印AutoCAD 2013文件，如文件扩展名为.DWG图纸文件。

（01）调用打印模型对话框。打开图形文件后，点击标题栏位置的【打印】按钮，如图9.2-01所示。在弹出的【打印-模型】对话框的右下侧位置点击【更多选项】箭头按钮，对话框最终显示如图9.2-02所示。

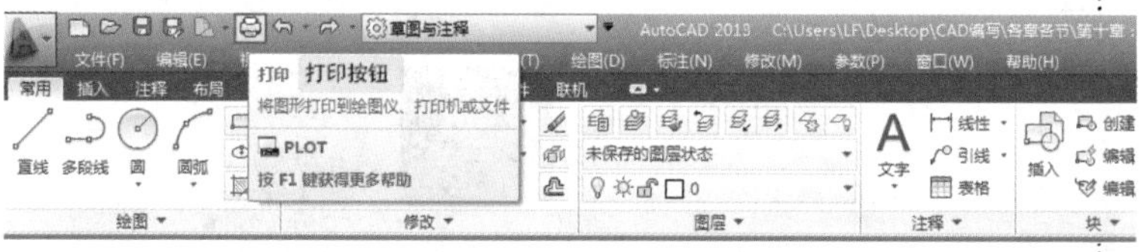

▲ 图9.2-01 点击【打印】按钮

▲ 图9.2-02 【打印-模型】对话框

(02)设置打印机和图纸尺寸。在实际的打印环节中，需要在【打印机/绘图仪】命令位置处的下拉菜单中选择打印机样式，这里以设置的虚拟打印机jiaocheng为例，如图9.2-03所示。在【图纸尺寸】命令位置处的下拉菜单中选择【ISO A4 (210.00x297.00毫米)】，如图9.2-04所示。

▶ 图9.2-03 选择打印机

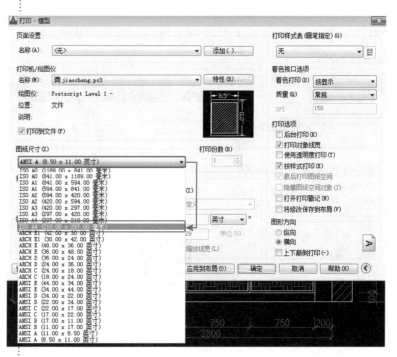

▶ 图9.2-04 选择图纸尺寸

(03)选择打印区域。在【打印区域】命令位置处选择【窗口】样式的【打印范围】类型，选择后AutoCAD 2013就会转换到图纸操作界面中，选择需要打印的区域范围后，图形界面再次转换到【打印-模型】对话框中，如图9.2-05所示。

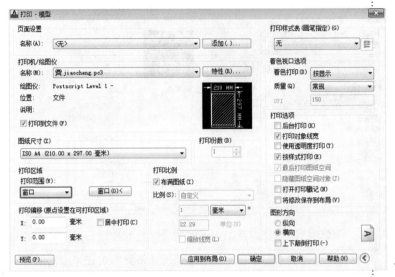

◀ 图9.2-05 选择打印范围类型

(04)设置打印偏移和打印比例。在打印图纸的过程中，为了使打印图形处于图纸的正中间位置且缩放打印图形以布满所选图纸尺寸，因此在【打印-模型】对话框中选择【居中打印】和【布满图纸】选项，如图9.2-06所示。

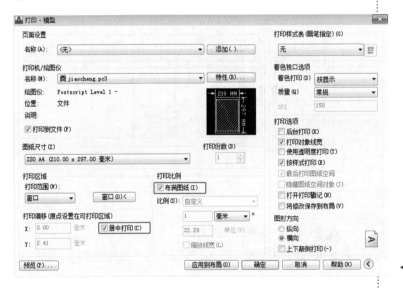

◀ 图9.2-06 设置打印偏移和打印比例

(05)打印样式表和图形方向设置。根据打印图纸的颜色设置【打印样式表】类型，其下拉菜单中的acad.ctb样式代表打印彩色图纸，monochrome.ctb样式代表打印黑白图纸。最后再根据实际的需要选择图纸的打印方向即可，如图9.2-07所示。

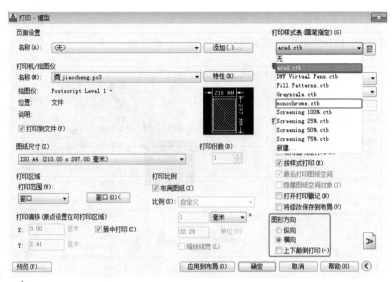

▶ 图9.2-07 选择打印样式类型

(06)打印预览。点击左下侧的【预览】按钮后，在弹出的对话框中可以查看打印内容的整体情况。最终右击在弹出的对话框中点击【打印】按钮即可，如图9.2-08所示。

小结：如果打印的图纸文件中有【Autodesk教育版产品制作】标记，去除此标记方法如下：把图纸文件另存为DXF格式并关闭软件，打开保存的DXF格式文件此标记就消失了。最终把图纸另存为DWG常用格式就可以了。

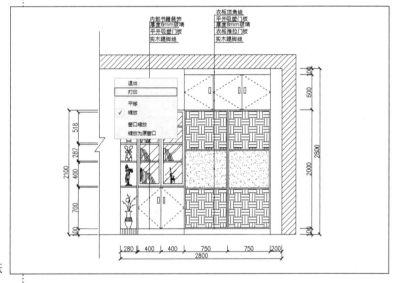

▶ 图9.2-08 打印预览图纸

9.2.2 打印JPG格式文件

利用AutoCAD 2013打印JPG图纸文件的操作跟打印DWG图纸文件相似，而唯一不同的是JPG图纸文件打印出来比较模糊不清晰。

(01)打开图形文件后，点击标题栏位置的【打印】命令按钮，在弹出的【打印-模型】对话框的右下侧位置点击【更多选项】按钮，【打印-模型】对话框最终显示如图9.2-09所示。

图9.2-09 打印-模型对话框

小结：如果选择的图纸尺寸不能满足图纸或者客户的要求，可以选择【打印机/绘图仪】命令位置处的【特性】功能按钮，在弹出的绘图仪配置编辑器中重新设置打印的图纸尺寸。

(02)选择打印机。在【打印机/绘图仪】命令位置处的下拉菜单中选择JPG.pc3样式后就会弹出【打印-未找到图纸尺寸】对话框，如图9.2-10所示。在对话框中选择或者设置需要的图纸尺寸即可。

图9.2-10 选择或设置图纸尺寸

(03)其他选项设置。根据前面讲述的内容，点击设置【打印偏移】、【打印比例】、【打印样式表】和【图形方向】按钮选项，如图9.2-11所示。最终打印预览后打印即可。

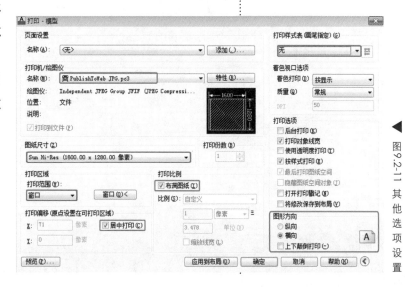

图9.2-11 其他选项设置

本章小结:

　　关于AutoCAD 打印与输出的问题，为了使读者能够深入了解相关知识，编写了这章AutoCAD 2013 打印与输出相关教程，通过一系列的实例，使各位读者通过实际的操作，深入掌握相关知识。

　　由于实际应用中，使用的AutoCAD版本和打印设备不同，所以在讲解时，尽量考虑到各种情况，对同一个命令或步骤进行多层面分析，使不同的用户都能得到满意的结果。我们发现，很多读者不能正常打印并不是技术问题，而是软件安装或硬件的问题，所以在进行实例之前，请您先检查安装Auto-CAD 版本是否完整、打印机是否与电脑连接并已经打开、打印纸和墨盒是否准备就绪、打印机能否正常工作。

视频教程部分

教学视频共分为九个章节部分，视频像素分辨率为【帧高度\1008x帧宽度\1680】

第一章 AutoCAD 2013概述与基本操作

1.1-AutoCAD 2013基本情况介绍　　　　　　　　时　长：06m 04s 主讲人：刘　飞

1.2-AutoCAD 2013操作环境设置　　　　　　　　时　长：08m 58s 主讲人：刘　飞

1.3-AutoCAD 2013工作流程介绍　　　　　　　　时　长：10m 49s 主讲人：刘　飞

本章总时长：25m 51s

第二章 AutoCAD 2013二维图形绘制

2.0-AutoCAD 2013二维图形绘制　　　　　　　　时　长：22m 24s 主讲人：刘　飞

本章总时长：22m 24s

第三章 AutoCAD 2013二维图形编辑

3.0-AutoCAD 2013二维图形编辑　　　　　　　　时　长：34m 02s 主讲人：刘　飞

本章总时长：34m 02s

第四章 AutoCAD 2013特性功能和图案填充

4.1-AutoCAD 2013特性功能　　　　　　　　　　时　长：11m 14s 主讲人：刘　飞

4.2-AutoCAD 2013图案填充　　　　　　　　　　时　长：10m 41s 主讲人：刘　飞

本章总时长：21m 55s

第五章 AutoCAD 2013文本标注和尺寸标注

5.1-AutoCAD 2013文字标注　　　　　　　　　　时　长：08m 45s 主讲人：刘　飞

5.2-AutoCAD 2013尺寸标注　　　　　　　　　　时　长：28m 06s 主讲人：刘　飞

本章总时长：36m 51s

快 捷 键

1.对象特性

ADC （设计中心）

CH-MO （修改特性）

MA （属性匹配）

ST （文字样式）

COL （设置颜色）

LA （图层操作）

LT （线形）

LTS （线形比例）

LW （线宽）

UN （图形单位）

ATT （属性定义）

ATE （编辑属性）

BO （边界创建）

AL （对齐）

EXIT（退出）

EXP (输出其他格式文件)

IMP (输入文件)

OP ,PR(自定义CAD设置)

PRINT(打印)

PU (清除垃圾)

R （重新生成）

REN (重命名)

SN (捕捉栅格)

DS (设置极轴追踪)

OS (设置捕捉模式)

PRE (打印预览)

TO (工具栏)

V (命名视图)

AA (面积)

DI (距离)

LI (显示图形数据信息)

2.绘图命令

PO (点)

XL (射线)

PL (多段线)

ML (多线)

SPL (样条曲线)

POL (正多边形)

REC (矩形)

C （圆）

A (圆弧)

DO (圆环)

EL (椭圆)

REG (面域)

MT (多行文本)

T (多行文本)

B (块定义)

I (插入块)

W (定义块文件)

DIV(等分)

H (填充)

3.修改命令

CO (复制)

MI (镜像)

AR (阵列)

O (偏移)

RO (旋转)

M (移动)

E , DEL键 (删除)

X (分解)

TR (修剪)

EX (延伸)

S (拉伸)

LEN (直线拉长)

SC (比例缩放)

BR (打断)

CHA (倒角)

F (倒圆角)

PE (多段线编辑)

ED (修改文本)

4.视图缩放

P (平移)

Z + 空格 + 空格(实时缩放)

Z (局部放大)

Z+P (返回上一视图)

Z + E (显示全图)

5.尺寸标注

DLI (直线标注)

DAL (对齐标注)

DRA (半径标注)

DDI (直径标注)

DAN (角度标注)

DCE (中心标注)

DOR (点标注)

TOL (标注形位公差)

LE (快速引出标注)

DBA (基线标注)

DCO (连续标注)

D (标注样式)

DED (编辑标注)

DOV (替换标注系统变量)

6. 常用CTRL快捷键

CTRL + 1 (修改特性)

CTRL + 2 (设计中心)

CTRL + O (打开文件)

CTRL + N (新建文件)

CTRL + P (打印文件)

CTRL + S (保存文件)

CTRL + Z (放弃)

CTRL + X (剪切)

CTRL + C (复制)

CTRL + V (粘贴)

CTRL + B (栅格捕捉)

CTRL + F (对象捕捉)

CTRL + G (栅格)

CTRL + L (正交)

CTRL + W (对象追踪)

CTRL + U (极轴)

7、常用功能键

F1 (帮助)

F2 (文本窗口)

F3 (对象捕捉)

F7 (栅格)

F8 (正交)

参考文献

01. 陈志民. AutoCAD 2013室内装潢设计实例教程. 北京：机械工业出版社， 2012

02. 张日晶. AutoCAD 2013中文版室内设计标准培训教程. 北京：电子工业出版社， 2013

03. 时代印象. AutoCAD 2013全套室内装潢设计典型实例. 北京：人民邮电出版社， 2013

04. 王 敏. AutoCAD 2012中文版室内装潢设计. 北京：机械工业出版社， 2011

05. 技术联盟. AutoCAD 2012中文版从入门到精通（标准版）.北京：清华大学出版社， 2012

06. 黄 寅. 室内设计CAD与制图基础. 北京：中国水利水电出版社， 2009